新时代高质量发展绿色城乡建设技术丛书

中国建设科技集团 编著

丛书编委会

修　龙 | 文　兵 | 孙　英 | 吕书正 | 于　凯 | 汤　宏 | 徐文龙 | 孙铁石
张相红 | 林　青 | 樊金龙 | 刘志鸿 | 张　扬 | 宋　源 | 赵　旭 | 张　毅 | 熊衍仁

指导委员会

傅熹年 | 李猷嘉 | 崔　愷 | 吴学敏 | 李娥飞 | 赵冠谦 | 任庆英
郁银泉 | 李兴钢 | 范　重 | 张瑞龙 | 李存东 | 李颜强 | 赵　锂

工作委员会

李　宏 | 孙金颖 | 李　静 | 陈志萍 | 许佳慧
杨　超 | 韩　瑞 | 王双玲 | 焦贝贝 | 高　寒 | 厉春龙

《城市更新绿色指引　规划/建筑专业》

中国建设科技集团 编著

主　编	崔　愷	任祖华	徐　斌		
副主编	景　泉	张　男	肖　蓝	吴　斌	单立欣
	蒋朝晖	彭　飞	刘玉军	尤娟娟	贾　濛
	刘　畅				
参编人员	喻　弢	关　飞	杨　猛	杨　光	王　琳
	康思威	王灵颖	傅晓铭	文　亮	郑　虎
	徐颖璐	张泽群	李志昊	郑　然	陈　杰
	张　燕	裴　琳	周　晔	胡　晗	刘　赫
	高朝暄	李志新	刘琴博	杨　莹	黎　靓
	钟文静	及　晨	赵祥宇	朱冰淼	刘祥玲瑞
	冯津津	邓晶晶	于笑吟	张吉凌	徐　力
	朱婕妤	操婷婷	周启暄	李　哲	郑旭航

序

经历了近四十年的高速城市化发展，我国的城市全面进入了存量发展、逐步更新的时期。或许是因为城市化这台快车刹得太急，我们还处在巨大的惯性中：脚下在减速，上身还在前进，眼睛还在望向远方，头脑也被这种突如其来的不平衡状态搞得发懵，如果不能抓住一个坚固的扶手肯定就会摔倒！这恐怕就是我们今天的状态，需要快速反应过来并抓住扶手！

城市是人类为了更有效率地生活和工作而聚集在一起的地方。不断提高效率和改善生存条件的需求促进了技术的进步，反过来也使人们对技术有了依赖性。其结果造成人们要用越来越多的资源和能源以技术手段维持城市的运行和扩张，以便容纳更多的人到城市中来。当经济好的时候，城市便可以快速膨胀；当经济下行的时候，城市便会萧条破败。那些为提高消费能力而发展起来的技术体系在经济下行期到来时面临着挑战，难以为继。再加上人类过度消耗资源而改变的生态环境使得各种自然灾害频频来袭，人们的生活和工作也面临着严重危机。

面对城市问题要在短期内找到解决的办法几乎不可能。不能指望外部因素转好、内部困境解除，一切回归之前；也不能指望再回到高投入、高消费、高产出、高利润的理想模式，将城市进一步扩张而忽略现存的问题。唯一的办法就是冷静下来，认真反思，寻找解决问题的务实办法，探索一条少投入、多节约、挖潜力、增效益的可持续的存量更新路径。不仅是为了渡过难关，更是让城市的发展进入一种真正的、长久的、可持续发展的轨道。

如果从这个思路考虑问题，我们的视角就要放低一点，态度就要转变过来。比如，不是要去与国家生态红线博弈，为城市膨胀再去争取多少土地资源，而是应该在城市既有建成区中利用许多分散的公园、绿地、大广场、宽马路，以及闲置用地多种树、多增绿，把绿地连点成线，连线织网，让城市内的公共空间成为宜人的生态系统和城市绿脉；比如，不仅要畅想下一批新建的房子成为高质量、新技术集成的好房子，而且更要努力将城市中大量的历史街区、老旧小区和既有建筑改造成安全、节能、绿色、宜居宜业的好房子；比如，不是要一味关注地下空间的大规模开发和地下轨道交通的不断扩展，而是要把大量既有的落后混乱的地下管网体系和排涝体系梳理清、改造好、管理好，让城市真正有长久的韧性和安全；比如，不是要一遍遍为城市风貌的亮丽去花费资金粉饰化妆，而是去探索市民参与，多主体合作，渐进式、内生型的有机更新模式，让老百姓的生活真正得以改善，让社会关系更加和谐，文化传脉得以传承。

凡此种种新思路、新视角、新的解题方式都有赖于我们要对以往为新建工程而订立的一系列规范、标准、规程进行全面的审视和修订。目前从刚刚开始的存量更新实践中发现了许多问题，不适用的规范和标准让设计束手束脚，有一种自己绊自己的感觉。若不改现行的规范、标准，恐怕大量的存量建筑都要拆除重建，这不仅在经济上难以承受，而且也会造成新一轮的问题，影响环保和碳排放的达标，也是一种资源的浪费。

　　本套"城市更新绿色指引"系列图书的推出，就是想从设计和技术的角度引导城市绿色更新的路径，提出了一些设计思路，也会推动对这些掣肘的规范条文进行探讨和改进。总之，这一系列书之所以称为"指引"，我想也是与同行共同探讨的一种态度。在城市更新十分复杂而艰难的进程中，很难有标准答案，很难有最终的最佳解题办法。一定是因地制宜、一地一策。但只要态度好、路径对、方法得当，就一定能找到好办法，找到技术的创新点和建筑空间资源重构的奇思妙想！让我们心中怀着对城市绿色生态的美好憧憬，怀着对存量发展中设计创新价值的满满自信，走进我们的城市街区，陪伴着我们的城市前行，且走且珍惜……前景一定是光明的！

　　我理解，这也许就是我们在城市发展急刹车时能够找到的扶手。

崔愷

2024年7月1日

前言

随着城市发展阶段的转变，我们的城市发展已经从追求扩张式的增量发展逐渐向注重内涵式的存量发展转变；城市建设的模式也随之改变，从以新区建设为主转变为针对既有城市的提质增效为主要方向的更新模式；同时，城市更新的方式也在从大拆大建的旧城改造转变为渐进式、小规模、精细化营造的城市有机更新。这是时代的需求，也是城市发展的必然过程。

城市更新行动已成为推动城市高质量发展的一项重要举措，我们推行和执行这一行动，首先要树立和明确城市更新的主要目标和基本立场。党的十八大以来，国家明确提出：我们的城市建设成果要"更公平惠及全体人民"，要让城市更宜居、更韧性、更智慧，让人民群众生活在城市里能够更舒心、更安心、更幸福，营造高品质的城市环境；要让我们的城市建设与自然生态和谐共生，构建绿色低碳的发展模式。在城市更新中全方位地融入"绿色发展"的思想和"以人为核心"的价值观，并针对我们前期建设中出现的种种问题，通过城市更新来实现提升品质、完善功能、培育特色、增强活力、生态增绿的总体目标。

每座城市都是一个鲜活有机的生命体，不同的地理环境、人文历史、生活习俗、发展阶段等因素，孕育出不同的城市特色。因此，城市更新不能套用统一的模式，而要因地制宜，有针对性地提出解决的策略。这与崔愷院士提出的"本土设计"理念一脉相承，"从每个项目的特定环境中寻找自然和人文历史资源，并在此基础上创作出有鲜明地域特色的设计"，这一方法同样是城市更新设计中应该秉承的基本方法。坚持"以土为本"的理念，理性地分析每座城市不同的本土资源要素，遵循城市发展的客观规律，是实现本土化城市更新的重要前置环节。

与"本土设计"理论体系提出的过程一样，这次对城市更新的研究同样是基于前期大量城市更新类项目实践的前提，通过对这些项目的归纳和反思，对设计策略和模式语言的总结，希望能够提炼出一套阶段性的针对城市更新问题的设计方法，能够为城市更新设计的从业者提供一些可供参考的思考方法、设计策略和实践案例。正如崔愷院士所说，"这一套理性方法和价值观引导下的设计是希望提高解决问题的精准度，少走弯路、错路，少折腾，将思考聚焦"。基于这样的初衷，本书在编写过程中更注重对当下城市更新的现实问题的关注，注重这套方法体系的落地性和可操作性，希望它能成为大家随时可查可用"设计工具体系"。因此，本书除了提出城市更新中应秉承的基本价值观和理念外，还包括流程体系、方法体系和实践体系。

流程体系是根据大量项目实践经验整理得出的，帮助设计师梳理清晰的城市更新项目的工作流程，尽量避免设计过程的反复和错位。方法体系更关注对具体更新项目的指导，基于不同类型城市更新优秀实践案例的解析，探索形成可供参考的方法策略。实践体系基于城市更新的类型特征，创建类型化、多场景的城市更新模式语言与绿色指引，并以典型案例的形式展示"方法体系"的应用模式，与方法体系形成验证反馈机制。

正如崔愷院士在《本土设计Ⅲ》所提到的，"建筑创作很难像数学解题似的逻辑严密，更不会只有唯一的情况。但是对量大面广的建筑来说，综合解决问题仍然是一种基本的目标和价值底线"。本书并不是一套能解决所有城市更新问题的秘籍，而是希望通过对设计方法的归纳总结，形成一些具有可操作性、系统性的方法体系。本书并不是创造了多少独特的策略和方法，而是希望能通过科研与设计的互动融合，总结出一些城市更新设计的系统脉络，试图突破城市更新设计目标不明确、头绪杂乱、无从下手的状态，以期在当下的城市更新设计实践中具备一定的应用价值和现实意义。同时，本书也只是研究的开端，是一套开放式的方法体系，也期待业内的专家、学者一并努力，不断完善，共同为建筑行业及城市高质量发展贡献力量。

最后，本书研编的过程中工作得到了崔愷院士及集团领导的全程指导和支持，在此深表感谢。同时，感谢业内专家、学者提供的优秀案例和宝贵经验，也还要感谢编制组付出的辛勤劳动。

任祖华

2024年7月6日

导则使用指南
Guideline Instructions

Ⅰ "城市更新绿色指引"是从理念价值观入手到具体的方法策略的应用体系，它诠释了绿色更新理念，是指导绿色更新实践工作的策略性、方法性的集成手册。在具体的城市更新项目中，设计师在更新目标的指引下，需根据不同前置条件选择不同的方法加以组合。

Ⅱ 对于绿色更新的深入理解请先阅读[1 研究背景][2 设计理论][3 实施路径]部分，便于系统化地认知绿色更新方法论，对绿色更新的核心有总体的认识。其中，[1 研究背景]阐明了绿色更新发展的时代背景；[2 设计理论]解析运用"本土"智慧，构建绿色更新方法论体系；[3 实施路径]介绍城市更新类项目的工作流程。

Ⅲ 为进一步明晰绿色更新设计方法，可查阅[4 模式语言]部分。其基于大量工程实践的归纳和提炼，以本土设计的价值观为线索，梳理形成绿色更新设计模式语言。

Ⅳ [5 场景指引]部分基于对8类场景、24个典型实例的研究，展示实例对更新模式语言的应用过程，以期为后续城市更新项目实践提供有借鉴意义的设计指引。

Ⅴ [附录1]部分是对[5 场景指引]部分中24个典型实例相关信息的展示；[附录2]部分是[4 模式语言]部分的条目索引。

模式语言图示

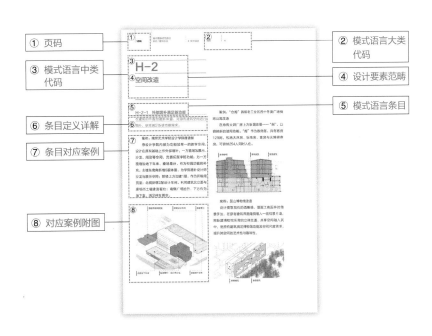

① 页码

② 模式语言大类代码

③ 模式语言中类代码

④ 设计要素范畴

⑤ 模式语言条目

⑥ 条目定义详解

⑦ 条目对应案例

⑧ 对应案例附图

场景指引图示

① 场景指引类别

② 更新实例名称

③ 项目概况

④ 项目背景与更新目标

⑤ 项目概况图示

① 本土资源要素梳理

② 项目现状图片

① 场景指引类别

② 更新案例名称

③ 街区层面模式语言检索表

④ 建筑层面模式语言检索表

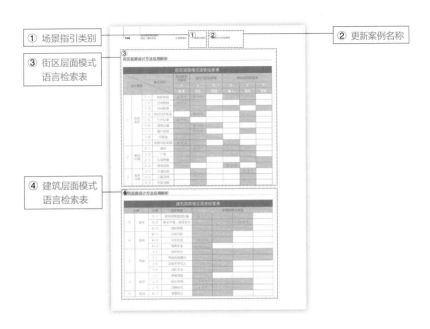

① 模式语言条目编号

② 模式语言条目

③ 更新设计策略

④ 具体策略解析

⑤ 对应案例附图

目录

Background

1

1.1 – 1.4

研究背景

Theory

2

2.1 – 2.6

设计理论

Path

3

3.1 – 3.2

实施路径

Mode

4

4.1 – 4.3

模式语言

Guide

5

5.1 – 5.8

场景指引

1

研究背景

BACKGROUND

1/ 研究背景

以绿色更新行动，响应新时代高质量发展要求

1.1 底色：
绿色发展时代背景

1.1.1 绿色发展的基本共识

1972年，在斯德哥尔摩召开了第一次联合国人类环境会议。1987年，布伦特兰委员会在报告《我们共同的未来》中写道："我们必须在满足当代人需求的同时，不对后代人满足其需求的能力构成危害。"此次会议也提出了"可持续发展"的概念。1992年，在里约热内卢召开了联合国环境与发展大会，会议上重申了1972年通过的联合国人类环境会议的宣言，发表了《21世纪议程》并签署了《里约宣言》，标志着可持续发展的进程迈上了一个新的台阶。2002年，在约翰内斯堡举行了关于可持续发展的世界首脑会议。

绿色发展是联合国开发计划署（UNDP）在《2002年中国人类发展报告：让绿色发展成为一种选择》报告书中提到的，这一概念本质就是经济发展与生态环境保护的统一，是一种可持续的发展模式。2005年6月，全世界60多个城市的市长共同签署了《城市环境协定　绿色城市宣言》，该宣言涵盖了实现可持续城市生活和提高城市居民生活质量的七个方面：能量、废物减少、城市设计、自然环境、交通、环境状况和水。2011年经济合作与发展组织（OECD）将绿色发展定义为既能保持经济增长，又能防止资源浪费、生态破坏、环境污染的增长方式。自此之后，各个国家在绿色转型方面的问题被重点讨论。2012

年的联合国可持续发展大会上，各个国家都将可持续发展作为国家憧憬的未来。

绿色发展中的"绿色"与"可持续发展"不可分割。"十一五"和"十二五"期间，开辟了我国的绿色发展道路。胡鞍钢在《中国创新绿色发展》一书中认为，绿色发展是经济、社会、生态三位一体的新型发展道路，以合理消费、低消耗、低排放、生态资本不断增加为主要特征，以绿色创新为基本途径，以积累绿色财富和增加人类绿色福利为根本目标，以实现人与人之间和谐、人与自然之间和谐为根本宗旨的发展观。表明绿色发展既要求改善社会与经济发展绿色循环，还应该保护自然与生态系统，实现人与自然的和谐共处。党的十八大以来，习近平总书记多次提出"绿色发展"理念，突出绿色惠民、绿色富国、绿色承诺的发展思路，推动形成绿色发展方式和生活方式。绿色发展是开创生态文明的道路，也是一条我国开创引领的新型发展道路。

1.1.2 绿色发展的时代意义

我国最早在1979年开始试行环境保护法。1983年，国务院召开第二次全国环境保护会议，将环境保护确定为基本国策，并制定了中国环境保护事业的战略方针。1989年又对环境保护法进行修订。到了1994年，为与国际同步，我国发布了《中国21世纪议程》，正式提出了可持续发展思想。2012年，党的"十八大"将生态文明建设纳入中国特色社会主义事业"五位一体"总体布局，并开始着手新的环境保护法的编制，并于2015年颁布实施。同年10月，党的十八届五中全会正式提出

绿色发展理念，并把它作为指导未来我国经济与社会发展的五大理念之一。伴随着"山水林田湖草生命共同体""绿水青山就是金山银山"等生态文明建设理念的提出，展现出对绿色发展的高度重视。绿色发展理念已经成为引领我国社会高质量发展的重要保障，成为我国未来发展的必然趋势。

党的十九大报告提到，我国社会的主要矛盾已转化为人民日益增长的美好生活需要和不平衡不充分的发展之间的矛盾。随着人民对生活质量的追求与人居环境的提升，绿色宜居的城市是人们的迫切需要，推进城市绿色发展和生态文明建设已经成为新时代的重要议题。

党的二十大报告中指出："推动经济社会发展，绿色化、低碳化是实现高质量发展的关键环节。"报告表明，绿色低碳发展是可持续发展、高质量发展的关键与应有之义，应将低碳化与绿色化作为发展的普遍形态。2023年7月，习近平总书记在全国生态环境保护大会强调："要站在人与自然和谐共生的高度谋划发展，通过高水平环境保护，不断塑造发展的新动能、新优势，着力构建绿色低碳循环经济体系，有效降低发展的资源环境代价，持续增强发展的潜力和后劲。"表明我们应在发展中求保护，通过高质量的方法与手段，将绿色发展常态化，最终实现可持续发展。2024年1月，中共中央、国务院发布《中共中央 国务院关于全面推进美丽中国建设的意见》，要求加快推动生态环境质量改善从量变到质变，加快发展方式绿色转型，坚持把绿色低碳发展作为解决生态环境问题的治本之策，表明绿色发展成为建设美丽中国的重要方针。

1.1.3 绿色发展的丰富内涵

《2002年中国人类发展报告：让绿色发展成为一种选择》中提出绿色发展是可持续发展的模式，表明绿色发展是可持续发展的基础，也是可持续发展的重要手段。绿色发展的提出是为了缓解经济增长带来的生态破坏与资源浪费等问题，其本质是一条"经济、社会、生态"一体的新型

发展道路，以绿色创新发展为发展路径，来实现人与自然可持续发展。党的十七大之后科学发展观的提出，强化了以人为核心的价值观，肯定了在经济稳定发展的基础上人与自然和谐共生成为绿色发展的新格局。党的十九大之后，社会主要矛盾不断转变，人民对美好生活品质追求的提升，使得绿色发展的过程也被加以高质量发展的要求。随着我国实践探索和学界专家的理论研究的深入，绿色发展的内涵被不断充实、丰富，向空间结构、经济发展、绿色交通、产业转型、文明教育等多方面渗透。

2023年1月，国务院发布的《新时代的中国绿色发展》白皮书中全面介绍了新时代中国绿色发展理念，即要坚持以人民为中心，在系统观念的统筹之下共谋可持续发展。白皮书中还阐述了我国目前在绿色发展方面的具体实践，其中包括强化生态系统的保护修复，引导产业结构优化转型，推动城市能源绿色低碳发展，推广绿色的交通和生活方式，建立健全管理监督机制等。

我国实践探索和理论研究表明，需以系统观念全面推进绿色发展，同时也对城市更新的目标提出了更高的要求。

1.2 维度：
城市更新的多维属性

随着城市发展阶段的转变，我国已然从增量发展转为存量更新的阶段，由城市大规模新建转向如何长久地对城市进行改造优化。早期的城市更新主要以居住和物质环境改善为重点，虽有对经济、社会、社区、就业等方面的考虑，但整体关注较弱。随着社会经济结构发生深刻变化，旧城面临的问题已并非初期出现的诸如房屋破旧、住宅紧张等物质性表象和社会性表象的问题，城市更新行动更需要以整体性思维全面推动城市高质量与可持续发展，需要考虑城市多种子系统之间的相互作用与复杂运作机制，反映出经济、社会、空间、文化、生态、制度等六大基本维度。

1.2.1　经济维度

城市更新能够直接影响经济效益。城市的建设与城市的经济发展息息相关，城市的产业革命与创新能够带动城市的收益增长，从而促进城市中的经济往来，带动城市中的基本活动。现代城市更新往往是由城市中的产业与产业结构调整而导致的空间形态的改变。城市更新中的经济维度在新制度经济学中的理论定义了产权运行问题。在城市更新行动中，城市空间中资源的产权结构和规模发生变化则会改变产权形态并形成"产权激励"目标，从而激励城市空间的资源交易行为，刺激政府、市场等建设者自发、高效地参与到城市空间资源配置中，进而改变城市空间形态，给城市经济维度注入新活力。

1.2.2　社会维度

城市更新应关注城市社会网络和内部空间关系。城市在发展的过程中伴随着城市建设与人类生活方式的改变，会自发地形成特定的城市形态。这种城市形态不仅是地域空间中的特定节点，也是人与人之间的精神场所，城市更新中的社会维度也就代表了人与人之间的邻里关系及情感寄托。社会混乱往往是由邻里关系的破坏所带来的，而城市更新要解决的问题则包括维护社会安定、维持社会公正安宁以及增进居民的邻里关系。在新时代的发展中，一些突发卫生事件往往会对社会结构造成冲击，城市更新也应关注健康生态、韧性安全、社区营造等要素，提升旧城的韧性和弹性，加强社区的自治能力。

1.2.3　空间维度

城市物质空间的好坏直接决定人民的生活质量。城市更新中最基本的则是对城市物质空间进行改造，营造舒适的生活环境。空间维度包含优美的城市自然环境、丰富的城市公共空间、完善的公共服务设施以及绿色的城市交通方式等。目前在高质量发展要求的背景下，城市更新行动对城市建成空间进行的改造优化包括保持自然特色，尊重保护自然环境；凝聚社会特点，塑造多层次城市公共空间；提升生活品质，保障居民的物质生活基础，提供全面多样的公共服务设施；创造绿色出行方式，耦合交通系统与土地利用模式，构建低碳的交通模式。

1.2.4　文化维度

城市文化是城市内涵及人民的精神象征。文化维度包含了建成环境的肌理形象和生活场所的文化底蕴，在城市更新行动中不仅需要对物质空间进行保护延续，也需要关注城市内部结构与蕴含其中的精神文化内涵。首先是对传统风貌的保护延续，注重建筑自身的风格与意象；其次是保持旧城内部结构形态稳定，维护旧城整体格局与重要节点；最后是生活环境及场所精神的延续，留存旧城的生活氛围与居民行为习惯，维持居民与城市环境间的稳定关系。

1.2.5　生态维度

生态环境保护是城市发展中的永恒命题。生态维度主要是城市中的本底自然资源，包含山水等自然地形地貌，林田等本地特色植被，当地气候条件与自然风廊等一切人工环境以外的资源。以往大拆大建的建设模式对环境造成的伤害是不可逆的，城市更新行动中则需要通过技术创新或建设控制对生态系统进行保育，维持城市原本的自然条件，实现人与环境共生共存与持续发展。

1.2.6　制度维度

完善的制度能高效推动城市更新进程。新时代的城市更新是多方面、高要求的城市更新，涉及多方合作、互利共赢，而有效的制度体系离不开不同维度下的相互支撑与相互配合。制度维度则包含产权变更、主体合作，强调治理主体、动力机制以及管控要素的协调适配。城市更新行动中更要确定共治与政策问题，明晰城市中的人口结构与利益主体，建立完善的社会影响评估机制，完善的制度建设才是落实高质量发展的关键。

1.3 趋势：

城市更新发展的四大趋势

随着我国城镇化进入中后期，存量发展已经成为城市空间发展的主要形式，我国城市更新发展至今已经在规划体系构建、政策制度实施等方面取得一定成果，推动了我国城市的物质空间品质提升并增进社会民生福祉。目前我国地方通过试点改造的方式，已经在北、上、广、深等城市初步形成了共享共建、多元互动的良性更新方式，从一线城市一系列的更新行动来看，城市更新的发展趋势面临四大转变：从旧城改造转变为有机更新，实现区域活力构建；从大规模重建转变为精细化营城，提升居民生活质量；从单一维度转变为综合维度，切实考虑城市子系统间的复杂关系；从一专业包揽转变为多专业协同，强化多元主体合作共建美好城市的内涵。

1.3.1 从旧城改造到有机更新

城市是复杂、多元的系统，城市在持续不断地进行代谢活动。当城市发展条件发生改变，过去单纯以物质空间改造为主的城市更新已经不能满足对城市整体利益提升及功能完善的要求。新时代要求探索城市更新可持续模式，坚持"拆改留"转向"留改拆"。在此指导原则下，北京、上海、深圳等地方相继以"有机更新"作为更新试点的主要方针，强调保护优先、新旧共生，在遵循城市基本发展规律的前提下，不仅要逐步提升与改善城市空间质量，更要维持城市自身的生命力。

1.3.2 从大规模重建到精细化营城

20世纪90年代初期，城市的经济实力不断增强，这一阶段的城市更新采用政企二元治理模式，对城中村、旧工业区、历史文化街区进行片区改造，忽略了产权主体及公众意见，在实际的片区更新过程中引发社会强烈反应，导致更新行动无

法完全落实。2021年《住房和城乡建设部关于在实施城市更新行动中防止大拆大建问题的通知》，明确了在城市更新行动中不大规模、成片集中拆除现状建筑，这些政策的发布强调城市更新行动要划出并保护城市更新底线，采用"绣花功夫"织补城市格局，保留城市记忆并延续城市特色风貌，稳妥推进城市更新实现精细化营城。

1.3.3 从单一维度到综合维度

我国城市更新行动最早以危房改造、棚户区改造等物质空间改造为主，旨在解决最基本的民生问题；后转向以大规模的居住区改造、老旧工业区改造、历史地段旅游产业化为主，实现了城市经济的快速发展；如今，城市更新活动以老旧小区改造、低效用地盘活、城市修补为主，强调以人为核心的高质量发展。在此发展过程中，城市更新的重点工作由单一的建成环境改善逐渐转向考虑经济发展、考虑人地关系并存的多维发展模式，渡过了城市更新视角片面化的单一维度的时期，逐渐向整体化发展的综合维度转变。

1.3.4 从一专业包揽到多专业协同

城市包含了多样的子系统，城市更新更是一个复杂的工作体系，传统的城市更新往往由单个专业牵头对城市建成环境进行改造，最早集中于对部分建筑的拆除改造，忽视了公共空间环境品质提升和功能优化，致使城市更新无法实现广泛受益。新时期的城市更新活动强调"以人为核心"，要重视居民对生活品质的提升和对精神文化的需要。目前我国发展和改革委、住房和城乡建设部等部门针对城市更新行动已经出台了关于基础设施、历史文化资源保护的相关文件，表明了更新不再追求单一物质空间改造，更应注重自然环境保护、基础设施建设、公共空间营造等问题，而这些涉及多专业间的融合与紧密协作，正是城市更新协作方向的转变。

1.4　回应：

绿色发展融入城市更新

《中共中央关于制定国民经济和社会发展第十四个五年规划和二〇三五年远景目标的建议》提出，推进以人为核心的新型城镇化、实施城市更新行动。这是在开启全面建设社会主义现代化国家新征程的发展新阶段，为实现城市高质量发展而进行的重要部署，绿色城市更新是实施城市更新的重要方面。

"绿色城市更新"是在原本的城市发展趋势指导之下，全方位融入绿色发展的生态思想，按照"以人为核心"的价值观，通过城市更新这一建设路径对城市多个维度进行改造，达到改善自然生态环境、提高居民生活品质、促进经济社会集约高效发展、延续传统文脉的更新模式。随着城市更新维度的拓宽以及多部门的协同，绿色发展理念与城市更新实施路径逐渐耦合，绿色城市更新的发展模式成为高质量发展战略目标下的重要路径。

绿色发展融入城市更新，就是要强调将生态保护与景观互相穿插补充，在总体生态格局的基础上，保护生态环境并补充城市绿地，形成联通整体的绿地格局，让居民随时可步行到达周围绿地。要在文化传承与风貌延续的基础上，留存城市文脉记忆，保留本土风貌肌理，延续本土文化基因，还要倡导低影响的更新模式。要在空间集约利用的基础上，注重"留白"公共开敞空间。要注重功能激活和设施完善，通过活化利用城市资源来培育休闲产业，激活经济活力。要补充完善城市功能，提升街区活力，通过优化基础设施改造来提升城市韧性，提倡可再生能源广泛使用的建设模式。要倡导有机更新与绿色建造模式，避免大规模拆建，减少建筑改造运行对环境的影响。

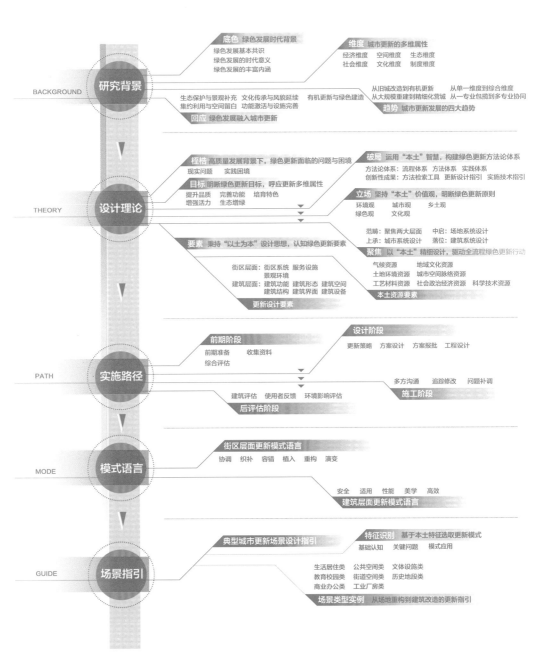

BACKGROUND **研究背景**

底色 绿色发展时代背景
绿色发展基本共识
绿色发展的时代意义
绿色发展的丰富内涵

维度 城市更新的多维属性
经济维度 空间维度 生态维度
社会维度 文化维度 制度维度

生态保护与景观补充 文化传承与风貌延续
集约利用与空间留白 功能激活与设施完善
回应 绿色发展融入城市更新

从旧城改造到有机更新 从单一维度到综合维度
从大规模重建到精细化营城 从一专业包揽到多专业协同
趋势 城市更新发展的四大趋势

THEORY **设计理论**

桎梏 高质量发展背景下，绿色更新面临的问题与困境
现实问题 实践困境
目标 明晰绿色更新目标，呼应更新多维属性
提升品质 完善功能 培育特色
增强活力 生态增绿

破局 运用"本土"智慧，构建绿色更新方法论体系
方法论体系：流程体系 方法体系 实践体系
创新性成果：方法检索工具 更新设计指引 实施技术指引
立场 坚持"本土"价值观，明确绿色更新原则
环境观 城市观 乡土观
绿色观 文化观

要素 秉持"以土为本"设计思想，认知绿色更新要素
街区层面：街区系统 服务设施
景观环境
建筑层面：建筑功能 建筑形态 建筑空间
建筑结构 建筑界面 建筑设备
更新设计要素

范畴：聚焦两大层面 中启：场地系统设计
上承：城市系统设计 落位：建筑系统设计
聚焦 以"本土"精细设计，驱动全流程绿色更新行动
气候资源 地域文化资源
土地环境资源 城市空间脉络资源
工艺材料资源 社会政治经济资源 科学技术资源
本土资源要素

PATH **实施路径**

前期阶段
前期准备 收集资料
综合评估

设计阶段
更新策略 方案设计 方案报批 工程设计

多方沟通 追踪修改 问题补调
施工阶段

建筑评估 使用者反馈 环境影响评估
后评估阶段

MODE **模式语言**

街区层面更新模式语言
协调 织补 容错 植入 重构 演变

安全 适用 性能 美学 高效
建筑层面更新模式语言

GUIDE **场景指引**

典型城市更新场景设计指引

特征识别 基于本土特征选取更新模式
基础认知 关键问题 模式应用

生活居住类 公共空间类 文体设施类
教育校园类 街道空间类 历史地段类
商业办公类 工业厂房类
场景类型实例 从场地重构到建筑改造的更新指引

城市更新绿色指引总体思路

2

设计理论

THEORY

2 / 设计理论

以"本土"智慧，构建绿色更新方法论

2.1 桎梏：高质量发展背景下，绿色更新面临的问题与困境

2.1.1 现实问题

2.1.1.1 "城市病"问题突出

"城市病"是几乎所有国家在城市化过程中难以避开的问题，在不同的发展时期呈现不同的主要矛盾。随着我国城镇化率的不断提升，以往大尺度、系统性的城市更新模式和方法已无法有效应对众多的城市问题，城市空间布局错杂、交通拥堵、服务设施匮乏、人居环境欠佳、绿色空间缺失、社区交流失活、生态安全危机、人口产业错位、空间与业态适配度低和城市应急处理能力不足等问题仍旧困扰着城市居民。

在"双碳"目标提出后，我国经济发展依旧无法完全摆脱以大量能源消耗为代价的状况，其中建筑物与交通造成的碳排放量比重不容小觑，这样的发展现状与我国倡导的可持续发展及人类命运共同体构想相悖，"高碳排"或将成为下一个城市发展阶段的主要"症状"。因此，塑造城市空间、引导绿色交通发展、倡导高效低碳建设是当前绿色城市更新的新命题。

2.1.1.2 人本视角关怀薄弱

目前的城市更新行动多围绕城市空间的改造和土地资源、经济资产的再分配进行运作，其实质仍然是依靠土地、劳动力、资金等传统生产要素驱动发展的"老路"。这种视角下，很难实现更高质量、更公正、更安全和更可持续的城市发展。

城市更新的本质是生活方式的更新，绿色城市更新不仅是旧城空间增绿更新，也不仅是建筑低碳改造，而是要引导城市居民的生活方式向绿色低碳转变并营造绿色生活场景。因此绿色城市更新的视角应回归"人本关怀"，着眼"人"推动城市发展方式转变，不完全以速度、效率为第一考量，提升街区空间和建筑空间的便捷性、健康性、交流性和适用性，逐步将多样人力资本协同、关系网络创新、社会信任等新的生产要素深深嵌入到不同的城市场景当中，并产生复杂的耦合关联，才能构成具有生命力的城市有机体，不断激发城市发展的内生动力，进一步筑牢城市未来的发展根基。

2.1.1.3 本土特色基因流失

在城市更新探索的历程中，设计师们常常受到传统规划和建筑项目经验的路径依赖的影响，产生思维制约，对某个城市的道路骨架、绿地系统、街区肌理、开放空间、建筑形态和居民活动路径等进行颠覆性的改造，如拆除居民高频使用的公共开敞空间、置换城市中心功能、破坏具有历史记忆的传统建筑等，形成了大规模"建设性破坏"。除此之外，由于对"本土特色基因"的认知局限，往往仅有历史建筑、文保单位和非遗等文化资源受到关注，并且传承和保护的方法单一，导致城市特色的流失和文化活力的衰败，难以满足新时代人民文化生活的需求。

城市是自然本底、历史文化和社会关系的容器，是一种心灵的状态，是一个具有独特的风俗

习惯、思想自由和情感丰富的实体。因此，绿色城市更新要体现时代对城市文脉、场所精神、生活记忆的尊重和肯定，重新思考街道与街坊、个性建筑、人居环境、心理需求（光线、面积、邻里交往等）以及街区的城市形态等问题。

2.1.2 实践困境

2.1.2.1 价值困境：价值观权衡的困境

价值观十分重要，它在每一个选择点上是贯彻始终的判断标准。如果没有明确的价值观，判断和选择就会失去依据，造成犹豫不决和主观盲目的问题。我国目前对于城市更新的研究和实践都处于探索阶段，基本价值观体系还未建立，急需构建新时期、新理念引领的中微观城市更新价值指引和城市更新方法论，为现阶段我国城市更新实践起到引领作用。

2.1.2.2 方法困境：缺少聚焦中微观尺度的理论与策略

从城市发展的客观规律和中央作出的重要决策部署来看，以前大拆大建、拆旧建新的建设模式难以为继，城市需要转变开发建设方式，走出一条以内涵集约、绿色低碳为特征的发展路径。目前关于城市更新的制度建设、设计方法、既有建筑改造技术仍处于探索阶段。绿色城市更新普遍存在整体发展滞后、实施路径不清、设计环节衔接模糊、集成技术落后等问题，特别是在设计方法的迭代、技术手段的整合等方面需深入研究。因此，本书期待通过吸收业界、学界的先进理论，总结自身更新项目的实践经验，运用"本土"设计理念，提出类型化、模式化、可推广、易落实的绿色更新理论和方法，辅助推进城市更新项目可持续转型，帮助城乡规划学、建筑学及相关工程学科在更新规划行动中实现精准、高效的协作。

2.2 目标：明晰绿色更新目标，呼应更新多维属性

2.2.1 提升品质

城市品质反映的是城市内在质量和外在的形象，在城市更新行动中，"提升品质"是一个综合的概念，即基于人的需求，重点针对存量空间，聚焦人居环境改善和城市综合功能升级，从建筑的性能和安全、交通的多元和低碳、绿色空间的开敞和活力、公共服务的完备和均衡等方面进行提升。绿色更新旨在顺应未来城市存量发展大趋势，改造升级有限的城市空间，为居民营造充分安全感、幸福感、获得感、归属感的高品质绿色城市。

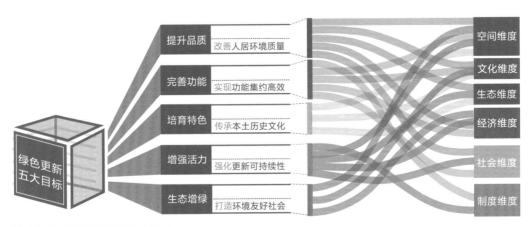

"本土"设计理念绿色更新五大目标

2.2.2 完善功能

完善功能是指当城市空间功能无法满足居民生活需求时，需要引入新的功能，同时提升和重塑城市既有功能。

随着中国城市发展方式由扩张式向内涵发展式迭代，社会活动逐渐走向多元化功能需求，优化城市功能结构成为实现城市可持续高质量发展和解决社会主要矛盾的重要途径。在城市更新中需要优化街区的功能构成，使街区更加集约高效、舒适便捷，满足市民美好生活的需求。

2.2.3 培育特色

培育城市特色不仅可以提升城市的公众形象和品牌价值，还可以促进经济的发展和社会的进步。具有历史特色的城市可以吸引游客和人才集聚，推动旅游业和文化产业的发展。同时，城市特色的培育也有助于传承和弘扬在地传统文化，提升市民的文化素养和归属感。

培育城市特色要关注本土文化的传承与创新，一方面要保护城市的历史街区和本底环境，延续城市的时间记忆；另一方面，要基于现有秩序并融合现代元素，创新性营造本土风貌的街区场景，让现代城市拓印历史，让本土文化浸润生活。

2.2.4 增强活力

城市活力水平具体表现为：向内为市民营造完善、舒适的人性化生活场景，向外形成对外部资源和人才的强大引力。

城市更新发展与城市活力塑造具有密切联系，活力本身是城市更新持续的推动力。增强城市活力需要打破固有模式，鼓励城市产业功能、历史文化和共治主体的多元化转变。对于城市不同区域，应基于区域需求配置合理功能，以提升公众利益为目标，采取差异化提升方式，进而驱动片区活力，推进城市更新的可持续。

2.2.5 生态增绿

生态增绿指在不干预环境主体的前提下，通过优化场地生态绿色环境、优化建筑单体热工性能等方式，实现生态绿色一体化目标，打造环境友好型的人居社会。

快速的城镇化发展加剧人与自然间的矛盾冲突，引发城市热岛效应、极端气候频发、城市雾霾现象等一系列生态问题。因此，为满足可持续发展的要求，在进行城市更新时，需要控制环境变量，呼应自然本底，并结合相应技术策略，实现城市的绿色增值和生态改善。

2.3 破局：运用"本土"智慧，构建绿色更新方法论体系

"本土设计"是一种"以土为本"的设计思想，其中"本土"的内涵远远大于"乡土""传统""民族"的概念，其囊括的要素既有人文的，又有自然的；既有历史的，也有当代的；既有实体的物质，更有无形的思维；只要能影响建筑及其所处环境的要素都在其中，并作为"本土"外部条件，成为"设计"的理性创造基础。"本土设计"旨在强调建筑与其城市环境、生态环境的理性关系，是设计思考的立场、思考创作的路径，也是一种方法论。

2.3.1 绿色更新方法论体系

2.3.1.1 "以土为本"的行动原则

崔愷院士诠释"本土设计"的方法理论时，提出"场地踏勘""判断""沟通"是三条重要的行动原则，其中包含了设计师的"经验"价值判断，也包含了"感性"空间体验。这些行动和思考分别指向"更新区域的客观条件和主导城市病症""场地空间特色和专业协同初判""本土资源识别和主体价值排序"，以及"本地居民诉求和社会发展方向"。由此来看，"本土"外部条件本身就蕴含了解决当地城市更新问题的具体的、差异化的、需求导向的解答，既是设计策略的源头，又是设计改造的目的，也是设计的依据。

在更新规划开展之初，精准认知和判断"本土"外部条件极其重要。所谓"本土"外部条件，不仅仅是指作为自然资源的大地，也包含气候、生态、地形地貌等要素，也泛指地域的人文资源中所包含的历史、文化、社会生活等要素，是对自然环境、本土文化、历史遗产和城市发展等客观环境的主动适应和尊重，可以将其比喻成一株深深地扎根在饱含地域、人文、历史和自然生态要素沃土中的大树。

2.3.1.2 "立足本土"的理性美学

"立足本土"或者说"本土设计"的理性主义不同于普世意义下的"理性"，它是基于客观基础的、非教条的取舍和判断，是一种不断回归朴素常识的原则，是一种辩证思考后的方法导向，也是具有发展属性和时代色彩的设计逻辑。崔愷院士认为，人们对于"美观"的评价标准是发展变化的，而"理性"逻辑判断下的美学观点却更加稳定。这里的理性是指"扎根本土的、有明确地域性的、与环境和谐的、满足使用要求的"逻辑导向。因此，我们对于城市"美"的追求，要建立在实现"理性"的基础之上。

当城市初建时，功能单一、设施简陋、形象建设不足，我们倡导"服务、产业、地标"，展现城市发展之美；当城市已成规模时，资源被过度攫取、生态被毁坏、传统被遗弃、产业已过载，我们倡导"能源、环境、文化、转型"，打造城市多彩之美；当城市"病症"显现时，公共空间被挤占、生活场景被毁坏、社区交流被消解、城市服务与居民需求配位缺失，我们倡导"人文、民生、开放、共享"，营建城市人性之美；当上述问题在一定程度上得到缓解时，可持续发展成为下一个议题，我们倡导"低碳、韧性、智慧、高品质发展"，创造城市绿色之美。

可以看出，"立足本土"的理性美学从一开始就不是单纯的思维理念和审美视角，它容纳了一种跟随时代发展的行动路线，映射着具体的更新策略和方法。

2.3.1.3 "本土"智慧下的绿色更新方法论

从"本土"智慧到绿色更新方法论的转化是一种从思维到形式的投射，它包含"本土设计"的设计理论和本土设计研究中心的更新实践经验。因此，"本土"智慧概念下的绿色更新方法论即"以土为本"的理性主义演化而成的设计方法体系，是一种基于"本土"外部条件，搭载时代价值取向，关联现代设计语言，落位更新设计要素的流程化、模式化、场景化的方法策略组合，及其衍生的"设计工具"体系。其中，分析"本土"外部条件并形成投射的方法策略的逻辑，是方法论的核心。

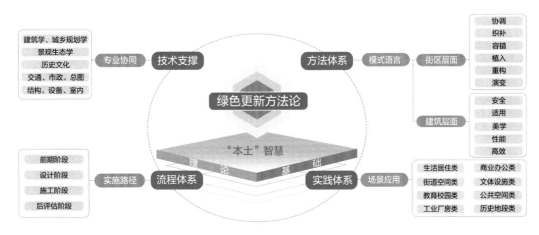

绿色更新方法论架构

方法论的实施和应用离不开多专业的技术支撑。本书在方法论理论框架的基础上，凝聚本土建筑学、城乡规划学、景观生态学，以及历史、交通、市政等多专业力量，构架绿色更新方法的"设计工具"体系，即流程体系、方法体系和实践体系，从而为各类更新项目的科学谋划提供方法指引。

流程体系是基于"本土"设计理论建立的，研究城市更新的基本规律总结形成的，串联更新规划各环节行动的时序主线。

方法体系更关注对更新规划实践具体手段的指导，通过解析本土设计研究中心优秀实践案例，归纳总结出简洁明了、易于操作的更新设计语言，形成易指导实践的方法库。

实践体系则更加综合，也更加具有更新主题的类型针对性。通过解析本土设计研究中心的大量更新实践项目，根据其复杂多元的外部条件、设计所需的学科支撑、特色性的"本土"资源等因素，归纳创建类型化的场景模型，并以典型案例展示"方法体系"的应用方式。这同时也反馈验证了本书方法体系的有效性和可行性。

2.3.2　绿色更新创新性成果

2.3.2.1　标准化的方法检索工具

整合本土设计研究中心丰富的中微观尺度更新项目经验，凝练更新模式语言，形成街区层面模式语言检索表，包括6类模式语言，51类子模式；建筑层面模式语言检索表，包括5类模式语言，35类子模式。

2.3.2.2　实操性强的城市更新设计指引

基于城市更新设计流程及类型特征，归纳总结八大类型更新实践，创建类型化多场景更新设计指引，探索多种城市更新类型及设计模式语言应用方法体系，并形成反馈闭环。

2.3.2.3　多专业协同的实施技术指引

基于各专业在城市更新工程实践中面临的关键问题开展研究，在策略手法、技术装备及设计案例选取上，以专业内指导性和专业间可读性并重，打破过往城市更新相关导则、指南中普遍存在的专业壁垒，促进专业间知识信息交流。

2.4　立场：坚持"本土"价值观，呼应绿色更新六维度

2.4.1　环境观

强调建筑应融入生态环境，敬畏自然、保护自然，提倡自然、质朴、有机的美学创作方向。

城市更新应考虑当地的气候环境特征，尊重城市原有的生态格局，依据现有的自然山水背景，识别和优化生态斑块，并建立城区山水视线廊道和通风廊道，使城市形态与自然环境体现较好的协调性；保留和改善城市绿地、公园和湖泊等自然元素，将自然景观纳入设计中，营造出绿色、有机的美学氛围；倡导在建筑更新改造过程中合理采用木材、石材等性能优异的自然材料，减少资源消耗，使建筑融入生态环境。同时，通过合理的规划措施来确保自然环境的延续和恢复，提高生态的可持续性。

2.4.2　文化观

强调传承地域的历史文化。这种传承并不局限于民族形式和风格语汇的转译，更应以大文化的视野去寻找地域文化的线索和基因，从多层次的文化载体中汲取营养，在此基础上去寻找传统与当代的结合点，以创新和开放的态度塑造时代的新文化。

城市更新设计需要的是一种本土文化的自觉，反对全球化导致地域文化特色的缺失和民族精神的衰落，强调积极地从多层次的文化载体中汲取营养。只有关注城市的地域特色，城市的发展才能更加个性化和独特化，有利于打造一个健康、积极的城市形象。城市更新中应注重挖掘各个特定地区独有的文化元素，通过深入研究当地

历史、生态和社会背景，准确把握地域文化的特点，从各个方面、不同角度对具有代表性的地域文化元素进行准确捕捉，同时对选取的文化元素进行挑选、简化、重组，使其能够更好地满足更新设计的需求。此外，更新设计中应找到历史与当代取得平衡的结合点，实现对自然环境、本土文化、历史遗产等客观环境的主动适应和尊重。

2.4.3 城市观

强调与城市既有环境的协调，与城市公共空间的共享，将建筑作为城市空间有机的组成部分。建筑的特色来自于对既定城市环境的响应。

城市更新不仅仅是强调对项目本身环境品质的提升改造，更重要的是和城市的融合；应强调在尊重当地既有环境的基础上，以全域视角进行设计，拓展设计内涵，提高更新设计的科学性，加强更新区域与外部的物质交换与联系。同时，城市更新应注重市政公共设施的共建共享，打造社区中心和人文活动场所，这有助于构建安全高效的市政服务体系。通过广泛参与和合作，可以充分挖掘社区的潜力，提供更好的基础设施和便利设施，为居民提供交流、娱乐和休闲的场所，从而以点带线、以线带面，打造生态宜居、环境优美的生态城市空间。

2.4.4 乡土观

强调守护田园，记住乡愁，采用轻设计、微介入的有机更新方法，提升乡村风貌，让文化回归乡村。

随着城市化进程的加速，应当注重对城市"记忆场所"的构建，以及对以往记忆的探寻，不能忽视乡村环境和农村文化的价值，更不能牺牲田园风光和乡土情怀。为了促进乡村地区的可持续发展和提高农民的生活质量，提倡采取轻设计和微介入的方法来逐步改善乡村人居环境，在尊重乡村传统的同时，实现功能和美学的结合，注重文化自觉，尊重村民的意愿和文化。

2.4.5 绿色观

强调以节俭为目标，以常识为基点，以适宜技术为手段去创作环境友好型的人居环境，创新本土生态美学。

以往城市发展注重土地大规模的粗放式开发建设，如今看来，这是一种浪费、仓促，缺乏可塑性和适应性的旧增量模式。城市更新绿色观不仅要关注生态环境的提升、资源集约利用、绿色交通发展、低碳的空间利用，还要在城市建筑更新改造过程中，少拆除、多利用，实现工程建设全过程的绿色建造。通过提升传统施工技术，选择高性能材料、可再生材料或经过回收再利用的材料，以及质量可靠和耐久性强的建筑材料来达到节能环保的效果，实现更高层次、更高水平的低能耗、零能耗的绿色生态要求。

2.5 聚焦：以"本土"精细设计，驱动全流程绿色更新行动

城市是一个庞大而复杂的系统，涵盖了城市系统设计、场地系统设计和建筑系统设计，它们相互嵌套、渗透、影响。本次研究聚焦城市（街区）层面与建筑层面，在城市更新项目本体研究的基础上，拓展形成"本土"精细设计研究思路，以上承城市系统设计，中启场地系统设计，最终落位于建筑系统设计为思路，驱动全流程绿色更新行动，促进城市的可持续发展。

2.5.1 范畴：聚焦两大层面

本次研究聚焦两大层面，街区层面与建筑层面。街区层面的城市更新主要聚焦于中微观尺度实践项目，其中，中观尺度的城市更新着力于功能区级的存量更新，具体包括：城市中心区空间优化、老旧小区改造、城中村改造、产业园区转型、老工业区更新、滨水区复兴和城镇综合整治；微观尺度的城市更新着力于社区更新、空间微更新和更新单元详细规划。建筑层面的城市更新聚

焦于更新单元项目实施中涉及的建筑改建、扩建项目，以及城市建成区内建筑新建、重建、翻建项目。

2.5.2 上承：城市系统设计

在城市系统设计方面，从整体规划的角度出发，确定城市更新的范围、目标和更新策略。确定发展方向，优化空间布局，规划城市交通、绿化、能源、通信、教育等公共基础设施。通过实施系统科学的城市设计流程，有效提升城市功能，改善生态环境。

2.5.3 中启：场地系统设计

在场地系统设计方面，针对具体的场地进行规划和设计，为城市更新目标提供更有力的支撑和保障。不同的场地都具备独有的特点和发展潜

力，需要个性化的设计方案以最大限度发挥其优势并满足特定使用需求。场地系统设计需要充分考虑社区历史文化、环境特点、土地利用现状、场地功能定位和社会效益目标等。通过合理布局建筑和公共空间，为人们提供便利的交通和服务设施，创造宜居的场所，为城市更新带来更加积极的社会和经济效益。

2.5.4 落位：建筑系统设计

在建筑系统设计方面，把城市更新的理念和要求落实到具体的建筑设计方案中，以实现城市更新行动的有效落地。建筑系统设计要考虑建筑的功能性、美观性和可持续性，以满足城市更新的目标；同时要注重实施细节，确保项目能够具体落地，这涉及建筑的布局、结构的选用、材料的选择和技术的应用等方面。

2.6 要素：秉持"以土为本"设计思想，认知绿色更新要素

2.6.1 识别本土资源要素

本土资源要素是一个城市标志性的特色基因，从中提取文脉资源，保有生态本底，认知居民诉求，提升设施服务品质，是实现本土化城市更新的重要前置环节。本土资源要素包括：气候资源、土地环境资源、地域文化资源、工艺材料资源、社会政治经济资源、科学技术资源以及城市空间脉络资源。

2.6.1.1 气候资源

本土的气候资源包括气候日照特点、环境风态、温湿环境等多个方面，它们会影响城市的建筑设计、交通规划、绿化布局等方面，进而影响城市的可持续发展和居民的生活质量。日照时间因地理位置变化而不同，对建筑日照间距和室内

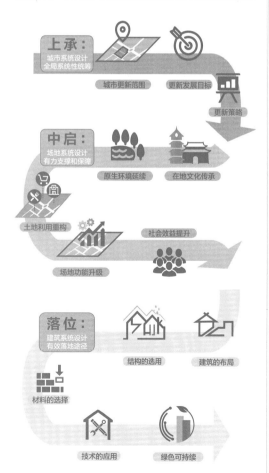

"本土"绿色更新设计研究思路

温度环境有直接影响。环境风态包括风速、主导风向、季节性风等信息，对街道朝向、建筑布局、沿街界面等城市空间特征有一定影响。温湿环境指环境中的温度和湿度指数，在不同的季节和地区，都呈现不同特点。

2.6.1.2　土地环境资源

本土的土地环境资源指某地区地表特征和独有的环境要素，是自然地理要素在空间上的组织方式，包括地形地貌、地质水文和土壤植被。它既影响着一个地区的自然风貌和生态环境，同时也影响着城市的规划、建设和发展。地形地貌指城市所处地区的地表形态，包括山丘、河谷、平原等地貌特征，它影响城市的发展方向、用地布局、建筑选址、绿地系统和生态系统的规划。地质水文指城市区域地质组成、稳定特性和地表河流、湖泊、沟渠的分布情况，它是城市的自然基因，很大程度上影响了生态格局。土壤植被是土地覆盖的主要组成部分，也是自然地带的重要景观标志。

2.6.1.3　地域文化资源

本土的地域文化资源指有形的空间文脉和无形的精神文脉。空间文脉包含本地的历史标志物和城市空间结构脉络，是本土历史文化的承载实体，更新应加强对历史建筑和历史街区的保护和修缮。精神文脉包含本土传统、历史、价值观、风俗习惯、艺术表现形式、语言、艺术符号、审美偏好、宗教信仰、节庆活动等，是该地区文化身份的重要组成部分，更新规划中推进"文化+创意产业"的发展模式，传承历史的同时促进经济繁荣。

2.6.1.4　工艺材料资源

本土的工艺材料资源包括乡土材料和乡土工艺，能够体现当地的建筑风格和城乡发展历程。乡土材料即源于本地的建材，其生产过程在当地完成。乡土工艺是本土建筑营造技术历经千百年

发展而来的独特传统技艺，饱含本土智慧，是建筑发展历史中的瑰宝。更新规划中选择本土材料，可实现建材的快速生产和运输，是绿色低碳的建筑选材。建筑改造中使用乡土工艺，重塑本土建筑风格，回溯本土城镇记忆。

2.6.1.5　社会政治经济资源

本土的社会政治经济资源指人口发展特征、社会功能配置水平和城市资源聚集情况，可以反映出一个城市发展动能强度和服务功能短板，为城市更新策略的制定指明方向。人口特征指一个地区的人口总量、增长规律、劳动人口占比、年龄组成、密度及分布规律、民族构成等信息，可作为全龄化改造工程的依据。科教文卫设施是城镇居民生活所需的最基本的服务功能，是城市更新工作的重点提升对象。片区发展特征包括片区功能定位、城市职能和未来产业业态发展趋势等，是更新规划中功能优化、业态完善、公交发展的依据。

2.6.1.6　科学技术资源

本土的科学技术资源包括适宜技术和绿色技术。适宜技术应用指依据本土气候条件、地形地貌、可再生资源等因素，采用合适的建筑材料和技术，延长建筑寿命，提升建筑性能和舒适性；并应用规划理论，制定适应本土特点的交通系统、能源系统、智慧系统的优化策略和布局模式。绿色技术主要指在建筑设计、施工和运营中，最大限度地降低对能源的依赖和对环境的不良影响的技术。更新中可应用本土科学技术对建筑本体和城市系统进行改良升级，实现城市的绿色更新和可持续发展。

2.6.1.7　城市空间脉络资源

本土的城市空间脉络资源包括区域肌理、空间结构、交通系统和景观系统，是一个城市建设现状的综合情况。区域肌理是城市建筑本体和空间环境的交互关系，主要体现在街区尺度、建筑平面

形态、街道空间和开放空间组合方式等方面。城市空间结构由水平的空间轴线关系和垂直的天际轮廓线组成，是区域空间设计和功能布局的骨架。交通系统资源包含城市路网、慢行系统、停车设施、公交线路和站点等实体设施，也包括保障其高效运行的交通管制策略等软件配置。景观系统涵盖城市绿廊、各类城市公园、市民广场和沿街绿化等，是城市人居环境的重要空间和组成实体，是城市居民赖以生活、工作及休闲娱乐的重要活动场所，也是城市固碳释氧功能的主要承载体，其空间形态上往往与本土生态本底高度重合。

2.6.2 分析更新设计要素

城市更新规划应扎根当地的土壤，针对性地改造街区空间和建筑，完善街区功能业态，其规划策略和改造方法要符合本土地域特色，顺应本地发展趋势，满足当地居民生活新需求。这就要求设计师充分理解并识别本土资源要素，判定更新区域内城市"病症"所在，以系统化的城市更新理论对各类更新设计要素进行提质升级改造。为顺应当前城市绿色可持续发展的浪潮，城市更新行动还应加强节能降碳技术、新能源技术、环保治污技术和生态修复技术的应用，注重高舒适度公共空间营造，完成各类设施服务水平提升，引导城市居民转向绿色低碳生活。

更新设计要素是更新方法落位的着力点，也是判断城市问题症结的标准项。本书基于城市更新与建筑设计理论和实践，从街区尺度和建筑尺度两个层面提炼关键设计要素，为城市更新设计模式与方法的标准化建设提供依据。其中，街区层面包括街区系统、景观环境和服务设施。

2.6.2.1 街区系统

（1）功能布局

街区尺度下，功能布局是基于更新片区用地类型的功能组合排布，包含功能类别、空间分布、相关功能组合关系等方面。更新过程中应梳理识别街区功能存在的问题，满足附近居民诉求，补充各类服务功能场地和建筑，使功能、空间、需求三者相互协调。通过重组优化既有空间，实现相关功能空间共享，集约节约利用土地资源和建筑内部空间。在后文模式语言中编号为"1-1"。

（2）空间格局

空间格局指城市内部的布局和组织方式，包括城市点轴结构、街道网络、公共空间、绿地系统和历史街巷肌理等要素的组合和连接方式，它是城市的骨架和血脉。更新区域应延续区域既有的空间格局，特别要保有历史街巷肌理。同时通过设计手法打通空间轴线与链接，提升空间格局的完整性。在后文模式语言中编号为"1-2"。

（3）空间肌理

空间肌理指的是街区内各类建筑的平面特征和组织方式，包括街道布局、建筑平面形态、建筑体量、公共空间等。在城市更新中重视本土肌理的延续，改良不协调肌理，能够为城市的发展带来更多的益处和长远的影响。在后文模式语言中编号为"1-3"。

（4）开放空间系统

街区尺度的开放空间包括公园、广场、街巷、公共建筑的附属广场和庭院空间，是居民社交活动的场所。更新片区通过串联既有开敞空间、打通建筑首层通道、促使灰色空间景观化、增加绿地覆盖率等方法重组优化开放空间系统，再造街区活力，促进健康和户外活动。在后文模式语言中编号为"1-4"。

（5）生态环境

城市公园、沿街绿廊、河流水系、湖泊水面和山体林带是街区尺度下常见的生态要素，是城市生态系统的载体。更新区域应最大限度地保有生态本底，特别是生态水面，采用生态修复技术，建设海绵系统，提升生态系统韧性。在后文模式语言中编号为"1-5"。

（6）道路交通

道路系统在城市更新中作用重大，包括城市路网骨架和公共交通。城市更新中应采用下穿、上跨等微介入方式，打通交通堵点，并规划完善的公交覆盖网络，利于市民选择绿色出行方式，可以提升城市交通运行效率和便捷度。在后文模式语言中编号为"1-6"。

（7）慢行系统

慢行系统是指在城市交通规划和设计中，以步行和自行车出行为主要特征的交通网络和设施。更新片区应打造完善的慢行系统，为市民创造更健康、便捷、安全的出行环境，助力绿色城市建设。在后文模式语言中编号为"1-7"。

（8）天际线

天际线指城市或建筑群在远处观察时，由建筑物的高度、形态和布局所形成的外部轮廓线，反映了城市的风貌特色和发展水平。更新片区天际线形态，与自然山水环境相协调，并适当控制建筑高度，打造流畅有韵律的天际线形态。在后文模式语言中编号为"1-8"。

（9）视廊与标志物

视廊是观察城市景观的视线通道或视角，是展现城市景观美学的重要载体。标志物是城市空间特色的集中体现，视廊通道的目标景观，有纪念碑、纪念馆、大型公建、构筑物等常见类型。更新规划要对城市既有的视觉廊道和标志物进行保护和保留，并通过设计手段强化视觉廊道，补充地标性建筑物或构筑物。在后文模式语言中编号为"1-9"。

2.6.2.2　景观环境

（1）绿化

绿化空间是城市的核心公共空间之一，是市民进行户外运动、接触自然的主要场所，并具有降低环境温度和改善城市热岛效应的功能。因此，更新规划应见缝插针地补充街区绿化空间，保证其结构完整性和有效绿地面积。在后文模式语言中编号为"2-1"。

（2）广场

广场是城市文化交流和社交活动的重要场所，

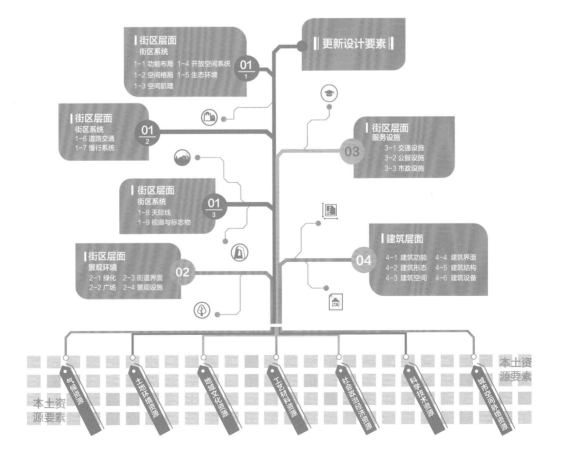

其设计品质直接影响市民的使用频率。城市更新规划中，应丰富活动内容、补充游憩设施、配套休闲服务、增加植物遮阴空间，从而引导市民户外活动和低碳生活。在后文模式语言中编号为"2-2"。

（3）街道界面

街道界面是指构成连续街道空间的各类物质环境构成要素，包括建筑立面、沿街业态、街道绿化等，是居民活动主要感知的空间，对活动方式、路径流线和活动频率有较大影响。因此，打造尺度宜人、功能丰富、高遮阴率的街道界面有利于促进居民步行出行。在后文模式语言中编号为"2-3"。

（4）景观设施

景观设施主要指布设在广场、公园等开放空间的游憩设施、遮阴设施、导向标识和雕塑小品。设置艺术装置、雕塑等，增加公共空间的文化氛围和吸引力，增加休闲椅、路标、石桌、遮阳棚等，提升居民的游览体验，引导绿色生活。在后文模式语言中编号为"2-4"。

2.6.2.3　服务设施

（1）交通设施

中小尺度城市更新的交通设施主要指交通枢纽建筑（轨道交通、公交总站）、公交站和停车场等，是街区集散人流、车流的重要节点。更新时应着重提升其空间品质，对建筑本体进行绿色节能改造，结合建筑空间和周边环境补充商业商务、运动休闲、文化娱乐等功能业态，提升居民公共交通出行意愿。在后文模式语言中编号为"3-1"。

（2）公服设施

公服设施指医院、学校、社区服务中心、文化中心、体育馆、室外体育场和商业中心等直接服务附近居民的配套设施建筑及场地。更新规划中应注重各类设施共建共享，集约利用建筑内部和室外场地空间，应用绿色技术升级建筑能效。在后文模式语言中编号为"3-2"。

（3）市政设施

市政设施指供水、排水、燃气、电力、通信等各类市政基础设施建筑及管线网络。更新中可针对建筑进行绿色化改造，对设备进行节能化、清洁化升级。合理规划和管理市政管线能够确保其运行顺畅，避免管线冲突与重复施工，减少运维成本，提升城市韧性和绿色可持续发展。在后文模式语言中编号为"3-3"。

2.6.2.4　建筑层面

（1）建筑功能

建筑功能是建筑物所承载的具体用途或用途集合。在更新项目中，尤其是针对改扩建项目，通过系统梳理其功能布局，对现有建筑进行必要的功能增补，以及科学规划功能流线，旨在确保更新后的建筑功能能够满足当前需求。在后文模式语言中编号为"4-1"。

（2）建筑形态

建筑形态指建筑的空间形态和平面形态，包括建筑的外形、体量和比例等，是建筑空间的外在表现。更新过程中应重点考量建筑形态是否与周边城市环境相协调。在后文模式语言中编号为"4-2"。

（3）建筑空间

建筑空间是为了满足生产和生活需求，运用建筑的主要要素和形式所创造出的内部和外部空间的统称。作为建筑功能的核心载体，建筑空间的设计、采光、通风、热工性能及建筑尺度等都对功能的实现和舒适度产生深远影响。更新过程中，通过空间逻辑的梳理和解读，以及空间性能的提升和改造，可更好地满足建筑的使用需求，提升整体的使用体验。在后文模式语言中编号为"4-3"。

（4）建筑界面

建筑界面指围合建筑空间四周的墙体、门、窗等，依存于建筑体块和建筑空间组合形态而存在，能够有效地抵御不利环境的影响，展现建筑的风貌特征。更新过程中，应通过界面的更新改造，在反映建筑的时代特征的同时改善热工性能及隔声性能。在后文模式语言中编号为"4-4"。

（5）建筑结构

建筑结构是由板、梁、柱、墙、基础等建筑构件形成的具有一定空间功能，并能安全承受建筑物各种正常荷载作用的骨架结构。更新过程中，通过对原有建筑结构的加固加强、新建结构形式优化设计及轻量化设计等措施，保证结构安全耐久，保证建筑安全。在后文模式语言中编号为"4-5"。

（6）建筑设备

建筑设备是保证健康舒适的室内环境的重要组成部分，主要包括给水排水、暖通、电气、智能化等设施设备。更新项目中，应解决设备设施陈旧、空间有限的问题，为设备与机电创造实施条件，优化设备空间，更好地提升建筑的品质与使用效率。在后文模式语言中编号为"4-6"。

3

实施路径

PATH

3 / 实施路径

面向城市更新核心问题，梳理绿色更新工作流程

3.1 城市更新实施路径

3.1.1 实施路径的作用

我国城市已经步入较快发展的中后期，此阶段发展的重心由大规模增量建设转为存量提质改造和增量结构调整，实施城市更新对促进经济社会持续健康发展具有重要意义。

与普通新建工程项目不同，城市更新是一项长期、复杂的社会系统工程，受到经济、社会、文化、空间及时间等多方面要素制约。

城市更新不是临时突击性城市发展任务，是一个发展的、不断修正并逐渐走向成熟的过程，既要服务于当前城市发展，又要解决前期城市发展的许多遗留问题。

城市更新具有复杂性、渐进性、不确定性等特点，设计往往不仅局限于建筑本身，而且需要对城市环境、建筑质量、设备系统、文化因素等作全面评估。

城市更新需要设计师介入或承担部分策划任务，主动分析和提出城市更新要解决的问题和可能的需求，同时要对景观、艺术设计有一定的创作和把控能力，保证城市更新的整体性。

在历史文化街区的更新中，为了找到历史风貌和现代生活的结合点，应该结合具体情况，因地制宜去找破题点，否则只能受限于文物保护的控制线，消极保护，无新可谈。

同时还要关注绿色低碳及成本控制。所有这些，都需要设计师在价值观、基本策略和技术手段上有系统化的方法和应对措施。

城市更新中待解决的问题

因此，城市更新面临的不仅仅是单纯的建筑改造问题，而且涉及政策、法规、规划、建筑、结构、设备、景观、文化、成本、运营等多层面的复杂系统问题，只有综合解决这些问题，城市更新才能呈现新的活力，实现新的价值。

由于城市更新类项目意义重大且过程较为曲折复杂，因此制定出城市更新的系统化实施路径，掌握城市更新的设计步骤和方法，对项目顺利推进非常重要。

如何在规划层面解读政策法规、上位规划及申报流程，对方案是否能成立非常重要。

如何对现有建筑及环境进行综合评估，包括城市环境、建筑质量、结构鉴定、设备系统等，对设计方案能否落地非常重要。

在没有任务书或者任务不明确的条件下，设计师的工作如何推进？

在边评估、边设计甚至边施工的情况下，设计师如何协调各方关系？

在设计过程中，如何确定哪些保留，如何保留？

在设计过程中，新与旧是什么关系？

在设计过程中，如何考虑节约造价？

在设计过程中，如何结合绿色低碳降低运营成本？

在施工过程中，图纸与现状不一致怎么办？

在施工过程中，现场出现新情况怎么办？

在施工过程中，造价超出预算怎么办？

……

以此为出发点，我们结合实际经验整理出城市更新路径图，帮助设计师梳理清晰的城市更新类项目的工作流程，可以尽量避免设计过程的反复。

3.1.2　实施路径的内容

如何开展城市更新设计呢？城市更新过程整体可以分为前期阶段、设计阶段、施工阶段及后评估阶段。不同于一般新建项目，城市更新类项目需要设计师在前期阶段就介入。

3.1.2.1　前期阶段

城市更新项目会存在项目定位模糊、不符合实际等问题，中观尺度的更新设计需要规划设计师进行项目的前期准备工作，微观尺度的更新设计需要建筑师在前期介入，同开发者一起制定合理的设计任务书。

收集资料环节，除一般的城市建设法规外，相关城市更新规划、文物保护相关规范及片区的上位规划也需要收集了解。城市更新项目的主体是既有环境和既有建筑，因此对更新对象的现状资料收集也十分必要。针对项目所在区域，我们需要收集整理本土资源要素以便指导后续更新设计，中观尺度着重收集街区层面的现状信息，微观尺度则注重建筑层面的现状信息。有些甚至需要组织专业机构进行测绘鉴定，为后续的更新设计提供基础资料。

综合评估环节总结现状存在的问题，以问题为导向进行后续设计。

3.1.2.2　设计阶段

针对不同尺度的设计对象，更新策略分为街区层面和建筑层面两大类。通过对更新对象的问题梳理，结合设计目标选择适宜的更新设计策略。

中观尺度进行规划方案设计。该环节合作单位、开发主体、公众及政府部门协同作用，形成项目定位、整体构思、空间结构、功能布局、产业策划、道路交通等层面的设计成果。

微观尺度进行建筑方案设计。建筑师应主导设计过程，综合协调各方意见。

方案设计结束后，规划设计师及建筑师有义务辅助业主进行方案报批，需要事先了解项目所在城市的审批路径。

当各类手续完成后，对设计方案进行各专业施工图设计。

3.1.2.3　施工阶段

施工阶段可能遇到由于现场的问题导致方案、施工图进行修改反复的情况，这一过程中，设计师需要与参建各方进行不断沟通。

3.1.2.4　后评估阶段

施工结束并不代表城市更新的结束，其后续的运营和使用情况也需要进行评估，收集使用者的反馈，才能实现全生命周期的城市更新工作。

3.2　城市更新实施路径的工作内容

3.2.1　前期准备

3.2.1.1　前期准备 / 制定任务书

中观尺度城市更新设计需要有前期准备环节，开发主体主导组建包括策划、规划、设计、咨询等在内的项目技术团队，通过研究相关规划，查

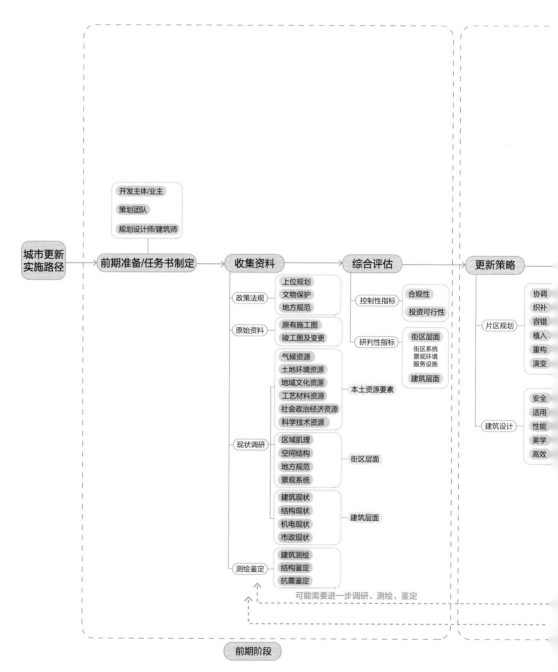

城市更新实施路径

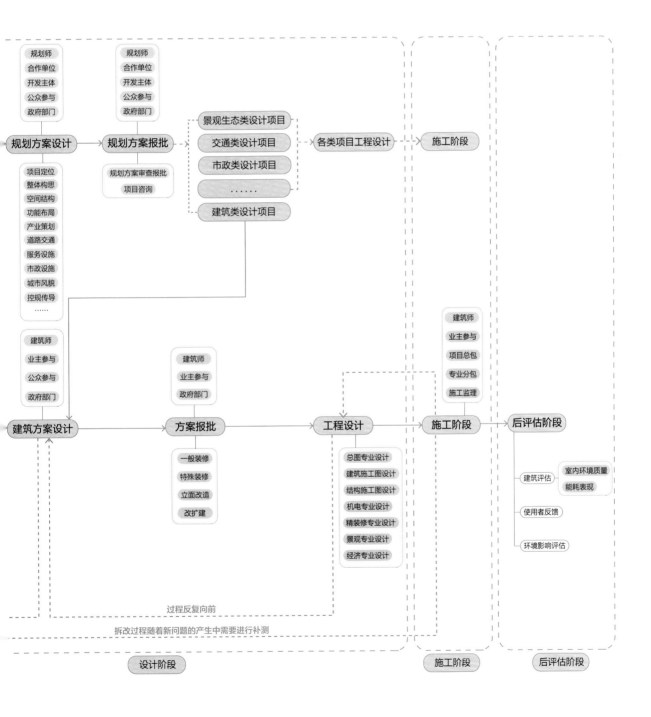

规划师
合作单位
开发主体
公众参与
政府部门

规划师
合作单位
开发主体
公众参与
政府部门

景观生态类设计项目
交通类设计项目
市政类设计项目
......
建筑类设计项目

规划方案设计 → 规划方案报批 → 各类项目工程设计 → 施工阶段

项目定位
整体构思
空间结构
功能布局
产业策划
道路交通
服务设施
市政设施
城市风貌
控规传导
......

规划方案审查报批
项目咨询

建筑师
业主参与
公众参与
政府部门

建筑师
业主参与
项目总包
专业分包
施工监理

建筑师
业主参与
政府部门

建筑方案设计 → 方案报批 → 工程设计 → 施工阶段 → 后评估阶段

一般装修
特殊装修
立面改造
改扩建

总图专业设计
建筑施工图设计
结构施工图设计
机电专业设计
精装修专业设计
景观专业设计
经济专业设计

建筑评估
室内环境质量
能耗表现
使用者反馈
环境影响评估

过程反复向前
拆改过程随着新问题的产生中需要进行补测

设计阶段

施工阶段

后评估阶段

阅各类数据资料和检测报告，深入了解项目所处区域的产业结构调整与升级的设想，并在此基础上结合利益相关方诉求，形成能让各方达成"基本共识"的项目更新方向和更新愿景。

微观尺度更新设计需要建筑师对项目所在城市的地域文化进行深度剖析与解读，根据现有条件提出建议和想法，完善、补充甚至调整甲方或策划团队提出的功能需求，打造富有差异化、创新性、地域文化特征的项目形象，以增加对人们的吸引力。

3.2.1.2 收集资料

更新类项目的资料收集，与一般新建项目不同。收集的资料可以分为政策法规、原始资料、现状调研、测绘鉴定四种类型（表1）。

政策法规主要包括上位规划、相关文物保护规范及地方城市更新规范。

原始资料包括原有建筑施工图、竣工图及变更图，如果由于年代久远或历史原因，很多项目图纸缺失或与现状不符，还需认真核对并要求业主组织专业团队进行数据补测。

现状调研从宏观到微观可以分为三个层级：本土资源要素，包括气候资源、土地环境资源、地域文化资源、工艺材料资源、社会政治经济资源、科学技术资源、城市空间脉络资源；街区层面，包括区域肌理、空间结构、交通系统、景观系统；建筑层面，聚焦到建筑自身现状，包括其功能、形体、结构、机电、市政等条件的客观梳理。作为更新设计的基础条件，资料收集阶段越是贴近事实，对后续的设计展开越有利。

测绘鉴定类型的资料主要涉及建筑结构的相关更新，需要通过专业机构对改造对象进行结构鉴定与抗震鉴定，来判断主体存留与否及加固与否，以及如何进行分类分级的加固改造。

3.2.1.3 综合评估

综合评估的目的在于辅助设计师整合前期收集的相关资料，综合判断该项目的可行性、设计所承担的相关风险以及潜在的各类问题。综合评估表的评价指标整体可以分为控制性指标和研判性指标两大类，其中控制性指标主要指影响项目成立的关键性因素如是否符合规范、投资是否可行，研判性指标则是在其成立基础之上的针对更新项目自身及周边区域条件的分析（表2）。

（1）控制性指标

1）合规性

项目是否合规决定该更新项目是否成立，合规性主要受到政策法规、项目产权、审批路径三者的共同约束。

政策法规。除全国通用性规范、地方城市技术管理规定外，还需要了解城市更新的相关法规。城市更新的主体有时会涉及历史遗产保护，更新过程需要处理好与历史遗产的关系，需要设计师了解相关文保法律法规。

项目产权。设计师需要向建设方确认项目产权是否明晰，是否具备土地证、房产证等相关产权证明。城市更新主体的权属较为复杂，有些改造项目因年代久远，会存在产权证明缺失或产权责任不明晰的问题，会对后续办理相关手续产生影响，甚至可能会造成无法立项的后果。

审批路径。根据各地城市更新政策，以及项目是否存在增加面积、改变功能、结构变动、消防设施变动等情况，审批路径会有所不同，包括一般装修、特殊装修、立面改造、改扩建四种方式。设计师需提前协助甲方了解规划、住建部门相关政策及上位规划，有利于方案设计大方向的基本判断。

2）投资可行性

设计师在项目前期，需要向建设方了解项目整体的财务状况、投资金额及后期运营方案，做好对项目的经济状况评价，通过估算，辅助建设方正确客观地确定项目可能需要的投资金额。

（2）研判性指标

研究性判断设置了四个层面的评估指标，不同层面细分不同类别的指标，综合对项目展开诊断。城市更新的对象在中观层面指街区尺度

城市更新项目资料收集 表1

资料分类					资料数量	资料形式	关键信息提取
政策法规	1	上位规划					
	2	文物保护					
	3	地方规范					
原始资料	4	原有施工图					
	5	竣工图及变更					
现状调研	本土资源要素	6	气候资源	日照			
				风态			
				温湿环境			
		7	土地环境资源	地形地貌			
				地质水文			
				土壤植被			
		8	地域文化资源	空间文脉			
				精神文脉			
		9	工艺资料资源	乡土材料			
				乡土工艺			
		10	社会政治经济资源	人口特征			
				科教文卫设施			
				片区发展特征			
		11	科学技术资源	适用技术			
				绿色技术			
			城市空间脉络资源	区域空间结构			
				区域交通系统			
				区域景观系统			
	街区层面	12	区域肌理				
		13	空间结构				
		14	交通系统				
		15	景观系统				
	建筑层面	16	建筑现状				
		17	结构现状				
		18	机电现状				
		19	市政现状				
测绘鉴定		20	建筑测绘				
		21	结构鉴定				
		22	抗震鉴定				

城市更新综合评估表　　　　　　　　　　　　　　　　　　　　　　　　　　　　**表2**

指标性质	指标类别		评价内容	存在问题	初步应对措施
控制性指标	合规性	政策法规	项目所在城市是否有城市更新专项规划、指引，片区规划，策划方案，项目更新、实施、改造方案，文物保护单位及相关文物保护法规		
		项目产权	项目产权是否明晰，是否具备土地证、房产证等相关产权证明		
		审批路径	明确项目所在城市相关项目审批路径（一般装修/特殊装修/立面改造/改扩建）		
	投资可行性	项目经济评估	项目资产状况是否良好		
研判性指标	街区层面的街区系统	功能布局	更新片区内用地功能是否满足居民生活需求		
			更新片区内用地功能是否多样化		
			更新片区内功能业态是否具有特色及创新性		
			更新片区用地性质是否符合上位规划		
		空间格局	更新片区周边区域是否有清晰的空间结构、景观结构、文脉结构		
			更新片区内空间格局是否能与周边区域空间格局衔接		
		空间肌理	更新片区周边区域是否存在有价值的城市空间肌理		
			更新片区内空间肌理是否能延续城市空间脉络		
		开放空间系统	更新片区内开放空间类型是否具有多样性		
			更新片区内开放空间是否有良好的可达性		
			更新片区内开放空间是否易于识别		
			更新片区内开放空间是否环境友好		
			更新片区内开放空间是否形成体系		
		生态环境	更新片区内是否存在重要生态要素		
			更新片区内生态要素是否形成完整生态系统		
		道路交通	更新片区内部交通是否与外部路网顺畅衔接		
			更新片区内部道路结构是否完整		
		慢行系统	更新片区内慢行系统是否绿色舒适、安全连续、具有活力		
		天际线	更新片区内建筑高度是否有相关规定或高度控制		
			更新片区内天际线形态是否适应周边区域天际线形态		
		视廊与标志物	更新片区内是否存在既有标志物		
			更新片区内是否存在既有视觉通廊		
	街区层面的景观环境	绿化	更新片区内绿化布局是否与周边区域衔接		
			更新片区内绿化空间是否能满足居民使用需求		
			更新片区内绿化空间是否类型丰富		
			更新片区内绿化空间是否结合绿色雨水基础设施		

指标性质	指标类别		评价内容	存在问题	初步应对措施
研判性指标	街区层面的景观环境	广场	更新片区内广场布局是否能与周边区域形成完整广场体系		
			更新片区内广场空间是否具有活力		
			更新片区内广场空间是否经常被周边居民使用		
		街道界面	更新片区内街道界面是否延续周边城市街道界面		
			更新片区内街道界面是否体现时序性		
		景观设施	更新片区内景观设施是否能融入周边城市环境		
			更新片区内景观设施是否能满足功能及风貌需求		
	街区层面的服务设施	交通设施	更新片区内公共交通设施是否完善		
		公服设施	更新片区内公共服务设施是否形成完整体系		
			更新片区内公共服务设施是否能满足周围居民的使用需求		
		市政设施	更新片区周边的市政管网是否满足现状使用需求		
	建筑层面	建筑功能	建筑功能是否符合实际使用需求		
			建筑功能是否分区合理		
			建筑室内无障碍设施是否完善，与外界无障碍设施是否连通		
			建筑功能是否具有灵活性		
		建筑形态	建筑尺度是否适宜		
			建筑风格是否协调统一		
			建筑体量是否适宜		
		建筑结构	建筑结构（构件/系统/单元）安全性是否符合规范要求		
			建筑结构是否有良好的抗震性能		
			建筑结构是否有良好的抗灾性能		
			建筑结构的耐久性是否适应设计使用年限		
			建筑结构形式是否具有适应性		
		建筑空间	建筑空间是否满足实际使用需求及未来使用功能		
			建筑空间是否满足良好的采光、通风及热工性能		
		建筑界面	建筑立面是否反映时代特征		
			建筑围护结构是否具有良好的隔声性能和热工性能		
		建筑设备	消防设施是否完备		
			给水设施是否完备		
			排水设施是否实行雨污分流		
			供暖、通风及空调系统是否符合相关节能标准		
			主要使用房间的照度、照度均匀度、显色指数、眩光等指标是否符合现行国家标准		

的项目，在微观层面包括建筑实体及其所在场地，根据对象尺度不同，评估的侧重点也有所差异。

1）街区层面的街区系统

城市更新的主体是由功能、空间等重叠交织形成的十分复杂的现状城市空间，更新前要对各类要素的现状进行收集和评估，发现其存在的问题，以解决问题为导向提出相应的设计策略。

功能布局。对于街区的功能布局，主要判断其现状用地功能分布是否满足居民生活需求、是否多样化、是否具有特色或创新性，整体布局是否符合上位规划。

空间格局。更新片区周边区域是否有清晰的空间结构、景观结构、文脉结构，是否能与周边区域空间格局衔接。

空间肌理。更新片区周边区域是否存在有价值的城市空间肌理，更新片区内空间肌理是否能延续城市空间脉络。

开放空间系统。更新片区内开放空间是否类型多样、易于到达、容易识别，是否环境友好，是否形成完整的开放空间体系。

生态环境。更新片区内是否存在重要生态要素，如既有水体、动植物群落等，这些生态要素是否形成完整的生态系统。

道路交通。更新片区内部交通是否与外部路网顺畅衔接，其内部道路结构自身是否完整。

慢行系统。更新片区内慢行系统是否绿色舒适、安全连续、具有活力。

天际线。更新片区内建筑高度是否有相关规定或高度控制，更新片区内天际线形态是否适应周边区域天际线形态。

视廊与标志物。更新片区内是否存在既有标志物，是否存在既有视觉通廊。

2）街区层面的环境

绿化。用地内现有绿化条件是否能与周边区域衔接，是否能满足居民的使用需求，是否类型丰富，是否结合了绿色雨水基础设施。

广场。更新片区内广场布局是否能与周边区域形成完整广场体系，广场空间是否具有活力，是否经常被周边居民使用。

街道界面。更新片区内街道界面是否延续周边城市街道界面，街道界面是否能体现时序性。

景观设施。更新片区内景观设施是否能融入周边城市环境，是否能满足功能及风貌需求。

3）街区层面的服务设施

交通设施。更新片区内公共交通设施是否完善。

公服设施。更新片区内公共服务设施是否形成完整体系，是否能满足周围居民的使用需求。

市政设施。更新片区周边的市政管网是否满足现状使用需求。

4）建筑层面

微观尺度的更新项目可以适当略过街区层面的详细评估而直接进入对建筑单体的评估阶段，主要从建筑功能、建筑形态、建筑空间、建筑界面、建筑结构、建筑设备六个角度对建筑实体展开综合评估。

建筑功能。建筑功能是否符合实际使用需求、是否分区合理、是否具有灵活性，无障碍设施是否完善，能与外界无障碍设施连通。

建筑形态。建筑尺度及体量是否适宜，建筑风格是否协调统一。

建筑空间。建筑空间是否满足实际使用需求及未来使用功能，是否满足良好的采光、通风及热工性能。

建筑界面。建筑立面是否反映时代特征，是否具有良好的热工性能和隔声性能。

建筑结构。建筑结构（构件/系统/单元）安全性是否符合规范要求，是否有良好的抗震性能和抗灾性能，其耐久性是否适应设计使用年限，结构形式是否具有适应性。

建筑设备。建筑内部消防设施是否完备，给水设施是否完备，排水设施是否实行雨污分流，供暖、通风及空调系统是否符合相关节能标准，主要使用房间的照度、照度均匀度、显色指数、眩光等指标是否符合现行国家标准。

3.2.2 设计阶段

3.2.2.1 中微观尺度的更新策略

（1）选择策略的原则

1）明确立场

树立建设节约型社会的社会主义核心价值观。以节俭为设计策略，以常识为设计基点，以适宜技术为设计手段去创作环境友好型的人居环境，去创造绿色建筑的新美学。把能耗降下来，把碳排降下来，关键是投资也要降下来，同时还要提升城市的环境，提升建筑的品质，实现"三降三升"。

树立改善民生环境的价值观。从人的基本需求出发，通过城市更新补全居住建筑内欠缺的基本生活空间与生活设施，消除安全隐患，改善人居环境；遵循公共导向价值观，完善基础设施、公共服务设施与公共空间营造，提升各类设施与空间的服务质量；针对已破坏的生态环境，通过生态修复、景观更新，为城市居民提供更多、更优质的户外、半户外开放空间，增加人们亲近自然、接触自然的机会。

树立有机更新的价值观。以历史的、有机的观点看待城市更新，提倡一种以真正提升城市生活品质为目标、以全面增绿为导向、以新旧混搭为方法、以多方参与的渐进式整治为过程的，真正的、扎实的、可持续的有机更新。

2）因地制宜

因地制宜不是机会主义，是客观性决定主观性的内在逻辑，是本土设计的根本立场和理性判断。设计不事前预设答案，在对场地和一系列相关要素的逻辑分析中推演方案，试错后找到最佳方案。

选择城市更新策略一定要因地制宜，不管是"多方诉求"的结果，还是城市更新"多样性"的要求，或者是绿色建筑本身的要求，诸多因素都要求城市更新不能形成模式化的东西，不能一成不变，这是绿色城市更新设计的基本出发点和要求。

（2）更新策略

城市更新设计策略的提出聚焦于中观、微观两个层面。中观层面即街区层面，以片区整体规划和城市空间优化为重点设计目标。微观层面即建筑层面，是对建筑及其场地的处理。

1）街区层面

根据多维度评估结论，城市更新参与深度可分为整治、微更新、改造、重建四个层级。从整体规划的角度出发，优化片区空间系统，运用协调、织补、容错、植入、重构、演变六大更新策略合理组织功能、空间、生态环境、道路交通等要素，实现城市系统的更新提升。

2）建筑层面

建筑层面更新策略分为安全、适用、性能、美学、高效五个方面，应以安全为基础，以适用为前提，以性能改善为标准，以外观风貌提升为效果，核心观点是不拆、少拆、轻介入。

3.2.2.2 方案设计

（1）规划方案设计

基于项目参与各方达成的"基本共识"，在绿色低碳理念引导下，从空间、功能、风貌、文化、道路、交通、景观、设施、建筑等方面系统地提出对城市更新项目的整体构思，形成生动形象的项目展示方案，然后再次召开由利益相关方参加的交流研讨会。经过多轮研讨并征求意见后形成概念规划方案，以作为政府相关部门决策立项的主要依据。如果项目涉及规划条件调整，应积极配合项目实施主体开展调整论证工作。在概念规划得到项目实施主体和地方政府相关部门立项后，开展设计层面的方案工作，并建议进行多方案比较。

（2）建筑方案设计

建筑方案设计阶段，建筑师应遵循更新原则，结合前期综合评估结果选择适宜的更新策略，进行方案设计。与新建项目不同，城市更新方案设计不是一蹴而就的，经常会受到各种因素的制约，甚至会发生方案的反复修改。

这个阶段业主和主管审批部门会提出相关意见，涉及公众利益的项目，如老旧小区改造，也需要公众参与到决策机制中。社区参与是城市更新过程中至关重要的环节，政府和建筑师应该积极听取居民的意见和反馈，尊重他们对既有老城区的情感认同和需求。这种合作与沟通有助于建立共识，以确保城市更新的方向符合社区整体利益。此外，通过开展公众教育活动，提高居民对城市更新意义的理解和认识，促进社会的支持和共同参与。

城市更新方案设计阶段的特殊之处还在于，随着方案的深入，对现场的了解程度也会逐渐加深，可能会遇到原先"看不到"的情况影响原本方案的设计，这时就需要依据现场实际情况灵活调整方案。

3.2.2.3　方案报批

（1）规划方案报批

设计方案确定后，应配合项目实施主体开展方案审查报批、协助、交评、环评等相关工作。此阶段还应同步开展绿色建筑模拟评估验证和投资估算，以便及时修正方案。

报批后的规划方案可以对接后续景观生态类、交通类、市政类设计项目，指导建筑层面更新设计。

（2）建筑方案报批

建筑更新可以分为一般装修、特殊装修、立面改造、改扩建四种更新方式，分别对应不同的报批流程，有时各地区之间报批流程也存在差异。

一般装修主要指对建筑的室内空间进行翻新设计，报批时需提供相关图纸及设计单位资质等文件，交物业管理部门进行初审，审核通过后向消防部门或住建部门提交消防报批，拿到审批证明后可以向物业管理部门申请施工许可证。至此报批流程结束。

特殊装修是指涉及建筑主体和承重结构的变动、涉及消防设施的变动、涉及建筑功能的调整等可能影响公民生命财产安全和公共利益的各种装饰装修活动。报批流程根据各地方规定不同，略有差异，可查询项目所在地的具体有关规定。

立面改造是指对房屋外围护结构及其装饰层的外部轮廓尺寸、形体组合方式、比例尺度关系、材质选用等立面形式进行单一立面整层以上的改造，以及市级商业街门面装修的活动。这类项目的更新需要符合当地批准的控制性详细规划，遵守建筑安全、城市交通、环境保护、市容景观等有关法规和标准。

改扩建涉及的更新范围和力度更大，其审批手续与新建项目大体一致。首先，项目需要发展和改革部门立项，其次，设计方案、勘察设计文件要提交规划主管部门审批，同时要报规划、消防、环保等部门审批，接下来进入招标投标备案阶段，方可办理质监、安监及施工许可证。至此报批流程结束。

3.2.2.4　工程设计

工程设计阶段是更新设计方案落地的过程，需要各专业协同工作。与一般新建筑项目不同，各专业的设计基础不仅有建筑专业提供的技术图纸，既有建筑的结构系统、设备系统也成为设计的基础条件之一。

结构专业涉及更为复杂的结构设计，根据建筑设计方案与现状，对原有结构进行改造、加固或避让。不同年代、不同质量的结构体系适用的改造手段不同，结构设计师需要结合鉴定报告搭建结构模型，结合设计方案制定合理的结构加固改造方案。如果涉及建筑的改扩建，新增的建筑基础及结构需要避让原有的老结构。由于场地内存在既有建筑结构，场地很难进行大规模翻新和处理，新建基础的设计需要结合地质勘查报告，以适应现状地质条件。

工程设计阶段还与工程造价有很大关系。工程造价预算不足时，需要设计师在尽量保证设计效果的前提下，通过材料替换、降低施工难度等方式完成方案修改。同时，由于更新过程中遇到的不确定性更多，城市更新项目需要准确进行设计成本预算，并应留出充足的预备费，用于应对整个建设过程发生的各类情况。

3.2.3 工程施工阶段

在施工配合过程中，随着对各种情况的深入了解及施工过程中出现的各种新问题，比如测绘数据不充分或不准确、结构鉴定不全面、甲方的功能定位改变、拆除过程中某些构件质量低于之前的检测、地质情况与土壤报告有较大差别、投资造价变化等原因，都会造成设计的修改与调整，需要设计团队付出比新建建筑更多的精力。

建筑师应该以积极的态度和巧妙的方式，顺势而为，通过设计手段积极地调整和改良这些"错误"，让其化为无形，巧妙融入城市空间之中。

3.2.4 后评估阶段

城市更新是一项持续性的、动态的工作，项目施工结束后应对建成环境开展系统的评价。通过问卷调查与访谈、行为观察与记录、摄影摄像、数据统计等方式收集使用者的反馈；对建成环境的实际使用情况与预期作对照，可以对更新后的建筑进行室内环境质量及能耗表现方面的评价；对周围区域风、光、热等物理环境进行评价，以此来验证更新设计是否能切实解决现状存在的问题，为后期同类型更新项目提供设计依据，形成设计经验。

4

模式语言

MODE

4 / 模式语言

整合"本土"实践经验，凝练绿色更新设计方法

4.1 街区层面模式语言

在街区层面更新设计方法的归纳中，整合"本土"项目实践经验，凝练街区层面更新模式语言。秉承"以土为本"设计思想，在更新设计中挖掘本土资源要素，包括气候资源、土地环境资源、地域文化资源、工艺材料资源、社会政治经济资源、科学技术资源、城市空间脉络资源；同时优化更新设计要素，包括街区系统（功能布局、空间格局、空间肌理、开放空间系统、生态环境、道路交通、慢行系统、天际线、视廊与标志物）要素、景观环境（绿化、广场、街道界面、景观设施）要素、服务设施（交通设施、公服设施、市政设施）要素。在更新设计中从理性的设计思考出发，基于面向既有的延续、面向问题的微增、面向目标的激活三个层面组织各类要素，凝练出街区层面六大模式语言：协调、织补、容错、植入、重构、演变。

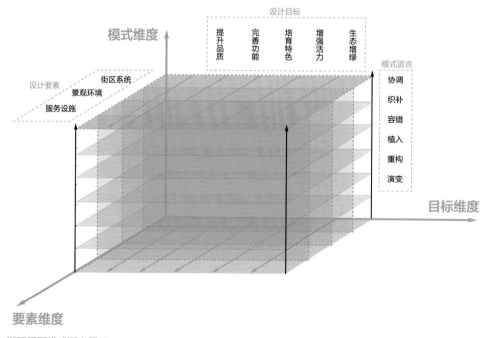

街区层面模式语言图示

4.2 建筑层面模式语言

在建筑层面更新设计方法的归纳中，整合"本土"项目实践经验，凝练建筑层面更新模式语言。建筑更新改造从结构安全、功能适用、优化性能、协调美学、工程高效等角度出发，在"不拆、少拆"的前提下，优化更新建筑层面设计要素，包括建筑功能、建筑形体、建筑结构、围护结构、建筑设备。以安全为基础，以适用为前提，以性能改善为标准，以外观风貌提升为效果，以营建技术改进为保障，凝练建筑层面的五大模式语言：安全、适用、性能、美学、高效。

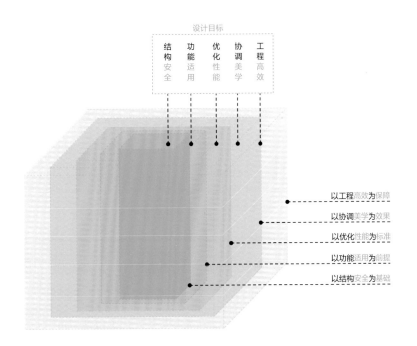

建筑层面模式语言图示

4.3　模式语言解析

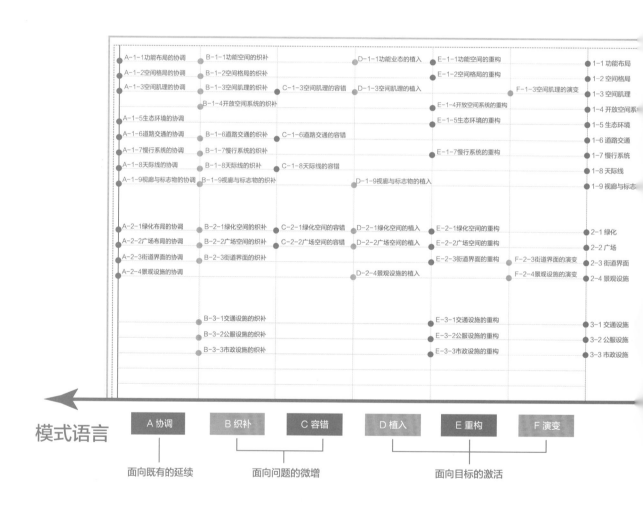

街区层面六大模式语言的拆解

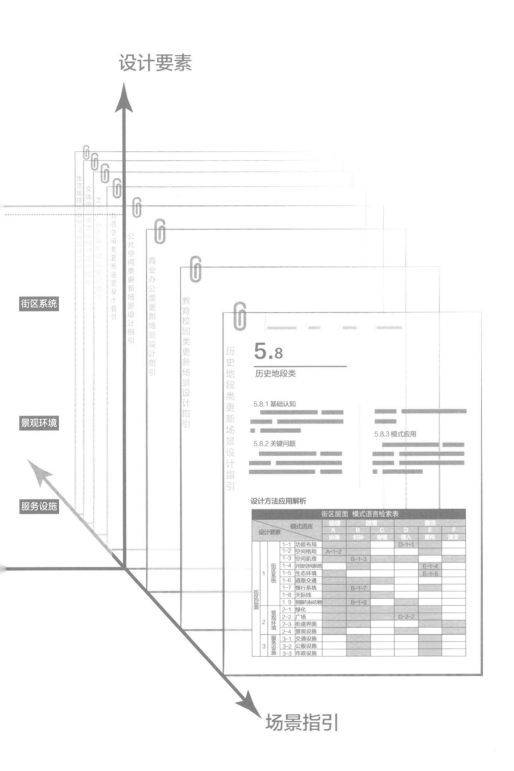

设计要素

街区系统

景观环境

服务设施

场景指引

生活居住类更新场景设计指引

文体设施类

工业遗产类更新场景设计指引

价值空间类更新场景设计指引

公共空间类更新场景设计指引

商业办公类更新场景设计指引

教育校园类更新场景设计指引

历史地段类更新场景设计指引

5.8

历史地段类

5.8.1 基础认知

5.8.2 关键问题

5.8.3 模式应用

设计方法应用解析

			模式语言	街区层面 模式语言检索表					
设计要素			延续 A 协调	梳理 B 织补	C 修缮	植入 D	重构 E	激活 F 演变
街区层面	1 街区系统	1-1 功能布局				D-1-1		
		1-2 空间格局	A-1-2					
		1-3 空间肌理		B-1-3				
		1-4 开敞空间系统					E-1-4	
		1-5 生态环境					E-1-5	
		1-6 道路交通						
		1-7 慢行系统		B-1-7				
		1-8 天际线						
		1-9 视廊与标志物		B-1-9				
	2 景观环境	2-1 绿化						
		2-2 广场				D-2-2		
		2-3 街道界面						
		2-4 景观设施						
	3 服务设施	3-1 交通设施						
		3-2 公服设施						
		3-3 市政设施						

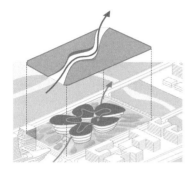

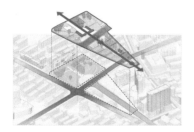

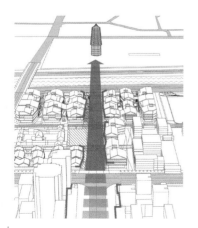

A 协调

以尊重的心态读懂既有环境的典型语汇，使新旧能够相处友好，积极对话。

A-1　街区系统的协调

A-2　景观环境的协调

A-1
街区系统的协调

A-1-1　功能布局的协调

梳理上位规划和政策要求，以及周边城市功能空间和居民的生活需求，使更新片区的功能布局与其相协调。

案例：南京艺术学院更新

在南北两校区既有建筑功能的基础上，通过建筑的新建及改扩建，强化校园的功能分区，形成以教学活动及体育功能为核心，管理、宿舍及公共服务围绕周边的布局模式。

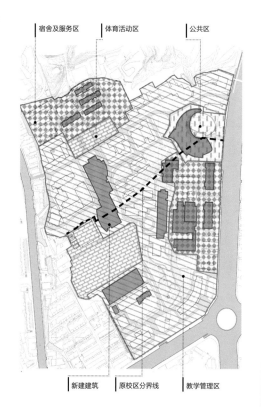

案例：昆山玉山广场城市设计

控规中本更新片区目标是建设成为以文化休闲为核心，集商业商务、居住生活于一体的老城区重要节点。更新规划中以"文化+商业"为两大核心触媒，协调周围用地、轨道交通、商业综合体等重要设施，发展居住、商业、办公为一体的功能片区。

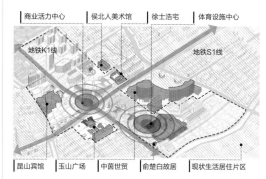

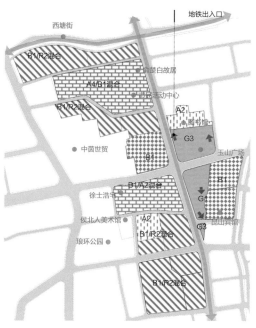

A-1-2　空间格局的协调

分析周边区域的空间结构、景观结构、文脉格局，使更新片区延续区域既有的空间格局。

案例：正定佛学展示中心及周边地块规划

更新设计中，规划的空间格局与现状临济寺的主轴线相协调，"禅寺 – 禅境 – 禅林"三大功能区，在轴线的引导下自北向南依次展开，形成虚实结合的空间轴线。

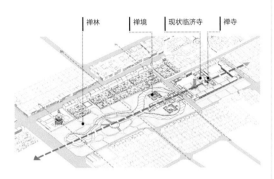

案例：海南大学生物医学与健康研究中心大楼

更新设计中，大楼的主要形体与东西向现状道路的空间格局相协调。大楼东侧压低体量，协调既有轴线关系，大楼西侧拔高，形成标志性体量。同时，通过切分建筑体量，将中庭沿轴线打开，延续现有的东西向通廊。

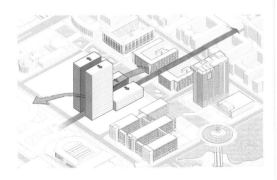

案例：昆山玉山广场城市设计

玉山广场所处区域为衙署遗址，在更新设计中，对城市道路进行改线微调，扩大玉山广场空间，并且通过层次性的绿化布局及依托轴线的对

称式景观设施的打造，在空间格局上延伸并协调既有城市轴线。

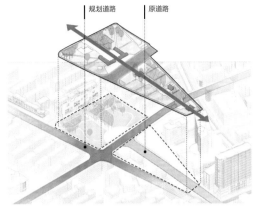

A-1-3　空间肌理的协调

分析周边区域及历史的空间肌理，在更新片区中，对有价值的空间肌理予以延续。

案例：前门大街H地块

延续以前门大街为主干的鱼骨形街巷脉络，形成尺度适宜的胡同网络，同时协调北侧传统居住区高密度、小尺度的合院式肌理，实现片区肌理的和谐统一。

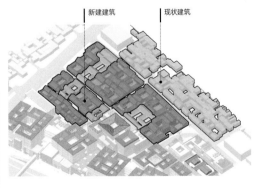

案例：正定佛学展示中心及周边地块规划

场地周边为小尺度合院肌理，更新设计中对周边肌理进行梳理，并结合澄灵塔的视觉通廊，将西侧的禅文化学院及禅修配套规划为小尺度街区，延续、协调周边的空间肌理。

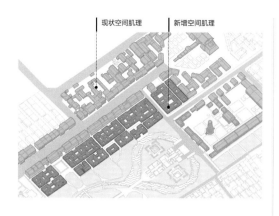

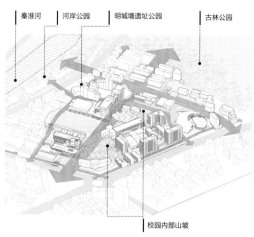

A-1-5　生态环境的协调

分析更新片区内的核心生态要素，使更新片区内的生态空间与既有的生态环境相协调。

案例：遂宁市宋瓷文化中心

场地现状有一条东西向的冲沟，方案利用现有冲沟的地貌特点，布置位于地下一层、东西向的下沉室外庭院。建筑围绕生态绿谷，形成丰富多样、亲近自然的城市休闲空间。

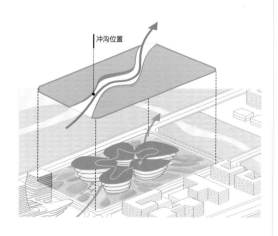

案例：南京艺术学院更新项目

更新设计协调了场地与周边生态环境资源，将南京艺术学院校园中现存的一处南北向的小丘，与古林公园优美的生态环境及滨河生态景观相连，形成贯穿的生态网络和绿网交织的景观环境，并为校园提供具有艺术氛围的展示、交流空间。

A-1-6　道路交通的协调

分析上位规划及周边的交通系统，实现更新片区与周边城市路网结构的顺畅衔接。

案例：北京隆福寺地区复兴及隆福大厦改造

更新设计中梳理明清时期人民市场东西巷隆福寺街、连丰胡同等街巷，并通过新增街巷联通内部路网，延续并强化周边地块棋盘状的路网格局。

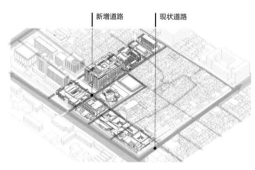

案例：昆山玉山广场城市设计

区域内现有主干道不连续，在玉山广场处存在错口。设计时微调城市道路，使道路连贯；在道路网密度较低的区域增加道路；更新设计协调地块发展的现实需求，在满足城市交通需求的情况下，将部分规划机动车道改为步行道，改善慢行体验。

A-1-7 慢行系统的协调

分析上位规划、绿道专项规划及周边既有慢行系统，实现更新片区与周边城市慢行系统的顺畅衔接。

案例：北京玲珑巷城市设计
更新设计延续原有城市慢行系统，形成多条东西巷"胡同"，同时加密用地东西两侧既有城区和河岸人行步道，实现更新片区与周边城市慢行系统的顺畅衔接。

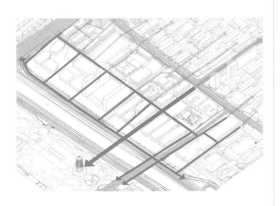

A-1-8 天际线的协调

更新片区天际线形态，与城市自然山水天际线及重要的城市景观天际线相协调。

案例：徐州淮海国际陆港行政商务区
更新设计统筹考虑商务区的建筑高度与周边自然环境的关系，规划形成疏朗的建筑天际线，与现状自然山体的起伏形态相协调，打造从自然向城市过渡的重要景观区域。

案例：张家口崇礼冰雪博物馆改造
崇礼冰雪博物馆延续自然山体天际线形态，建筑起伏的体量与坡地山形环境融为一体，实现天际线景观的整体协调。

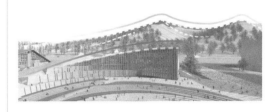

案例：景德镇陶溪川城市设计
更新设计严格控制片区建筑高度，整体以低层建筑为主，高度控制在2~4层，避免出现高楼大厦。以低矮的城市天际线协调并凸显凤凰山和景德镇烟囱所形成的标志性景观。

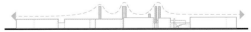

A-1-9 视廊与标志物的协调

更新片区的设计中，对城市既有的视觉廊道和标志物进行保护和延续。

案例：北京玲珑巷城市设计

更新片区周边以"玲珑塔－岭南路"为主要的视觉廊道，更新设计中，通过预留30m景观廊道，延续并强化现有视觉廊道。规划的视觉廊道与现状以道路为载体的视廊相协调，形成面向玲珑塔的城市通廊。

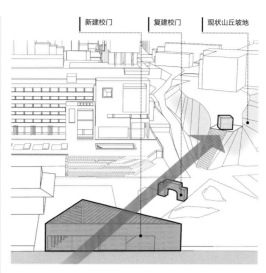

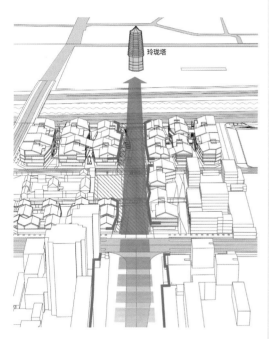

案例：南京艺术学院更新

更新设计使入口空间与山体景观的主要空间视廊相协调，一方面，复建原上海美专老校门，通过两个校门之间的砖砌铺装，强化视廊；另一方面，对南校门形体进行推敲，既避免了沿北京西路可能产生的偏转感，优化了校园的前导空间，也协调了场地重要标志物，凸显框景效果。

案例：内蒙古工业大学建筑馆改造

建筑馆是对老工业厂房的更新再利用，在设计手法上，对具备强烈工业建筑感的烟囱进行保留，并在其视觉流线后侧新建全玻璃门斗，新旧的对比突出了视觉廊道和标志物，成为时代发展的见证。

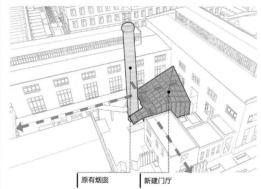

A-2
景观环境的协调

A-2-1 绿化布局的协调

更新设计中，绿化布局与周边区域的功能、轴线、节点相协调。

案例：苏州狮山商务创新区城市设计

更新片区东侧河道宽约20m，与对岸封闭小区的住宅山墙面较近，且河边缺乏公共空间。更新设计中，在北部垂直道路切出三角形开放绿地空间，与项目内道路轴线相协调，引导人流进入项目地块。

A-2-2 广场布局的协调

更新设计中，广场布局与周边城市区域的功能、轴线、节点相协调。

案例：苏州狮山商务创新区城市设计

设计保留老校门，作为纪念性的校园标志。同时在原有校门轴线的基础上，设置对称的30m

高层，并在空间布局上对道路红线进行退让，形成主入口广场，使新的校园入口空间与原有校门轴线相协调。

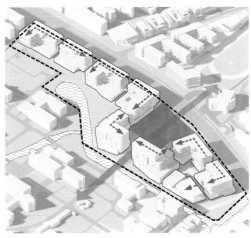

A-2-3 街道界面的协调

更新片区的街道界面延续周边区域街道界面的尺度、语汇、色彩等。

案例：海口骑楼老街2号地改造

项目地处海口历史街区核心保护区范围内，其场地南侧中山路的街道界面完整、连续且特色突出。更新设计中通过对骑楼类型和立面特征进行分类整理，提取典型风格进行新骑楼设计，补齐北侧长堤路沿街界面，使得新建骑楼与原有骑楼相协调，共同塑造海口骑楼老街风貌。

案例：西安碑林博物馆扩建

项目地处古城保护区，场地南侧为西安古城墙，东西两侧为保留的合院民居。更新设计采用合院式低层和多层建筑，通过体量的变换与屋顶形式的延续，消解博物馆建筑体量特征，使得建筑在尺度上与周边街道界面相协调。

海口骑楼老街2号地改造·中山路原骑楼老街立面（原有）

海口骑楼老街2号地改造·长堤路新骑楼沿街立面（更新）

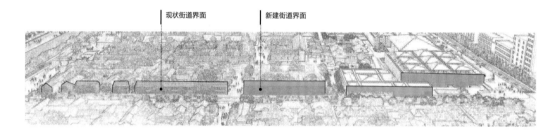

A-2-4　景观设施的协调

更新片区中的景观设施，在文化、材质、色彩等方面与周边城市环境及历史文脉相协调。

案例：北京阜成门内大街更新

阜成门内大街地处历史文化街区，现状街区秩序混乱，新建部分缺乏历史元素与标志特色，缺乏休闲设施。项目梳理场地历史文化及景观元素，在景观设施设计中增加历史元素，与场地传统历史文脉相协调。

方法拓展栏

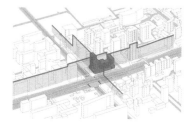

B 织补

梳理既有环境中各种城市要素，精心对接，巧妙补位，让城市因新的设计更完整。

B-1　街区系统的织补

B-2　景观环境的织补

B-3　服务设施的织补

B-1

街区系统的织补

B-1-1　功能空间的织补

梳理更新片区及周边城市功能存在的问题，通过功能类型及空间的补充，使城市及更新片区功能更完整。

　　案例：南京艺术学院更新

　　梳理南京艺术学院现有功能空间的缺失，通过利用空地及破旧建筑的拆除，增加美术馆、演艺中心、教学楼、图书馆等功能空间，满足学校未来的发展需求。

　　案例：苍霞历史街区保护与城市更新

　　更新设计在苍霞历史街区原有空间形态和肌理尺度的基础上，织补功能空间，包括商业、博物馆、文化及民宿等功能建筑，满足街区未来文化旅游的发展需求。

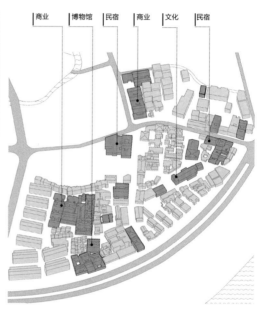

B-1-2　空间格局的织补

梳理更新片区周边既有城市空间格局中存在的问题，通过打通、连接空间轴线，使城市空间格局更加完整。

　　案例：昆山前进路市民文化广场

　　更新片区位于从主要道路交叉口进入体育运动公园的重要空间轴线上，既有建筑完全遮挡了空间轴线。在前进中路综合广场的更新方案中，通过建筑的底层架空，对空间格局进行织补，完善了整体的空间格局。

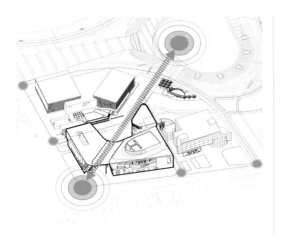

案例：绿之丘 上海杨浦区杨树浦路1500号改造

改造前的绿之丘阻断了滨水空间向城市延伸，更新设计中提出"桥屋"的概念，将建筑当作一个立体的人行天桥来看待。通过减量处理，使原来的烟草公司机修库房变为一个立体公园，织补滨江区域的空间格局，成为连接城市和江岸的绿色桥梁。

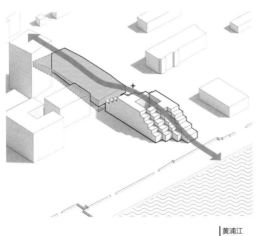

案例：深圳国际低碳会展中心升级改造

由原建筑外廊改造的活力之廊如立体森林般在场地中延展，串接场馆，连接外部环境，起到

织补空间格局的作用。活力之廊串联、渗透三大主场馆的室内外空间，面向河边，展开为集装箱改造的低碳食集。向丁山河一侧，跨越河流成为生态之桥，延续场地脉络。

B-1-3 空间肌理的织补

分析周边区域及更新片区内部的空间肌理，通过在更新片区内部见缝插针地进行空间肌理的补充，使整体肌理更加完善。

案例：南京老城南小西湖街区保护与再生

以片区内明清时期的传统肌理作为重要的基础本底，通过推敲环境空间与建筑肌理的关系，见缝插针，采用修复历史建筑、保护文物建筑、新建建筑等手法，织补空间肌理，强化历史街区肌理形态。

案例：宁波韩岭水街改造

将村落肌理作为最重要的考虑因素，在古村里、水街两侧进行修复、新建，通过反复推敲建筑与环境的关系，织补韩岭水街的空间肌理。

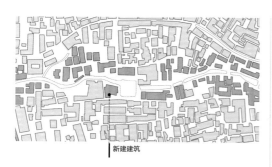

新建建筑

案例：龙岩连城四角井更新

现状吴家巷历史文化街区内部传统肌理完整，街区外缘在城市建设冲击下，部分传统建筑被拆除，穿插建设了大体量建筑。规划设计遵循原有肌理模块，将需要织补的区域分为肌理完全缺失和肌理部分缺失两种类型。肌理完全缺失的地块，结合现代功能，采用合院形式重新设计；肌理部分缺失的地块，对肌理受损的地段延续原有形式，进行空间织补。

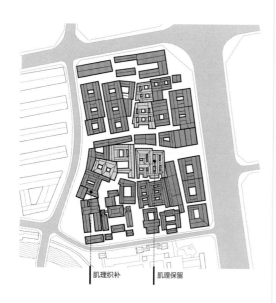

肌理织补   肌理保留

案例：榆林梅花楼片区更新项目

现状农干校窑洞呈阶梯状，与自然地形结合融洽，肌理特色鲜明。设计以农干校窑洞为基准，通过将原有场地肌理向东、向西延伸，对空间肌理进行织补，形成特色鲜明的台地空间。

原场地肌理   肌理织补

B-1-4　开放空间系统的织补

优化更新片区的开放空间结构，通过绿地、广场等空间的补充，使原有分散的开放空间形成体系，并融入城市整体的开放空间系统。

案例：昆山玉山广场城市设计

在既有三大重要公共空间基础上，通过六个开放空间的补充打造，形成相互联系、组合有序的开放空间网络体系，打造活力开放的混合功能街区。

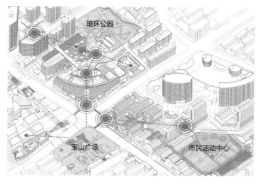

琅环公园

玉山广场   市民活动中心

案例：南京艺术学院更新

南京艺术学院现有的开放空间系统过于分散且不成体系，设计中在既有开放空间的基础上，通过建筑的围合及广场、绿地等空间的补充，形成两级开放空间系统。

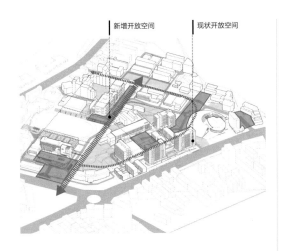

案例：南京老城南小西湖街区保护与再生

　　以街巷为骨架的开放空间是小西湖街区居民日常公共生活的基本依托。设计在有限的土地资源条件下，通过公共服务设施与街道的互通共享，充分挖掘街区的低效闲置用地，对开放空间系统进行织补，满足街区公共生活的需求。

B-1-6　道路交通的织补

梳理周边城市路网结构，通过更新片区路网的补充，使城市路网结构更完整。

　　案例：南京艺术学院更新项目

　　将两个校园原本完全割裂的道路系统重新组织，打通南北断点，形成新校园内部的交通主动线。

　　演艺楼承担联通南北校区和修补山地地势的重任，配合台地高差的设计完成车行、步行道路的衔接。

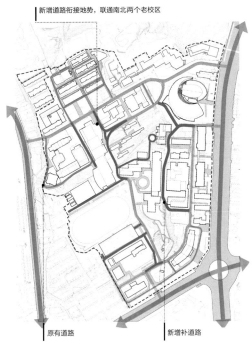

案例：滁州凤阳临淮片区城市设计

　　既有片区整体以老街串联，传承鱼骨状的街巷肌理，并通过架桥涵洞的形式联通南侧主干路，更新设计中织补道路，增加路网密度，提高片区可达性。

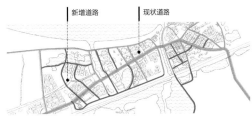

B-1-7　慢行系统的织补

梳理更新片区及周边的慢行系统，通过局部慢行系统的补充与改善，使区域的慢行系统更完善。

　　案例：重庆两江四岸核心区朝天门片区治理提升

原有步道体系单一，高程位于187～201m之间。改造时，在180m、196m两级标高层面，借助既有步道系统，局部拓宽、连通断点，实现全线贯通，并通过既有梯道结合新建设的步行通道，将改造提升后的节点与城市联系起来。

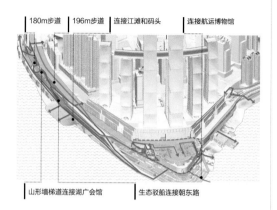

案例：太原滨河体育中心改造扩建

体育中心北侧为室外运动场地及景观区，设置天桥将南北地块连通，将城市活力引入北侧，使其形成区域性的市民户外健身中心；同时在场地内部构建立体化的慢行系统，倡导多样化的慢行活动。

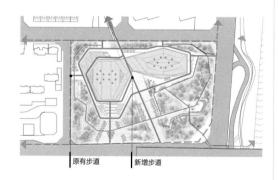

案例：淄博淄川片区城市更新

拆除、改造部分现状建筑，对地面交通进行梳理，结合场地内的建筑功能，织补地面慢行系统，将更新片区慢行系统与周边慢行系统相连接。

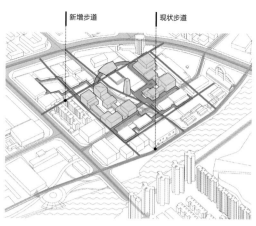

案例：南京艺术学院更新

结合校园既有的绿化步行系统，在校园空间中增加慢行步道及有氧运动的慢跑步道，并在步道沿线设置各类活动场地，为校园提供丰富的、动静皆宜的慢行空间，成为校园生活日常不可或缺的组成部分。

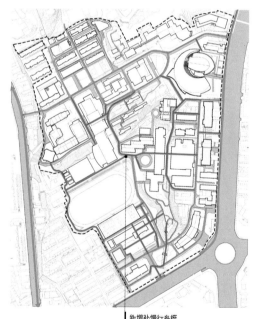

新增补慢行系统

B-1-8 天际线的织补

优化更新片区建筑高度控制，对周边城市天际线进行补充与重塑，使整体的天际线形态更加完整。

案例：北京成寿寺社区

在更新设计中，面对城市道路交叉口进行道路退让，并以高层体量织补两侧沿街天际线轮廓，形成重要的门户空间形象。

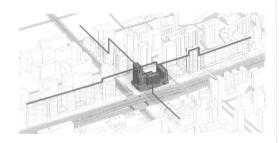

B-1-9 视廊与标志物的织补

更新片区内，以城市标志物为原点，补充构建片区内的视觉廊道体系，实现更新片区与标志物的积极对话。

案例：苏州狮山文体中心

结合建筑墙体与街巷空间的偏转角度，建立朝向梵音阁的景观轴线，以曲折小径引导行人走向滨河步道，并控制景观高度，让出视觉通路。

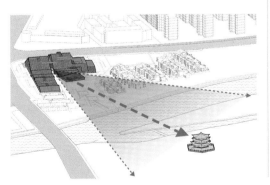

案例：太原滨河体育中心改造扩建

场地位于汾河西岸，与南侧的山西博物院遥遥相望，北侧为生态环境优美的滨河体育公园。更新设计中，强化体育中心沿城市景观界面的形象，对周边重要的标志性景观予以回应，以此强化场地作为全国青年运动会场馆的城市标志性。

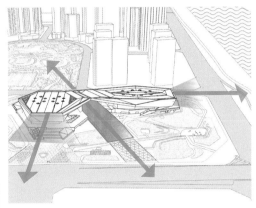

案例：北京德胜尚城项目

在场地内通过设计一条朝向德胜门的斜街，实现场地内建筑与德胜门之间的对话和空间因借关系，织补更新片区与德胜门之间的视觉通廊。

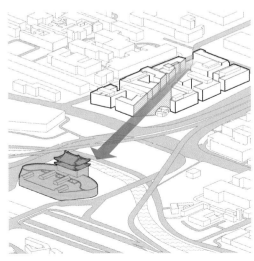

B-2

景观环境的织补

B-2-1　绿化空间的织补

梳理更新片区周边绿化空间，并通过片区内绿化空间的增补设计，实现区域绿化体系的完整。

案例：南京艺术学院更新

以尽量恢复原有校园山地的地形地势脉络及生态环境为主要目的，利用校园中部自然山地密林的环境优势，通过织补绿化植被，将校园内主要的绿化空间连接起来，并与北侧美术学院后面的古林公园余脉取得呼应。通过多种类型的乔木、灌木和草本搭配形成多层次绿化的方式，提升整个校园的绿化景观效果。

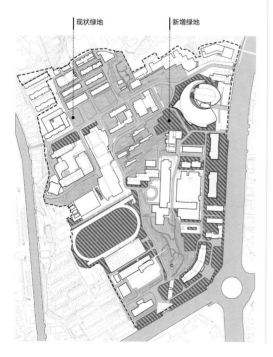

案例：绿之丘　上海杨浦区杨树浦路1500号改造

场地南北两侧为城市滨江步道与街区公园绿地，设计将部分建筑拆除，改造为立体绿化，通过绿化空间的织补，使得建筑成为两侧绿地的空间联系桥梁，打造标志性的立体城市公园景观。

B-2-2　广场空间的织补

梳理更新片区周边广场空间，通过片区广场空间的补充，实现城市广场体系的完整。

案例：昆山玉山广场城市设计

原有玉山广场面积与进深较小，轴线空间不突出。设计通过对道路进行调整，既保证新道路设计更加畅通，又实现新增广场空间与原有空间联合，强化空间轴线，结合地铁出入口共同打造市民广场。

案例：南京老城南小西湖街区保护与再生

拆除现状围墙，将原建筑内院空间打造成为共享的广场空间，并沿该广场空间布置小型商业，使其成为居民休闲交流的重要场所。

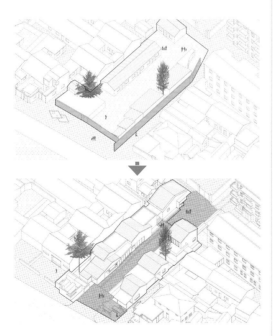

B-2-3　街道界面的织补

更新设计中，采用新的设计语汇，在街道尺度、高度上与原有周边界面相协调，实现整体街道界面的风貌提升。

案例：北京王府井H2地块

项目位于王府井大街北延端部，西北侧为嘉德中心，南侧为首都剧场，西南侧为皇冠假日酒店及万丽酒店，街道界面严整，历史风格与现代风格并存。更新设计补齐街道界面，在建筑高度及尺度上与周边相协调。整体立面结合功能，采取多宝格式立面语汇；建筑西北角采用错叠堆砌的方式，与嘉德艺术中心的立面语汇呼应，共同形成风格协调的街道界面。

案例：重庆两江四岸核心区朝天门片区治理提升

嘉陵江段的城市界面多为临江楼宇的外墙或基础，零星存在老旧的小型配套建筑，现状地形高差变化较大。更新中梳理现状高差，整合观江平台，提取传统民居建筑元素，形成绿色生态与文化特色结合的滨江界面。

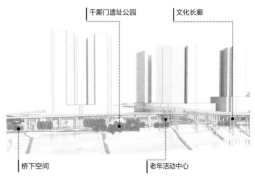

案例：太原康乐幼儿园

项目位于太原矿机历史街区内，周边为三层苏式建筑。新建建筑采用坡屋顶形式，并通过相似的界面尺度，补齐街道界面。园区入口对位旁边街区的入口空间，并相应退让，在开窗形式与屋顶造型上进行灵活的处理，提升街区的现代感。

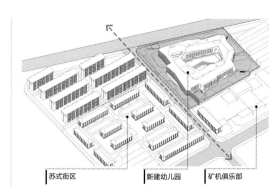

| 苏式街区 | 新建幼儿园 | 矿机俱乐部 |

B-3

服务设施的织补

B-3-1　交通设施的织补

分析既有交通设施的现状问题，精准补足设施短板，使交通设施体系更完善。

案例：北京王府井城市设计

项目位于北京王府井胡同区域，在现状地上、地下建设空间紧张，停车空间不足的条件下，设计增加一处地下立体停车，充分利用了纵向的地下空间，解决胡同停车难的问题。

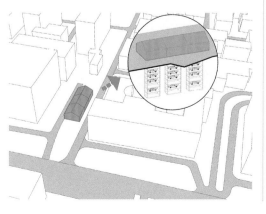

案例：太原迎泽大街街道整体提升规划

分析既有交通设施的现状问题，完善并落实上位地铁站点周边接驳设施的设置，通过站点与地面公交站、出租车临时停靠点、自行车停车区的统筹安排，实现各类交通方式之间的便捷换乘，特别对于交通复杂的太原站地区，通过交通组织的优化、交通设施的安排，使站前地区的交通换乘更高效。

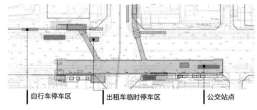

| 自行车停车区 | 出租车临时停车区 | 公交站点 |

B-3-2　公服设施的织补

分析既有公服设施的现状问题，精准补足设施短板，使公服设施体系更完善。

案例：重庆两江四岸核心区朝天门片区治理提升

项目现状是一条从洪崖洞到朝天门再到湖广会馆的连通的滨江步道，公共服务设施不足。通过增加功能齐全、智能化的公共服务配套设施，保证250m公服设施覆盖率，改善居民活动环境，带来生活品质及舒适度的提升。

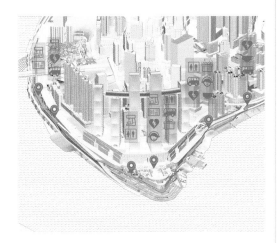

案例：长垣护城河更新

在护城河全域根据服务半径布局服务设施，基本服务设施以300m为服务半径，达成主要游览区全覆盖。结合地域特色的年节时令与周边居民的生活节律，植入有护城河特色的综合服务节点。通过休憩设施、运动服务设施、商业服务设施的差异化配置与主题化设计，满足全龄友好需求。

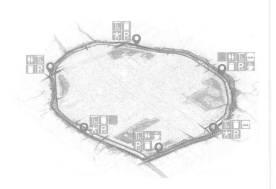

B-3-3　市政设施的织补

分析既有市政基础设施的现状问题，精准补足市政设施短板。

案例：南京老城南小西湖街区保护与再生

项目尝试敷设地下微型综合管廊，安全系数高、维护成本低，探索了老城历史文化风貌区市政基础设施微改造的新模式。微型综合管廊将七八种市政管线有序下地，在保障居民正常生活及安全出行的前提下，实现雨污分流，改变了积水、淹水状况，提升消防安全，完善城市功能，提升城市品质，提高片区居民的生活质量。

外围道路管网　A类共同沟支沟　直埋管线　管线共同沟主沟

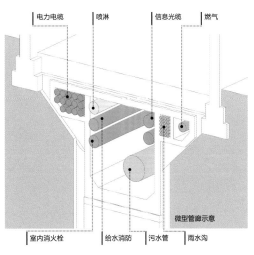

微型管廊示意

电力电缆　喷淋　信息光缆　燃气

室内消火栓　给水消防　污水管　雨水沟

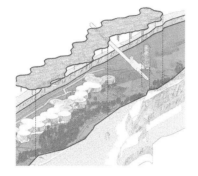

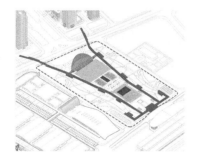

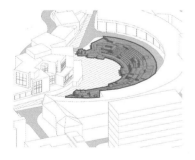

C 容错

城市很难完善，之前的问题和错误绝不鲜见。直面这些问题，不随意大拆大改，积极地调整和改良，顺势而为，常常是有效的办法。

C-1

街区系统的容错

C-1-3　空间肌理的容错

利用化整为零或化零为整的方式，对更新片区内部与周边不协调的空间肌理进行积极调整和改良。

　　案例：西安大华纱厂厂房及生产辅房改造

　　现状建筑为厂房建筑，建筑体量及空间肌理与周边既有的小街巷、行列式空间布局不协调，更新设计中采用化整为零的手法，消解原有工业厂房较大的体量，与周边肌理相呼应。

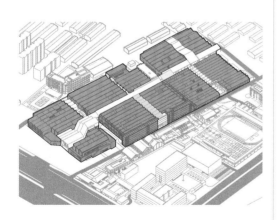

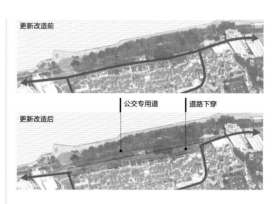

C-1-6　道路交通的容错

识别更新片区路网结构的核心问题，采用下穿、上跨、交通管制等微介入的技术手段缓解交通问题。

　　案例：温州鹿城区望江路朔门街路段城市更新

　　原望江路割裂了老城与江岸的关系，设计中将此路段调整为下穿方式，将主要的交通流引入地下，地上道路保留，作为公共交通及慢行交通通道。

C-1-8　天际线的容错

更新片区内，通过适当的形体调整或补充，弱化高度强烈变化的天际轮廓线形态。

　　案例：昆山玉山广场城市设计项目

　　现状存在的高层建筑布局分散，且高度变化过于突兀，未形成整体有序的城市天际线。更新设计尊重现状布局，通过新建高层建筑弱化既有高度强烈变化的天际线，形成协调有序的高层体量集合。

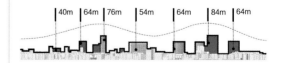

C-2
景观环境的容错

C-2-1　绿化空间的容错

针对更新片区内既有绿化空间高差较大、植被单一、废弃消极等问题，通过微介入的更新手法，使其重新焕发空间活力。

案例：南京园博园未来花园

设计保留原有矿坑肌理与尺度，在此基础上进行自然环境修复及景观装置的引入，将雾森景观与矿坑环境相结合，置入具有未来感的轻型伞状棚架，打造云池梦谷的山水意象。

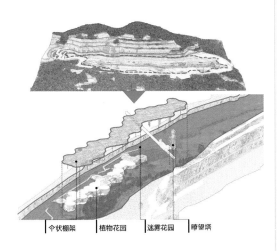

| 伞状棚架 | 植物花园 | 迷雾花园 | 瞭望塔 |

C-2-2　广场空间的容错

针对更新片区内既有广场空间活力不足、空置低效等问题，使用微介入的手法，优化步行体系，引入活力元素，美化场地环境，提升广场活力。

案例：德州东站站前广场

项目为站前广场，现状尺度过大、空间功能单一、利用效率低下。更新设计梳理现有空间路径，并通过增加体育运动设施、休闲看台、下沉庭院、步行廊道等方式，为市民提供多元化活动与休闲的场所，为站前广场注入新活力。

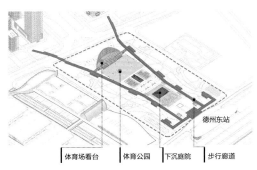

| 体育场看台 | 体育公园 | 下沉庭院 | 步行廊道 |

案例：常德老西门棚户区城市更新

葫芦口广场巷深逼仄，腹广而阔，建筑与水高差较大。护城河水面与葫芦口广场路面之间的4m高差，以错落的青石台阶相衔接，形成了一个有围合感的下沉广场，周边的商业建筑亦呈围合状。

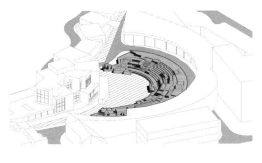

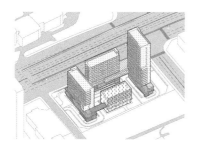

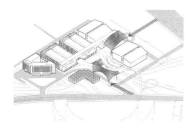

D 植入

在历史街区中植入有活力和特色的小型
变异体，形成对比和特殊的体验性。

D-1
街区系统的植入

D-1-1　功能业态的植入

更新设计中，补充创新性的功能业态，实现片区功能特色化、品牌化的提升。

案例：北京成寿寺社区

该项目主要功能以集体租赁房为主，建筑底层植入共享城市客厅、创客、休闲、体验、餐饮、零售及养老配套设施等功能，满足不同人群的多元化居住需求。在提供充足青年业态商业配套的同时，不定期举办活动，提高片区活力。

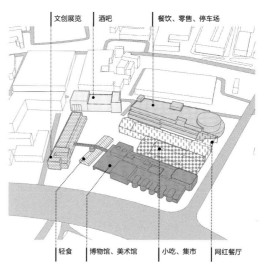

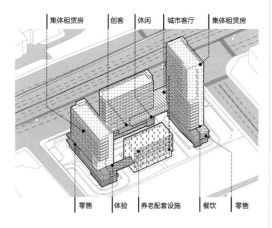

案例：烟台亚东柒号YD7城市更新

亚东柒号文创园的前身是亚东标准件老厂房，更新设计中植入文创空间、音乐主题空间、工业博物馆、休闲餐饮等，为城市发展释放新空间、注入新动能。复古斑驳与年轻时尚于此碰撞，"老城潮街"成为文艺青年的打卡胜地。

案例：南京老城南小西湖街区保护与再生

保护和整治历史街巷，修缮文保和历史建筑，并通过引进适合片区的新业态，激发小西湖历史街区活力。更新设计中，打造多处共享共生院落、特色民宿，以及24小时书屋、虫文馆、动漫博物馆、欢乐茶馆等休闲文化业态，满足百姓精神文化需求。

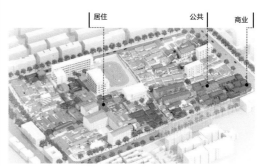

D-1-3　空间肌理的植入

在更新片区既有的空间肌理的基础上，补充创新性且特色化的空间肌理，形成新的空间体验。

案例：西班牙塞维利亚大都市阳伞

在恩卡纳西翁广场植入与周边中世纪内城相对比的空间肌理，使其成为一个独特的城市标志性景观空间。该设施为木质结构，提供了博物馆、农贸市场、高架广场、酒吧和餐厅，以及一个位于伞顶的全景露台，可以进行休闲、商业等活动。

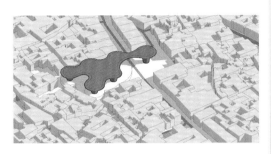

案例：常德老西门棚户区城市更新

老西门地区是一个承载着众多常德历史记忆的街道，改造前是一条狭窄街巷，以及由简易木结构穿斗式建筑形成的棚户区。更新设计中在葫芦口区域建造环形坡屋顶建筑，通过植入大体量的空间肌理，展现老西门的空间特色。

D-1-9　视廊与标志物的植入

在更新片区城市重要的视觉廊道中，补充地标性体量形态，强化既有视觉廊道。

案例：北京西郊汽配城改造

在面向板井路与四环路的入口植入两个标志性构筑物，丰富沿街立面与标志性形式的空间限定，形成场地入口标识，强化既有的视觉廊道。

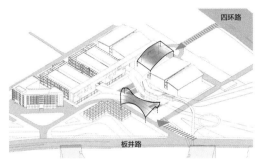

案例：加拿大蒙特利尔维尔玛丽滨海广场更新

公共广场通过麦吉尔学院所在的轴线与皇家山建立了直接的视觉和物理联系，开辟出指向皇家山的壮观视野。更新设计中植入的纪念性装置"环"圈出了广场上的标志性视野，进一步强化了"连接"的概念。

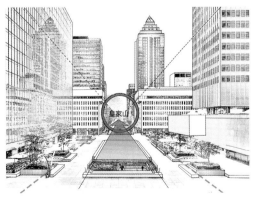

案例：上海华师大一村更新

小区入口破旧且标识性极弱，人车混杂、设施纷乱，入口空间体验感差，几乎没有能够令人驻足的场地。在更新中植入一片白色铝板面，板面经过两三次折转构成入口门道空间，顶视就像一把转折的曲尺，把各类人群都保护在其下，限定出社区入口界面，同时形成标志性景观，强化视觉廊道。同时增加夜景照明设计，提供24小时可阅读的小区入口标识。

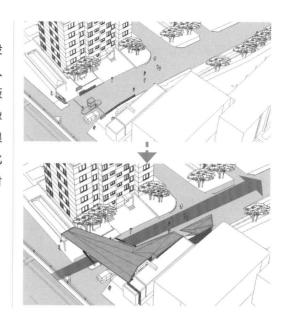

D-2

景观环境的植入

D-2-1 绿化空间的植入

更新设计中，通过场地绿化及立体绿化空间的植入，优化区域空间环境。

案例：北京中关村东升科技园

在园区中央区域形成中央景观绿化，并结合浅水湿地的设计，打造园林景观。更新设计中应用种植屋面，打造不同高度的空中花园，丰富园区的绿化层次。

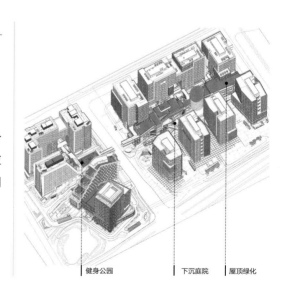

健身公园   下沉庭院   屋顶绿化

案例：深圳华大基因中心设计

在建筑中植入多个不同层次的空中立体花园，中庭、外廊及屋顶设置景观绿化，室内设置立体绿化，改善空间环境，提高室内舒适性。

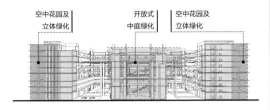

案例：昆山玉山广场城市设计

在昆山宾馆北侧新建小尺度商业街区，打造完整城市肌理，同时在建筑屋顶植入立体园林，与玉山广场形成完整的绿化景观体系，提升片区空间品质。

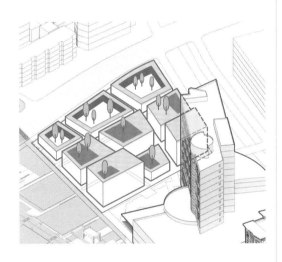

D-2-2　广场空间的植入

更新设计中，通过广场空间的植入，实现更新片区的活力再造。

案例：榆林梅花楼片区改造

榆林因泉建城，普惠泉是城市历史上重要景观资源。设计拆除普惠泉周边建筑群，植入开放广场，以普惠泉为中心打造城市公共空间，并围绕开放广场设置城市公共功能，恢复普惠泉的城市公共空间属性。

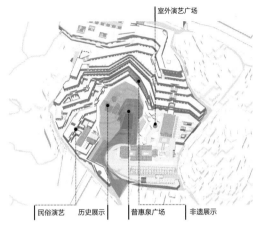

案例：张家口崇礼冰雪博物馆改造

项目为原有博物馆的扩容改造，设计创造性地将新馆置于场地另一端，在新馆、老馆之间植入城市广场，串联新老两馆，并激活整个片区，形成具有崇礼特色的城市博物馆群。广场通过景观步道的引导，将人流从外围引入广场。景观看台构成的漫步通道从广场一直延伸到建筑，使得广场与建筑有机融合。

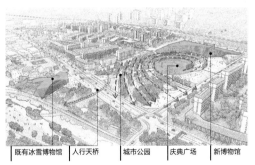

案例：昆山玉山广场城市设计

场地以地铁场站为依托，植入商业下沉庭院，通过富有活力的广场空间，将人流引入商业上盖，带动区域商业氛围。

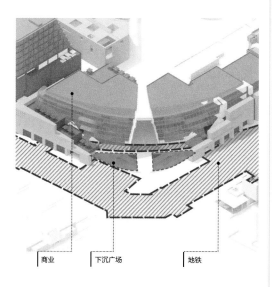

| 商业 | 下沉广场 | 地铁 |

案例：合肥园博会园博小镇设计

更新设计中，悉数保留现状乔木，植入下沉式广场空间，有机串联原有院落，营造区域活力。场地东侧原有的水塔作为整个小镇的记忆载体之一，通过景观语汇将"水"转译为贴近园博园主题的植被、灯光等，营造新旧交融的宜人环境。

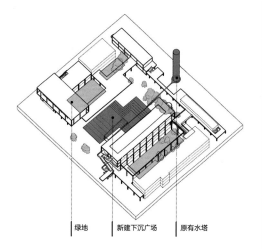

| 绿地 | 新建下沉广场 | 原有水塔 |

D-2-4 景观设施的植入

更新设计中，通过植入景观设施，使得原有片区在形象、功能等方面满足更新后的使用需求。

案例：北京科兴中维天富厂区

设计在原有建筑中间植入一组ETFE拉伸膜轻型构件，与新设计的景观步道及下沉广场相结合，成为人员休息停留的场所，其轻盈美观的构件风格与原有厂区建筑相协调，共同营造现代、轻盈、绿色的厂区形象。

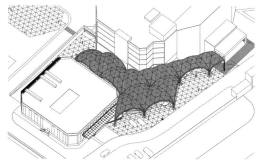

案例：南京园博会主展馆片区设计

区域为园博园新建入口区域，设计创造性地利用原始厂区大门附近的一块空地，建造一片梯田景观台地，引导人流拾级而上。台地之上，用束柱支撑起阔大的棚架，形成入口形象与舒适的停留空间，打造园区标志性主入口。

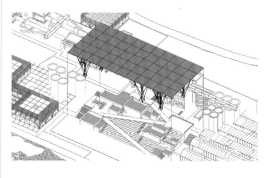

方法拓展栏

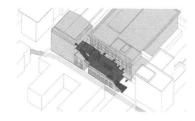

E 重构

对既有城市闲置资源重新激活、积极利用，在对空间的重新组织和结构安排中使其呈现新的价值。

E-1　街区系统的重构

E-2　景观环境的重构

E-3　服务设施的重构

E-1

街区系统的重构

E-1-1 功能空间的重构

对更新片区的功能空间进行重新组织，使其更加多样化且能共享，满足当下或未来的生活需求。

案例：昆山玉山广场改造

在片区更新目标的指导下，通过部分地块建筑空间的改造，增加文化休闲及商业服务功能，并通过平面化及立体化的功能混合，创造具有活力的片区中心。

案例：太原市滨河体育中心改造扩建

城市功能的需求使原本的体育中心用地被最大限度再开发，沿城市道路建设了快捷酒店、银行、KTV、游艺中心、办公楼等多栋建筑物。更新设计中通过清退与体育主题无关的功能，将与配套服务相关的商业功能与体育馆主体整合，释放外部场地，优化建筑与场所的主次关系。

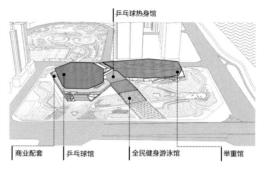

案例：常德老西门棚户区城市更新

更新设计中，挖掘老西门原有的商业及生活特色，在对当地历史形态与传统文化保留的基础上，赋予其新的功能业态，形成历史文化与商业活力交融的街区氛围。

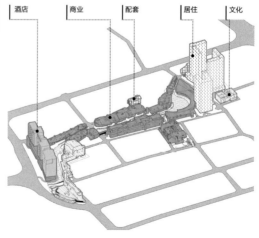

E-1-2　空间格局的重构

对更新片区的历史景观结构及文脉结构进行再现，激活空间格局，提升区域价值。

案例：常德老西门棚户区城市更新

老西门一带曾是常德的政治文化中心，衙门、文庙、书院等重要公共建筑都曾存在于此。更新设计中着重把护城河的疏浚恢复和老西门的文脉接续相结合，形成以护城河为主要依托的空间格局。

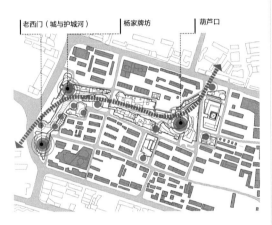

E-1-4　开放空间系统的重构

对更新片区的开放空间进行重新组织，实现开放空间系统的活力再造。

案例：西安大华纱厂厂房及生产辅房改造

为满足改造后的商业、办公功能需求，更新设计中打破原有厂房建筑体块，结合改造后的路径重构开放空间系统，改善建筑密度高且空间均质的现状，形成不同主题和氛围的空间，提升片区活力。

案例：北京隆福寺地区复兴及隆福大厦改造

更新设计中消减建筑首层体量，营造开放的中庭空间及空间廊道，提升隆福大厦的首层开放性。同时强化地上、地下的相互联系，通过下沉庭院和阳光中庭连接地下空间，重构地上、地下开放空间系统，激活片区空间活力。

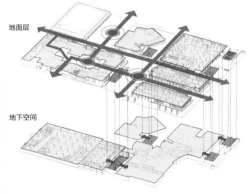

案例：深圳华大基因中心设计

建筑连接市政道路，中庭空间和建筑首层作为室外空间可完全面向社会开放，内部的体育馆、多功能报告厅、华大基因植物馆同时对市民开放共享，建筑尽量减少功能空间的设置，以达到有效的节能减排。

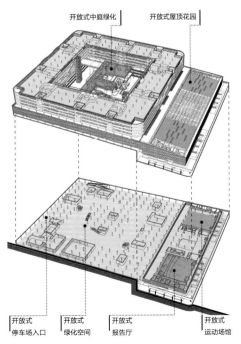

案例：常德老西门棚户区城市更新

更新设计中，以护城河为纽带重构开放空间系统。根据不同的场地功能及文化资源，串联出老西门层次丰富的开放空间体系。

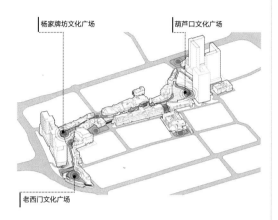

E-1-5 生态环境的重构

对更新片区内的生态要素进行重新组织，通过生态修复、海绵系统构建等方式激活生态系统，实现生态环境的改善。

案例：榆林梅花楼片区更新

设计中因循台地地势，布设雨水收集系统，通过海绵设施的打造，在补给普惠泉的同时进一步补给地下水，打造良好的水景观，激活生态系统，再现榆林历史盛景。

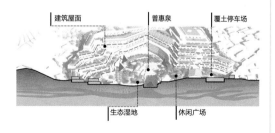

案例：景德镇陶溪川城市设计

更新设计借助自然地势，依托南北向沟通凤凰山、老南河的雨水径流系统，以及东西向以废弃铁路为依托的海绵系统，有效蓄水、排水，在对陶溪川历史水道呼应的同时，重构区域生态环境。

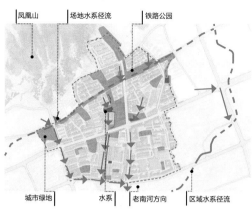

案例：常德老西门棚户区城市更新

常德护城河有着两千多年的历史，几乎与常德城同龄。更新片区位于护城河区域，改造前护城河污水横流，棚户遮盖。更新设计中对护城河进行恢复与疏浚，建立海绵系统，实现片区生态环境的重构。

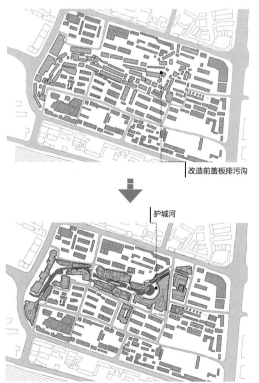

案例：深圳国际低碳城会展中心升级改造

更新设计采用多项海绵技术，通过屋面径流、下凹式绿地、雨水花园等对雨水进行回收，并对非传统水源进行再利用，在增加环境友好度的同时，重构区域生态环境。

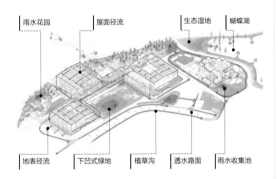

E-1-7　慢行系统的重构

对更新片区的慢行系统进行系统化、立体化的重构，实现片区慢行系统及城市空间活力再造。

案例：昆山玉山广场改造

更新设计中，结合立体市民活动中心，打造地面慢行道路及建筑二层连廊，形成开放丰富的立体慢行空间，激活区域慢行系统。

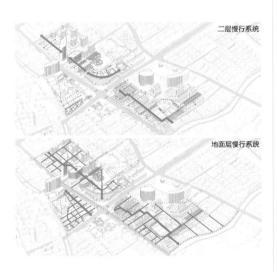

案例：荷兰鹿特丹城市更新

鹿特丹市中心建立起400m长的人行天桥，用以连接三个核心区域——Pompenburg公园、Hofplein火车站屋顶花园及重要的城市商业公共空间与建筑，最终形成一个立体慢行系统，激发中心活力。

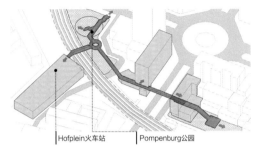

案例：上海华师大一村更新

小区内部原路径较多，但空间特征不强，再加上标识性弱，容易让人迷路。更新设计中在入口处设置单独人行步道，串联南向苏州河步道与北向地铁商圈步道。小区内部沿着主干道设置彩色塑胶步道，每百米标识健身步道数字，重构小区慢行系统。

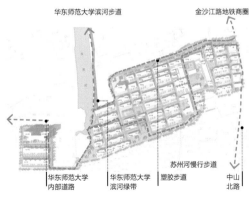

E-2

景观环境的重构

E-2-1　绿化空间的重构

更新设计中，对绿化空间进行重新组织，实现空间联通、功能引入、景观美化等目标，使其产生新的价值。

案例：北京玲珑巷城市设计

场地现状滨河绿化带地形高差为7m，导致河滨景观绿化与场地内部绿化产生割裂。更新设计采用踏步、台地、绿坡等处理方法，缓解场地高差，重新焕发滨河绿带的公共活力。

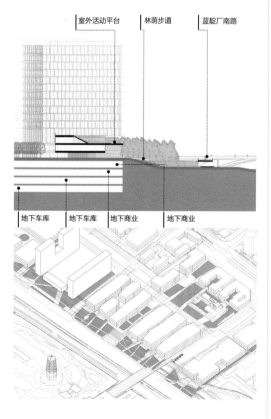

案例：上海华师大一村更新

小区主干道作为小区内部车行与人行的主要交通路线，衔接小区住宅、幼儿园、学校宿舍等主要功能节点，工作日较为拥堵。本次更新中沿主干道重新梳理绿化空间，增加人行步道，并在局部节点让出硬质广场，作为幼儿园门前家长接送儿童的等候场地。同时将主干道废弃的非机动车车棚拆除，重构趣味休闲空间。

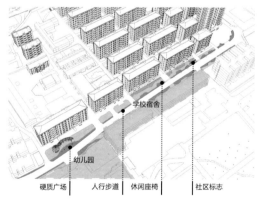

E-2-2　广场空间的重构

更新设计中，通过对空间路径的梳理与连通、多层次空间组合等方式，对更新片区广场空间进行重新组织，使其产生新的价值。

案例：长垣西街更新

在原长垣一中校园内设置长垣西街改造指挥部，将建筑围合成的与西大街相连的院落空间打造为广场活动空间。广场以"耕读"为主题，通过下沉空间及廊架空间的组织，强化广场文化氛围及空间活力。

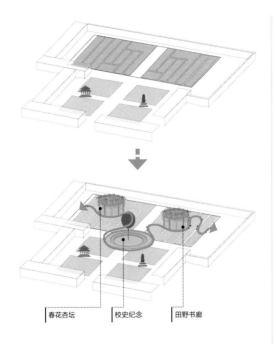

案例：北京成寿寺社区

场地现状缺乏广场空间，仅在街角有一处广场，空间形式单一，缺乏活力。更新设计中，通过梳理交通路径、底层架空等方式，将街角与内部广场空间进行联通，并将广场空间延伸到街区内部，重构区域活力。

案例：重庆两江四岸核心区朝天门片区治理提升

朝天门广场现状配套设施老旧，整体老化严重。更新设计以"零公里地标"为核心，重塑朝天门广场秩序，提升其整体形象。广场铺地围绕地标呈圆形发散，顺应两江交汇的空间格局；保留广场上装饰柱体，改造为火盆柱，提升广场文化氛围。

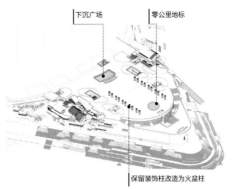

E-2-3 街道界面的重构

基于更新片区本土要素的抽象和提炼，对界面的语汇、色彩、贴线率等进行重构，在满足功能的基础上，实现街道界面的美化与文脉的延续。

案例：郑州二马路街道立面改造

设计结合时代特色，提炼老郑州文化元素，并将其应用到街道界面改造中，通过统一建筑风格、丰富立面构图、重视首层入口，重构二马路街道界面，塑造能够展现门户形象、彰显历史底蕴、充满商业活力的特色文化休闲街道。

案例：昆山玉山广场西市河水街

更新设计中复现历史上的西市河水街，将昆山特有的水街骑楼等建筑元素在滨水建筑界面设计中予以应用，以特色小尺度街道空间及白墙灰瓦的色彩延续昆山城市文脉。

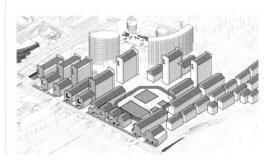

E-3
服务设施的重构

E-3-1　交通设施的重构

更新设计中，在满足既有交通设施功能基础上，实现交通设施功能完善及功能的复合化，提升设施的使用效率。

案例：南京艺术学院更新

南京艺术学院校园原停车场地无法满足现状需求，更新设计中，对停车空间进行重新组织。一方面，减少校园内部停车场地，还空间于学生；另一方面，在门户区、新建建筑或者台地下方增加地下停车库。同时在靠近校门的适当区域和宿舍区规划一定数量的自行车停放场，局部减少自行车的校内通行。

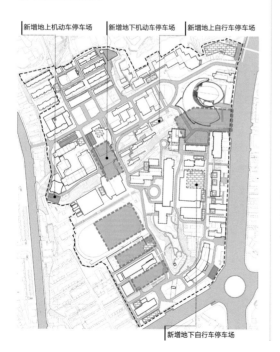

新增地上机动车停车场　　新增地下机动车停车场　　新增地上自行车停车场

新增地下自行车停车场

案例：美国纽约世贸中心交通枢纽

纽约世贸中心交通枢纽地下二层连接两条地铁线路，地下三层连接铁轨线路的换乘大厅，并且通过地下廊道与周边高层建筑的地下空间相联系。更新设计中强化功能的复合性，将其打造为兼具购物中心功能的综合体，满足区域的功能需求。

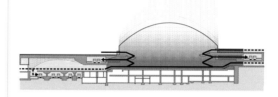

E-3-2　公服设施的重构

对公服设施进行改造，实现复合功能及精品化设计，提升设施的使用效率和品质感受。

案例：昆山玉山广场市民活动中心区域更新

为提升城市中心区的土地利用效率，更新设计将市民活动中心打造成复合立体的体育商业中心。将跑道提升至三层，足球场提升至二层，并通过跑道盘旋将其串联；商业和其他体育设施围绕这些跑道和体育场所布置，赋予开放空间多样化的功能属性。

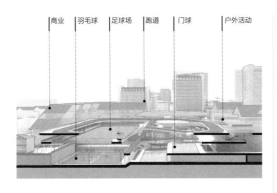

案例：西安老菜场市井街区一段

以菜场为发起点，带动社区更新，振兴区域活力。现有菜场部分被完全保留，对菜场屋顶平台进行适度的重构，通过台阶、广场建立市场入口与周边两栋楼的联系，提升空间的使用效率。

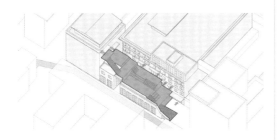

E-3-3　市政设施的重构

更新设计中，在满足既有市政设施功能的基础上，使市政设施成为公共空间及景观空间的重要组成部分。

案例：雄安"1+5+X"城市智慧能源融合站

随着容东片区城市建设不断深入，将能源站与城市公共服务功能深度融合，打造为周边居民休闲活动场所。在站顶重构开放式花园广场，与公园地形有机融合，形成错落有致、层次分明的空间环境。

案例：南京老城南小西湖街区保护与再生

对现状工棚进行更新改造，打造成为片区内的综合控制中心，并新增小型的商业功能空间。建筑一层包括控制室、变电所及商业，地下一层包括消防水泵房、消防水池。

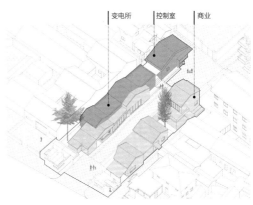

案例：深圳南山区环西丽湖绿道（一期）排洪渠段

原大沙河水闸为两层，更新设计拆除二层空间及一层围护墙体，保留一层混凝土框架结构，通过在钛锌板金属屋面加入文化元素，使水闸在满足基础功能的同时，增加生态展示、交通组织等功能。

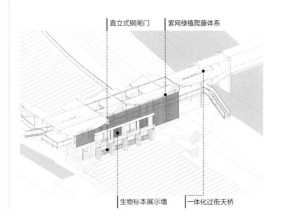

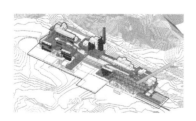

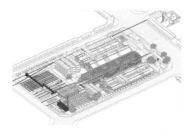

F 演变

城市的发展是一个渐进的过程，设计应该描述这一进程，不保守、不激进，是一种不动声色的转变。

F-1　街区系统的演变

F-2　景观环境的演变

F-1

街区系统的演变

F-1-3　空间肌理的演变

在更新片区历史空间肌理的基础上，为满足当代功能及空间需求，对空间肌理进行创新性的演化，展现城市空间肌理的生长活力。

案例：常州青果巷历史文化片区更新

在常州青果巷历史文化片区中，大量明清、民国的古建群落，"三横四纵"的传统街巷格局，街巷肌理遗迹，以及与南市河水陆相邻的关系得以保留，更新设计结合当下功能需求，对合院肌理进行演化，实现新旧共存。

案例：北京前门大街H地块

延续以前门大街为主干的鱼骨形胡同街巷脉络，尺度适宜。设计考虑北侧传统居住区高密度的合院式肌理，在场地内进行延续，形成从高密度平房到高密度商业综合体的过渡。

案例：滁州凤阳县临淮片区城市设计

更新设计延续传统街区的空间肌理，保留镇区的历史记忆，以传统街区为模板，打造新功能组团；新建组团尺度参考传统街区，自东向西逐渐放大，展现空间肌理的演化过程。

F-2

景观环境的演变

F-2-3　街道界面的演变

更新设计中，既要保留有价值的历史风貌要素，又要融入时代特色与语汇，使得新老风貌元素实现对话，展现区域的演进历程。

案例：北京前门大街H地块

设计中挖掘传统设计元素，北部保留原有四合院街区风貌，呈现传统街区界面效果；中部进行复原式新建，呈现历史风貌过渡界面；南部则采用现代手法和语汇，与都市风貌相协调。整体街道界面呈现从晚清到民国到当代风貌的有机混搭。

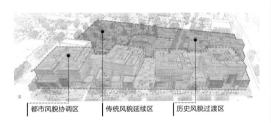

都市风貌协调区　传统风貌延续区　历史风貌过渡区

案例：南京老城南小西湖街区保护与再生

更新设计中，保留、改造不同历史时期的建筑。通过历史印记的保留、既有建筑的再利用及新建建筑的融合，实现新老风貌元素的对话，展现三官堂地块的风貌演进历程。

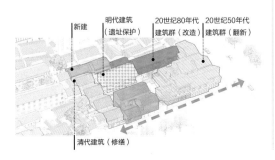

新建　明代建筑（遗址保护）　20世纪80年代建筑群（改造）　20世纪50年代建筑群（翻新）

清代建筑（修缮）

F-2-4　景观设施的演变

保留更新片区具有历史意义的构筑物与建筑物，使其转变为满足当下审美与功能的景观设施，实现新旧语言的和谐混搭。

案例：南京园博会主展馆

项目保留原有水泥厂脱硫塔、洗煤池、吊架等与工艺有关的构筑物，同时新建轻型结构廊道和具有现代工业感的入口棚架，形成全新的艺术性景观效果，与保留的景观设施混搭，实现空间对话。

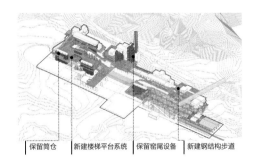

保留筒仓　新建楼梯平台系统　保留窑尾设备　新建钢结构步道

案例：中车成都工业遗存改造设计

设计保留原有铁轨、火车、龙门吊等与工艺有关的构筑物，同时植入新型集装箱体、2层廊桥等设施，赋予场地新的艺术及功能价值，实现新旧对话。

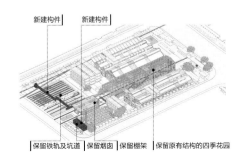

新建构件　新建构件

保留铁轨及坑道　保留烟囱　保留棚架　保留原有结构的四季花园

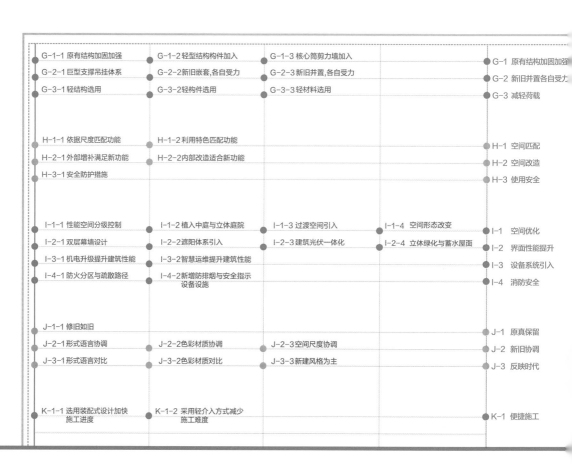

G-1-1 原有结构加固加强	G-1-2 轻型结构构件加入	G-1-3 核心筒剪力墙加入		G-1 原有结构加固加强
G-2-1 巨型支撑吊挂体系	G-2-2 新旧嵌套,各自受力	G-2-3 新旧并置,各自受力		G-2 新旧并置各自受力
G-3-1 轻结构选用	G-3-2 轻构件选用	G-3-3 轻材料选用		G-3 减轻荷载
H-1-1 依据尺度匹配功能	H-1-2 利用特色匹配功能			H-1 空间匹配
H-2-1 外部增补满足新功能	H-2-2 内部改造适合新功能			H-2 空间改造
H-3-1 安全防护措施				H-3 使用安全
I-1-1 性能空间分级控制	I-1-2 植入中庭与立体庭院	I-1-3 过渡空间引入	I-1-4 空间形态改变	I-1 空间优化
I-2-1 双层幕墙设计	I-2-2 遮阳体系引入	I-2-3 建筑光伏一体化	I-2-4 立体绿化与蓄水屋面	I-2 界面性能提升
I-3-1 机电升级提升建筑性能	I-3-2 智慧运维提升建筑性能			I-3 设备系统引入
I-4-1 防火分区与疏散路径	I-4-2 新增防排烟与安全指示设备设施			I-4 消防安全
J-1-1 修旧如旧				J-1 原真保留
J-2-1 形式语言协调	J-2-2 色彩材质协调	J-2-3 空间尺度协调		J-2 新旧协调
J-3-1 形式语言对比	J-3-2 色彩材质对比	J-3-3 新建风格为主		J-3 反映时代
K-1-1 选用装配式设计加快施工进度	K-1-2 采用轻介入方式减少施工难度			K-1 便捷施工

模式语言

建筑层面五大模式语言的拆解

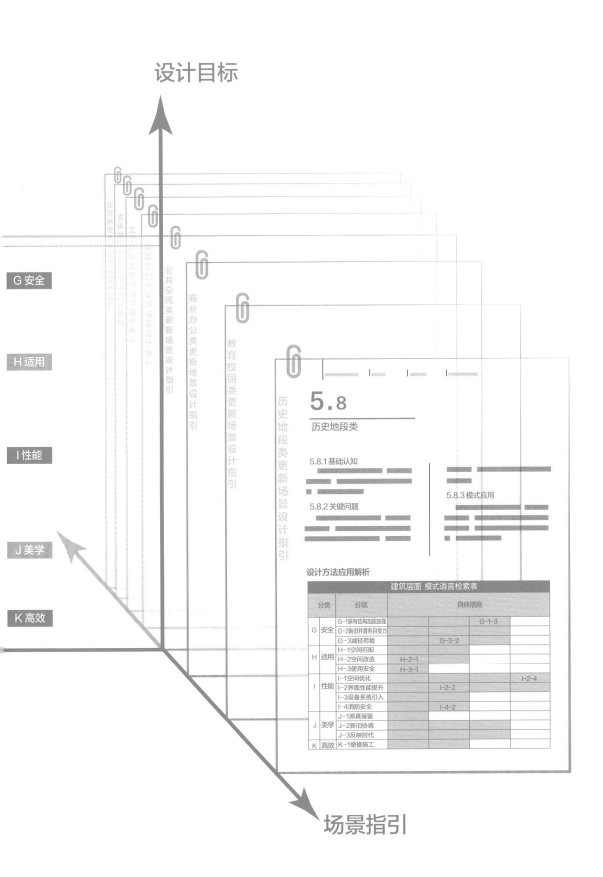

设计目标

G 安全

H 适用

I 性能

J 美学

K 高效

公共空间类更新场景设计指引

商业办公类更新场景设计指引

教育校园类更新场景设计指引

历史地段类更新场景设计指引

5.8

历史地段类

5.8.1 基础认知

5.8.2 关键问题

5.8.3 模式应用

设计方法应用解析

建筑层面 模式语言检索表					
分类	分项	具体措施			
G 安全	G-1原有结构加固加强			G-1-3	
	G-2新旧并置各自受力				
	G-3减轻荷载		G-3-2		
H 适用	H-1空间匹配				
	H-2空间改造	H-2-1			
	H-3使用安全	H-3-1			
I 性能	I-1空间优化				I-2-4
	I-2界面性能提升		I-2-2		
	I-3设备系统引入				
	I-4消防安全		I-4-2		
J 美学	J-1原真保留				
	J-2新旧协调				
	J-3反映时代				
K 高效	K-1便捷施工				

场景指引

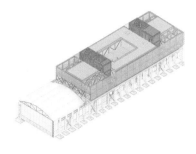

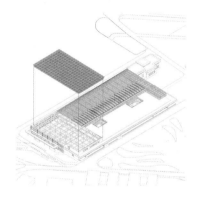

G 安全

通过对原有结构加固及新建结构的优化，保证更新建筑结构安全。

G-1　原有结构加固加强

G-2　新旧并置，各自受力

G-3　减轻荷载

G-1

原有结构加固加强

G-1-1　原有结构加固加强

更新项目中，对原有结构体系进行加固加强，使其满足荷载要求。

案例：昆山侯北人美术馆改造

美术馆南侧旧建筑原为砖砌结构，改造中通过运用水泥砂浆等材料对其增厚加强，提高其结构安全性与稳定性。

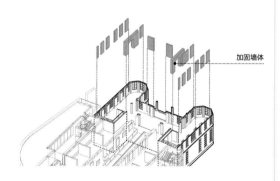

加固墙体

案例："仓阁"首钢老工业区西十冬奥广场倒班公寓改造

对原建筑进行结构检测和抗震鉴定，在此基础上确定了"拆除、加固、保护"相结合的结构处理方案。设计尽可能地保留了南区原有返矿仓的结构，利用荷载余量，在返矿仓原结构上新加3层混凝土框架，原有柱子用增大截面法进行加固。

加固柱子

案例：南京园博园先锋书店

设计在筒仓内壁增设附壁钢筋混凝土层，以加固和拉结变形的实心砖承重墙。利用这层加固结构中的暗柱和钢梁，连接四通八达的楼梯和连桥，并承担"空中树池"，加固层与原始承重墙共同承担树池的巨大荷载。

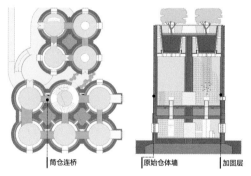

筒仓连桥　　　　　原始仓体墙　　加固层

案例：内蒙古工业大学建筑馆改造

建筑馆由校园中的一座废旧厂房改建而成。设计以结构安全为基础，对原有结构进行针对性改造加固，以满足改造后的荷载要求。

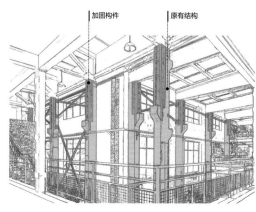

加固构件　　　　原有结构

G-1-2　轻型结构构件加入

更新设计中加入轻型结构构件，对原有结构受力进行补充加强。

案例：重庆市规划展览馆迁建

更新设计针对既有空间特征，采用较小的动作进行合理拆改，适当增加轻钢结构梁、柱，为观景平台等提供支撑，新增结构顺应原柱网并与原结构构件合理连接。

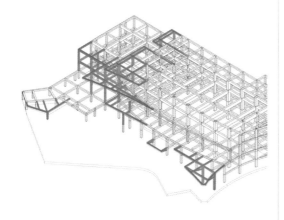

案例：上海嘉定某长租公寓改造

设计充分利用原有建筑空间层高，采用轻型构件增加隔层与楼梯，改造为复式公寓空间，满足使用需求。

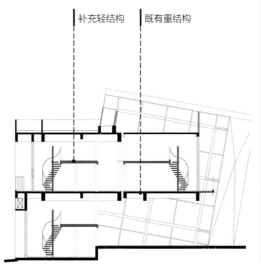

案例：榆林梅花楼片区更新项目

设计依据使用需求，将窑洞内部空间扩大，并采用轻钢结构进行整体加固，满足使用年限内的荷载要求。

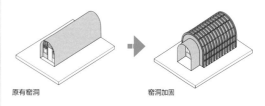

原有窑洞　　　　窑洞加固

案例：北京中国民航局办公楼改造

设计在外立面壁柱两侧增加竖向加固构件，补强原有壁柱受力，外部结构构件兼作竖向遮阳板，改善室内环境。

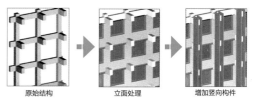

原始结构　　　立面处理　　　增加竖向构件

G-1-3　核心筒剪力墙加入

更新项目中，补充核心筒剪力墙等结构构件，补充增强原有结构体系。

案例：北京隆福寺地区复兴及隆福大厦改造

设计在原有结构基础上新增四组剪力墙，对原有结构进行补充增强，满足荷载需求。新增的结构构件将平面区域分为六组功能单元。

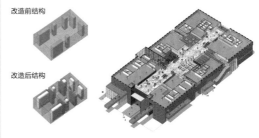

改造前结构

改造后结构

G-2

新旧并置，各自受力

G-2-1 巨型支撑吊挂体系

更新项目中，通过吊挂方式来实现不利条件下新增部分的结构设计，以确保结构安全。

案例：广州广钢公园工人文化宫

设计使用巨型支撑吊挂体系解决改造中场地受限问题，通过新增核心筒与悬挑桁架支撑新建部分体量，保证结构安全。

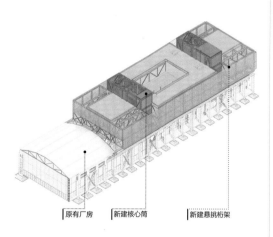

原有厂房　　新建核心筒　　新建悬挑桁架

G-2-2 新旧嵌套，各自受力

更新项目中，由于功能与空间的需求，在原有结构体系内增加新建结构体系，新老结构各自承受荷载，保证结构安全。

案例：景德镇陶溪川城市设计

老装配车间改造后为工作坊。原厂房内部为通高大空间，改造工程在建筑内部新增二层楼板与地下室，以适应工作室的功能需求。新增部分结构嵌套于原建筑内部，与原建筑脱开。

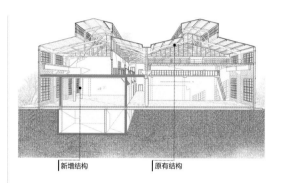

新增结构　　原有结构

案例：西安大华纱厂厂房及生产辅房改造

设计在保留原有建筑基础上，新建大跨钢桁架体系，横跨原有建筑之上，新旧结构之间各自承受荷载，确保结构稳定安全。

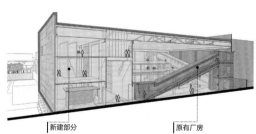

新建部分　　原有厂房

案例："仓阁"首钢老工业区西十冬奥广场倒班公寓改造

"仓阁"北区由一高炉空压机站改造而成。设计保留空压机站东西两侧的单榀框架，新建内部钢框架。新建结构在原建筑屋面以上向东西两侧悬挑，支撑客房层的出挑部分，不增加原有结构的荷载。南区将原N3-18转运站改造为楼梯间，在原建筑内部嵌套钢楼梯，钢楼梯与原有结构脱开。

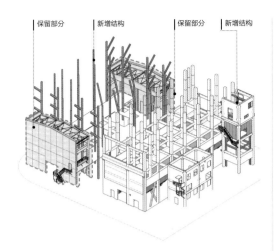

案例：中车成都工业遗存改造设计

设计在现有厂房内部增加多组2~3层盒子单元，盒子单元一层架空，二、三层串联各厂房单元，高效利用原有厂房大空间。新建结构承载新建部分全部荷载，并与原有结构体系安全脱开，确保使用安全。

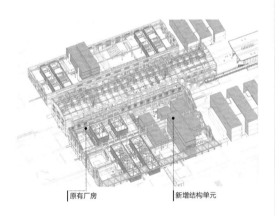

G-2-3　新旧并置，各自受力

更新项目中，新建结构在原有结构外侧，新老结构各自受力，保证结构安全。

案例：北京西郊汽配城改造

项目原为商贸汽配城，规划改造为办公用房。方案新建一组长连廊，在统一园区立面的同时，将三个不同建筑单体进行空间联系。新建连廊结构与原有厂房脱开，各自受力，保证结构安全。

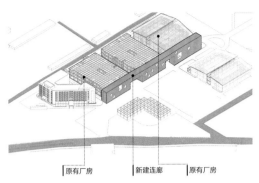

案例：南京艺术学院更新

艺术学院在原有建筑外侧加建一组建筑体量，新建部分结构与原有结构完全脱开独立，各自受力。

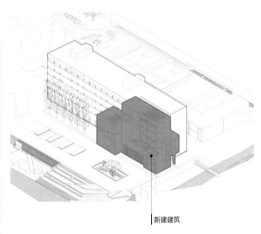

案例：昆山锦溪镇祝家甸村古砖窑保护与改造

在原有建筑外侧新建钢结构体系，并与原结构悬挑搭接，作为建筑入口。新增轻钢结构独自受力，与原建筑保持安全间距，具有结构安全性和稳定性。

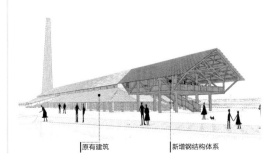

案例：景德镇陶溪川城市设计

铸造车间与办公楼合并，改造后为博物馆。设计拆除原有建筑中不适合保留的部分，在保留建筑旁新建木构建筑。新建部分与原有建筑脱开，各自受力。

原有建筑 新增木构体系

G-3

减轻荷载

G-3-1 轻结构选用

更新项目中，加建部分尽量采用轻型结构体系，减少对原有建筑的荷载压力。

案例：合肥园博会骆岗机场航站楼更新

骆岗机场航站楼原屋面为预制空心板，本次更新过程中替换为轻型金属屋面板，减轻屋面荷载，减少对主体结构及基础的影响。

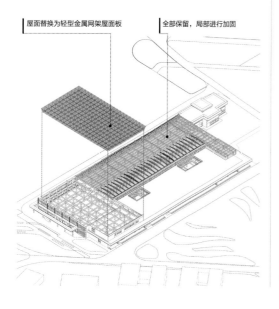

屋面替换为轻型金属网架屋面板　全部保留，局部进行加固

案例：南京园博会主展馆

设计在原有工业厂房外侧增建一组建筑体量，作为室外展区与入口灰空间。新建部分采用轻型结构体系，减小对原有建筑的荷载压力。新建结构与原有仓体结构对比，为参观者提供差异化的观感与体验。

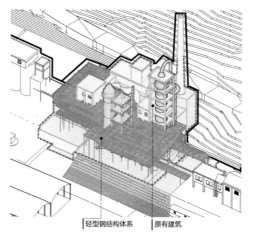

轻型钢结构体系　原有建筑

案例：北京中国大百科全书出版社办公楼改造

设计对原有建筑进行增建，入口新增的金属屋盖及顶部利用原屋顶平台进行的扩建均选用轻钢结构，尽量避免对原结构造成很大影响。

扩建选用轻钢结构

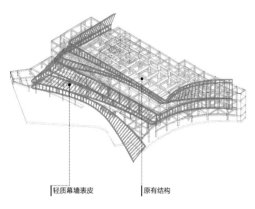

轻质幕墙表皮　　原有结构

G-3-2　轻构件选用

更新项目中，加建部分尽量采用轻型构件，减少对原有建筑的荷载压力。

案例："仓阁"首钢老工业区西十冬奥广场倒班公寓改造

设计最大限度地保留原本废弃的工业建筑，新建客房、楼梯、雨篷等建筑构件尽量采用金属、玻璃等轻型构件，减轻对原有建筑的荷载压力。

G-3-3　轻材料选用

更新项目中，加建部分尽量采用轻型建筑材料，减少对原有建筑的荷载压力。

案例：宝鸡文化艺术中心

设计在外立面采用玻璃幕墙、铝板幕墙、外挂铝格栅幕墙等轻型建筑材料，不仅在视觉效果上整体连续，而且减轻了对原有建筑的荷载压力。

原有建筑　　新建楼梯　新建客房

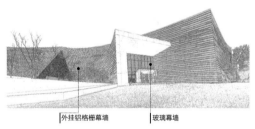

外挂铝格栅幕墙　　玻璃幕墙

案例：重庆市规划展览馆迁建

在原有结构体系中加入轻型建筑表皮，降低新增结构对原有结构体系的扰动，形成主体建筑与立面幕墙一体化的结构体系，并适应建筑空间形态及主要访客人流集散的需求。

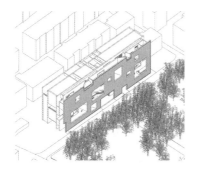

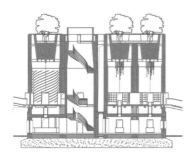

H 适用

改造后的建筑在空间尺度、空间特色、
安全防护层面上满足新功能需求。

H-1

空间匹配

H-1-1　依据尺度匹配功能

在更新项目中，根据空间尺度大小，选择合适的功能业态置于改造建筑中，使改造建筑与新建功能相匹配。

　　案例：北京隆福寺地区复兴及隆福大厦改造

　　建筑原为商场空间，其层高等空间尺度可与办公空间相匹配，改造将隆福大厦原有商业功能定义为办公、文化、商业等混合功能，置入丰富业态，满足使用需求。

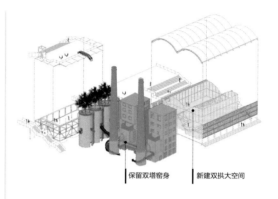

保留双塔窑身　　新建双拱大空间

　　案例：西安大华纱厂厂房及生产辅房改造

　　原有建筑为大厂房空间，具有单体建筑尺度多样的特点。改造过程中，为能更好地利用既有空间，将商业、文化展览等功能放置在大空间中，餐饮、酒吧等功能位于厂房旁的小体量中，使得功能与空间相匹配。同时对大空间进行合理划分，以适配相应功能。

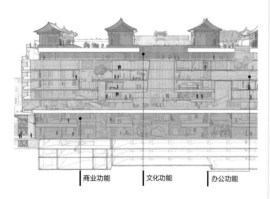

商业功能　　文化功能　　办公功能

　　案例：南京园博会主展馆

　　设计在建筑群中段保留一组烟囱与窑身双塔建筑，尾部新建双拱大空间建筑。保留的小尺度窑身双塔作为特色酒吧与酒窖，新建的双拱大空间作为自助餐厅。

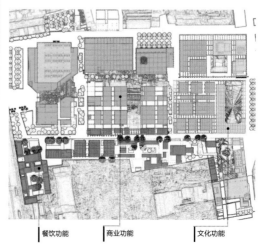

餐饮功能　　商业功能　　文化功能

案例：重庆市规划展览馆迁建

规划展览馆由弹子石车库改造而成，原有车库部分资源可供展陈空间转换激活：原建筑内最大的一处1~3层通高空间作为核心沙盘展示区；局部2~3层通高空间改为小型剧院。

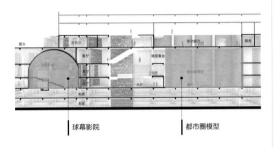

球幕影院　　　都市圈模型

H-1-2　利用特色匹配功能

在更新项目中，根据原有空间特色匹配合适功能，使得新建建筑功能最大化地发挥原有空间特色。

案例：北京隆福寺地区复兴及隆福大厦改造

原大厦顶层空间为多进四合院落，周边可远眺故宫及CBD区域，独具特色。设计利用其空间特色与景观效果，将顶层改造为文化展览空间，重新整理屋顶开放空间的层次，增加两面完整红墙，提升屋顶空间观赏的舒适性，成为该建筑的特色文化空间。

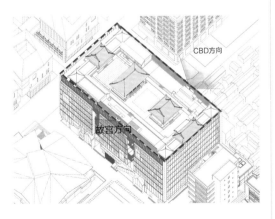

案例：南京园博园先锋书店

设计根据水泥厂筒仓简约高耸的空间特点，发挥其静谧神圣的空间气质，与"书的圣殿"的气质相得益彰。设计将高耸筒仓改造为书店的藏书区与阅览区，营造独特的阅览体验。

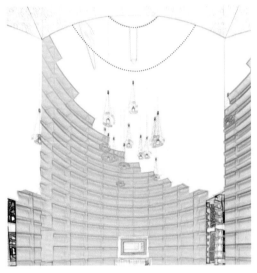

案例："仓阁"首钢老工业区西十冬奥广场倒班公寓改造

设计将原有工业建筑改造为奥组委的员工倒班公寓，同时可作为经济型酒店对外经营。设计利用巨大的空压机基础设计了复式大堂吧，返矿仓金属料斗内部打开作为酒吧廊。

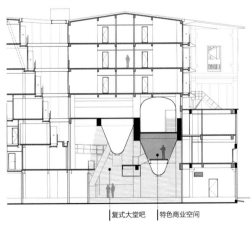

复式大堂吧　特色商业空间

H-2

空间改造

H-2-1　外部增补满足新功能

在建筑的外围加建新体量，对原有建筑空间进行增补，使其满足新建功能需求。

案例：南京艺术学院设计学院楼更新

原设计学院内部为功能较单一的教学空间，设计在原有基础上作外部增补：一方面增加展示、沙龙、阅览等空间，完善拓展学院功能；另一方面增加地下车库、操场看台，作为校园功能的补充。主楼东南角新增6层体量，为学院增补设计师沙龙与展示空间；附楼上方加建1层，作为开敞阅览室；北侧新增2层设计车间。利用建筑北立面与操场挡土墙建造看台；南侧广场抬升，下方作为地下室，满足停车需求。

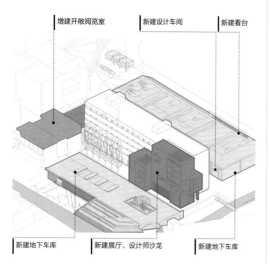

案例："仓阁"首钢老工业区西十冬奥广场倒班公寓改造

在原有大跨厂房上方新增体量——"阁"，以容纳新的使用功能。"阁"作为客房层，共有客房129间，包括大床房、标准房、套房与无障碍客房，可容纳254人同时入住。

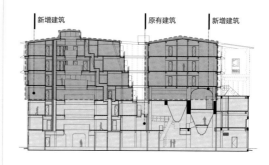

案例：昆山博物馆改造

设计提取昆石的透雕感，借鉴江南园林的借景手法，在原有建筑界面南侧植入一组框景片墙，将新建博物馆所需的立体交通、共享空间融入其中，使原有建筑满足博物馆功能及空间尺度需求，提升其空间的艺术性与趣味性。

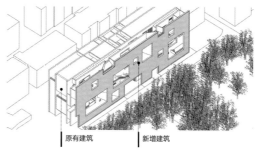

案例：昆山侯北人美术馆改造

在原建筑一侧新增一组弧形体量建筑，补齐街道界面的同时，植入咖啡厅、办公用房、展览库房等功能，完善原有美术馆功能。新建部分与原有建筑以庭院连接，改善室内环境。

案例：南京园博园先锋书店

考虑到筒仓建筑高耸的特征，为避免空间浪费，在改造过程中增建楼板，对其进行分层利用。底层临街空间作为商业空间，中间层为主要藏书与阅览区，顶部改造为盆栽景观，满足使用需求的同时也美化整个园区。

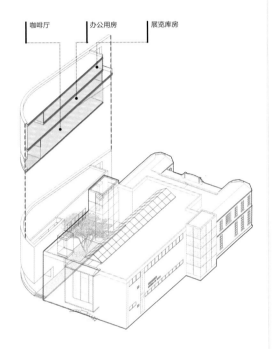

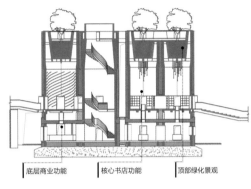

案例：景德镇陶溪川城市设计

机加工车间改造后为美术馆，用于保存和展示绘画、雕塑、摄影、插画、装置艺术，以及工艺美术等艺术作品。设计在原有大空间内两侧增加楼板，作为工作室与走廊展区；中间下挖地下一层，作为下沉展厅。

H-2-2　内部改造适合新功能

更新项目中，在建筑内部通过新体量的植入、空间的重新划分再利用，使得原有空间满足新建功能需求。

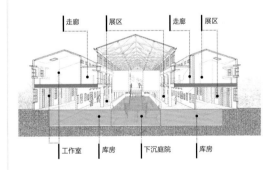

案例：西安大华纱厂厂房及生产辅房改造

设计在现有厂房室内增建一组阶梯形木制构件，对厂房大空间进行立体分割与重塑，以适合新增的时尚秀场与儿童游戏的功能需求，丰富、活化该厂房空间。

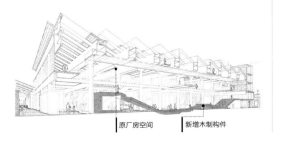

H-3

使用安全

H-3-1　安全防护措施

更新项目中，通过空间的引导设计，楼梯、安全护栏等的增设或改造，使其满足使用过程中的安全需求。

案例：北京工业大学校医院立面改造

北京工业大学校医院建于20世纪90年代，原有建筑邻近马路，出入口附近存在安全隐患。设计在入口处引入大雨篷，将原有人流调整为侧向进入，增加缓冲区域，保障行人安全。

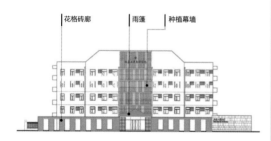

案例："仓阁"首钢老工业区西十冬奥广场倒班公寓改造

将原有返矿仓内部的料斗改造成酒吧廊，客人可以穿行其间，获得独特的空间体验。为了保证使用安全，在酒吧廊两侧安装了安全护栏。

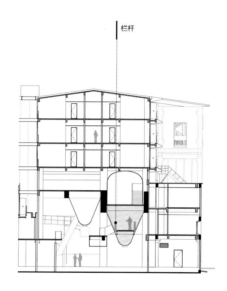

案例：北京中国大百科全书出版社办公楼改造

项目原有入口高差较大，坡度太陡，不方便进出。改造后，将入口处的室外标高降低80cm，坡度变化，便于进出，更加安全。

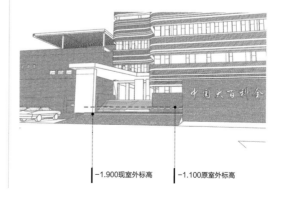

方法拓展栏

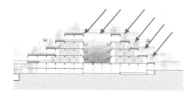

I 性能

通过内部空间的改造与外部界面的完善，提升建筑性能，满足使用需求。

I-1

空间优化

I-1-1 性能空间分级控制

更新项目中，对性能空间进行分级分区设计，在满足使用需求的同时降低施工难度。

案例：雄安设计中心

原主楼办公区外墙没有保温性能，全部增加保温成本较高。设计对空间进行性能化分级，将南侧的交通公共走廊定位为"空腔暖廊"，相关暖通标准与空调负荷均按最低标准设计，减少空调耗能面积，在走廊北边以围护幕墙的方式增加内界面，满足主要使用空间热工性能需求。

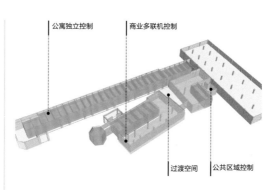

案例：上海嘉定某长租公寓改造

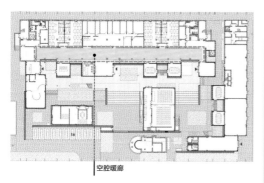

设计对每间公寓及公共区域分级分区控制，使其达到舒适性要求；同时，通过增加过渡空间（非空调供暖房间），降低空调供暖季能耗。

I-1-2 植入中庭与立体庭院

在更新项目，特别是大体量、大进深的更新项目中，通过中庭与立体庭院的引入，改善建筑通风采光条件，满足使用需求。

案例：北京隆福大厦改造

原隆福大厦为商业空间，改造后为办公功能，在进深较大区域增加中庭与立体庭院，改善办公空间的采光通风。

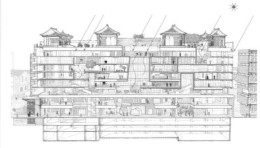

案例：昆山侯北人美术馆改造

在新建体量与原有体量之间设置一座内庭院，改善新旧体量的通风采光环境，同时满足室内空间的景观需求，提升建筑空间品质。

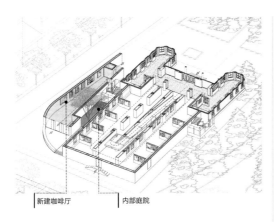

新建咖啡厅　　内部庭院

案例："仓阁"首钢老工业区西十冬奥广场倒班公寓改造

北区新结构由下至上层层缩小，形成高耸的塔状中庭，中庭顶部天光均匀漫射进室内。北区和南区之间设有天井，天井一侧客房层层后退，以获得更好的采光与通风条件。多数客房拥有专属阳台，可一览西十冬奥广场和石景山的自然风光。

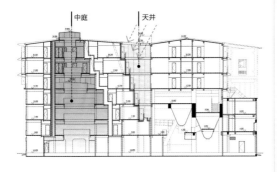

中庭　　天井

案例：绿之丘 上海杨浦区杨树浦路1500号改造

原库房建筑进深较大，为了使改造后的复合立体公园获得更好的采光条件，提升空间品质，设计主要从两方面入手。一方面，削减体量，在建筑两侧形成层层退台，减少建筑进深；另一方面，拆除位于原有建筑中心的楼板，形成一个采光的中庭空间，将自然光引入建筑内部。

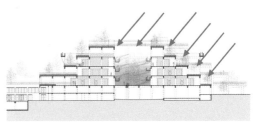

I-1-3　过渡空间引入

更新项目中，针对不同朝向与气候区，引入阳光房、灰空间等改造措施，改善原有建筑热工条件。

案例：榆林梅花楼片区更新

设计保留现状接口窑外观，在窑洞南侧增加阳光门斗，提高保温性能，满足使用需求。

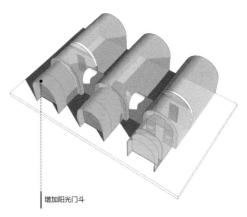

增加阳光门斗

案例：深圳华大基因中心设计

为应对亚热带气候，建筑设置了各种通风外廊、中庭花园、底层架空等空间，增加了很多过渡空间，模糊建筑与自然的边界，达到内外融合的特点。

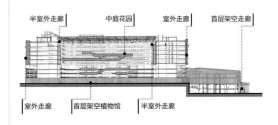

半室外走廊　　中庭花园　　室外走廊　　首层架空走廊

室外走廊　　首层架空植物馆　　半室外走廊

I-1-4　空间形态改变

针对原有建筑进深过大或楼间距过密等问题，可通过建筑体量形态的削减与优化改造，改善其通风采光条件，满足性能需求。

案例：中车成都工业遗存改造设计

原有厂房连续密集，空间封闭，采光通风效果较差，无法与改造后的办公空间适配使用。设计拆除一组厂房，改造为景观空间，为两侧建筑提供更好的采光通风条件，满足办公使用需求。

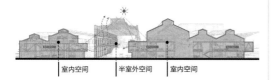

室内空间	半室外空间	室内空间

案例：北京西郊汽配城

既有建筑原为商贸汽配城，建筑间距较小，采光和通风要求较低；建筑改造后为办公空间，需要具备良好的采光通风条件。设计将部分原有建筑拆除，适度增加建筑间距，改善采光通风条件。

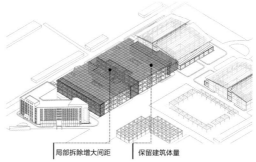

局部拆除增大间距	保留建筑体量

I-2

界面性能提升

I-2-1　双层幕墙设计

更新项目中，在尽量少改动原有主体的前提下，通过在原有建筑外皮增设幕墙或直接引入双层幕墙等方式，改善建筑热工性能。

案例：北京隆福大厦改造

项目位于北方寒冷地区，设计在原有建筑外皮体系外增加一组玻璃幕墙，形成玻璃幕墙-原有建筑界面-灰砖的外墙体系，在降低改造难度的同时，提升建筑界面的保温隔热性能，满足使用需求。

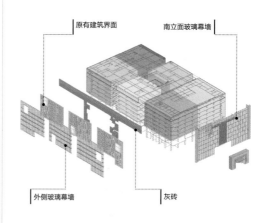

原有建筑界面　　　南立面玻璃幕墙

外侧玻璃幕墙　　　灰砖

案例：深圳华大基因中心设计

根据亚热带气候特点，建筑采用双层幕墙和架空屋面设计，适应气候，改善建筑热工性能。

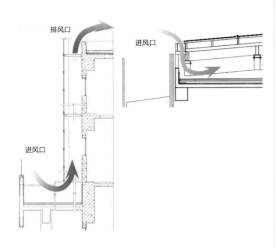

I-2-2 遮阳体系引入

更新项目中，通过利用原有建筑构件承担遮阳功能，或在其外侧植入一道新的遮阳体系或立体绿化，改善建筑热工性能。

案例：太原市图书馆

改造项目在原建筑外侧新建一组外遮阳体系，阅览区域外界面采用竖向格栅作为遮阳构件，改善室内光热环境。公共区域则采用玻璃幕墙，改善大进深建筑的采光效果。

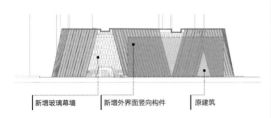

案例：重庆两江四岸核心区朝天门片区治理提升

设计通过转译重庆传统民居语汇，在更新建筑外侧新增吊脚楼形态的挑檐与格栅，改善遮阳效果与遮雨效果，提升热工性能。

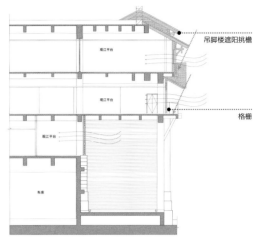

案例：深圳国际低碳城会展中心升级改造

原有建筑外立面后退后，形成的出挑外廊自然起到水平遮阳的作用。保留的钢框架则成为光伏板和垂直绿化单元的结构载体，满足遮阳要求。

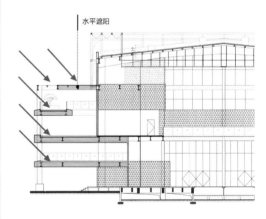

I-2-3 建筑光伏一体化

更新设计中，针对合适项目，引入建筑光伏一体化设计，提高建筑性能。

案例：雄安设计中心

项目引入太阳能光伏系统，结合建筑合理布置，实现小范围能源补给，节能减排。

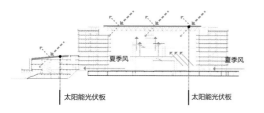

彩色光伏玻璃

架空屋面滤水层   蓄水景观一体化水池

案例：深圳华大基因中心设计

设计将太阳能板与天窗结合，满足使用清洁能源补充实验室供电的需求。

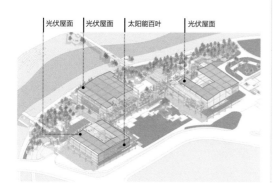

太阳能光伏板   太阳能光伏板

案例：深圳国际低碳城会展中心升级改造

除A馆西立面采用光电幕墙外，A、B、C三馆的屋顶均采用单晶硅光伏屋面。三馆光伏板年发电总量达127.3万千瓦时，相比未安装光伏板的场馆，年减碳574吨。此外，通过设置高转换率光伏逆变器、优化器，有效实现对光伏系统的实时监控与智能感知，系统发电提升5%~30%，智能化、免维护的特性将运维效率提升50%。

光伏屋面   光伏屋面   太阳能百叶   光伏屋面

I-2-4 立体绿化与蓄水屋面

更新项目中，局部区域采用立体绿化或蓄水屋面，改善外界面热工性能。

案例：深圳华大基因中心设计

为应对亚热带气候特点，建筑屋顶采用覆土屋面，改善屋面的热工性能。

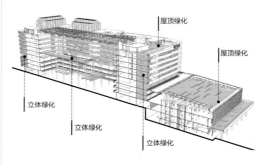

屋顶绿化

屋顶绿化

立体绿化

立体绿化

立体绿化

立体绿化

案例：雄安设计中心

项目改造过程中，融入再生砌块绿墙、再生金属绿网、蓄水景观一体化水池等，改善外界面热工性能，增加绿化量。

再生主题庭院   再生金属绿网   再生砌块绿墙

I-3
设备系统引入

I-3-1 机电升级提升建筑性能

在更新项目中，设计为机电升级提供空间，从而提升建筑内部舒适度，提升建筑性能。

案例：榆林梅花楼片区更新

项目将老窑洞改造为特色酒店客房。设计扩大窑洞内部空间，采用装配式一体化内加固体系，将空调、新风、给水排水等体系预留其中，满足使用者舒适性需求。

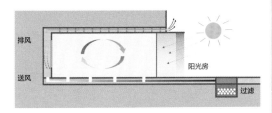

案例：北京中国大百科权属出版社办公楼改造

建筑原室内层高较低，设备改造后层高不满足使用需求。设计创新性地将管线外置，并结合室外管线新增金属格栅外立面，在隐藏设备管线的同时形成连续有特点的外立面效果，满足性能与美学的双重需求。

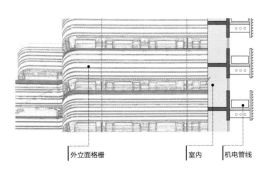

I-3-2 智慧运维提升建筑性能

在更新项目中，引入智慧运维设备及措施，优化建筑内部通风采光与热环境措施，在提升品质的同时实现节能。

案例：琼海博鳌亚洲论坛会议中心及酒店

项目为国际会议配套设施，改造过程中将智慧运维的理念融入其中，通过全方位精细化监测与管理，优化建筑内部物理环境，提高运营维护效率，实现节能减排。

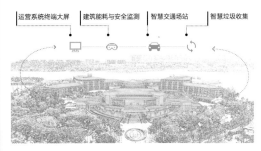

I-4

消防安全

I-4-1 防火分区与疏散路径

由于建筑功能的修改及设计要求逐步提高，在更新项目中，需对原有防火分区与安全疏散等内容进行重新梳理与完善，以满足当下使用需求。

案例："仓阁"北京首钢老工业区西十冬奥广场倒班公寓改造

设计在四层及以上设置连廊，巧妙地将南北两区原本相互独立的建筑连接在一起，解决了西南角尽端走廊的问题。同时，在建筑内部设置三组楼梯，分别位于北侧、南北区建筑之间、N3-18转运站内，使疏散满足要求。

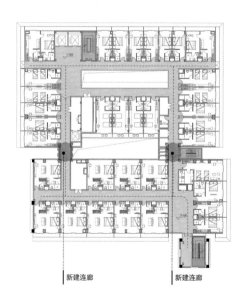

新建连廊　　　　　　　　　新建连廊

案例：合肥园博会骆岗机场航站楼更新

原有航站楼楼梯为开敞楼梯且数量不足，部分楼梯距室外安全出口的距离不符合展览建筑防火规范。在更新过程中，将航站楼原有电梯、扶梯拆除，对部分楼梯进行改造，新增楼梯、电梯，以满足疏散要求；主要出入口向内后退，并在首层增加疏散出入口，满足建筑使用需求。

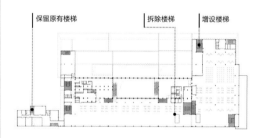

保留原有楼梯　　　　拆除楼梯　　　增设楼梯

I-4-2 新增防排烟与安全指示设备设施

由于建筑功能的修改及设计要求逐步提高，在更新项目中，需对原有排烟设施与安全指示等内容进行重新梳理与完善，满足当下使用需求。

案例：北京隆福大厦改造

隆福大厦在优化防火分区的基础上，对原有排烟设施与安全指示等进行升级改造，新增暖通机房与安全指示等设备设施，满足使用安全与规范要求。

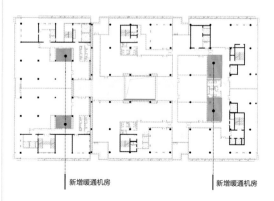

新增暖通机房　　　　　　　新增暖通机房

方法拓展栏

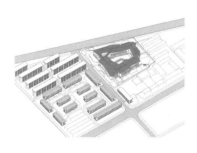

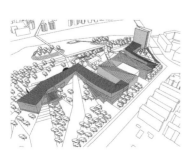

J 美学

考虑改造建筑区域位置、功能定位等要素，采用不同的设计手法，满足更新建筑的美学需求。

大华'1935

J-1

原真保留

J-1-1　修旧如旧

在更新片区或改造建筑设计中，对原有建筑在材质、色彩、肌理等方面进行原真保留，以期实现建筑与文脉的传承与延续。

案例：北京国家图书馆老馆改造

改造工程以尊重原创、保护经典为原则，保持原有空间结构体系、色彩比例关系不变，对原有空间进行微干预，并在细部做法上提升建筑的品质，力求达到修旧如旧的效果。

案例：北京钓鱼台前门宾馆院落整治工程

项目位于北京市核心区，现存多栋历史建筑。设计对原有建筑立面进行修复式改造，延续历史建筑的形式语言与色彩风格，同时弱化新建建筑，使得改造后整个片区仍保持历史的清晰度和延续性。

案例："仓阁"北京首钢老工业区西十冬奥广场倒班公寓改造

设计引入国内以往在古建筑修复领域使用过的"粒子喷射技术"，对1200㎡的涂料外墙进行清洗，在清除污垢的同时成功保留了数十年形成的岁月痕迹和历史信息。在此基础上，设计通过外墙涂料肌理的变化提示出原有窗口的位置，忠实记录了改造的痕迹，使建筑立面可阅读，讲述首钢老工业区的故事。

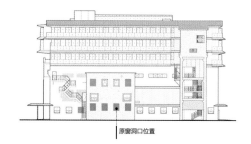

原窗洞口位置

J-2

新旧协调

J-2-1 形式语言协调

分析更新建筑及其周边建筑的形式语言，提取典型语汇，使新建部分与原有建筑及其周边建筑形式语言相协调。

案例：青岛博物馆新馆

青岛博物馆老馆与南侧大剧院之间缺乏联系，博物馆新馆设计中力求实现三者之间的协调。设计提取博物馆老馆的曲线屋顶元素与大剧院崂山石花的意象，以"浪涌石开"为新馆的形象意象，使得片区形式语言相协调。

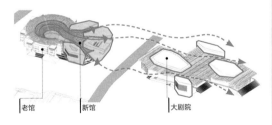

案例：西安大华纱厂厂房及生产辅房改造

改造中提取原厂房锯齿形天窗的建筑形式，对此进行转译处理，形成新的入口空间。

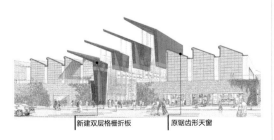

案例：南京艺术学院美术馆更新

南京艺术学院美术馆的建设基地紧邻原有的音乐厅，形成紧密的"共生体"。新增体量围绕原有建筑螺旋上升，向心的弧线形体对音乐厅形成半围合之势，完整、流畅，新旧建筑相互协调。

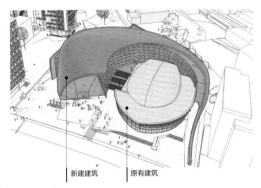

案例：景德镇陶溪川城市设计

热处理车间改造后为初级艺术家工作室。保留部分墙体，新建部分沿用原有建筑的坡屋顶形式，开窗也延续原有的方窗，在尺度与节奏上与原建筑立面相协调。

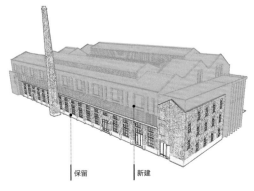

案例："仓阁"首钢老工业区西十冬奥广场倒班公寓改造

原有空压机站建筑为坡屋顶，设计保留了原有建筑立面，新增部分同样采用坡屋顶，与原有建筑相互呼应，在新时代下延续原有工业建筑的历史记忆。

J-2-2　色彩材质协调

提取更新建筑自身及其周边建筑的色彩材质，选用合适的材质与色彩，使得改造建筑与周边相协调。

案例：北京隆福大厦改造

设计通过引入玻璃材质弱化自身体量，并在一定程度上反射周边景色，同时利用灰色砌块作为建筑表皮的另一种材质，与周边四合院的灰墙黛瓦相协调，塑造更为统一的城市街景。

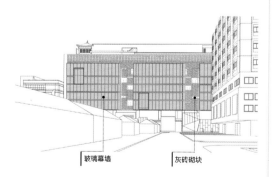

案例：榆林梅花楼片区更新

片区内既有民居建筑的立面为灰色砖墙，新建建筑仍然使用砖材料，在颜色、材质等方面与原建筑相协调，塑造更为统一的历史片区。

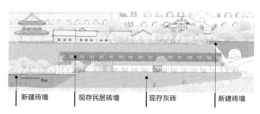

案例：景德镇陶溪川更新

原有厂房多以红砖青瓦为主。为保留场地的历史记忆，改造项目外立面多使用红砖，以及与红砖颜色相近的陶板格栅、金属锈钢板、木材等，使改造建筑与周边建筑相协调。

J-2-3　空间尺度协调

更新项目自身的新旧部分或新建建筑与周边建筑，在高度与空间尺度上相协调。

案例：北京前门大栅栏C区建筑集群设计

项目位于北京市前门大栅栏历史街区内，设计延续周边历史文脉，在建筑表情与空间尺度上与原有建筑相统一，融入该历史街区。

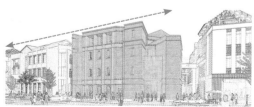

J-3

反映时代

J-3-1　形式语言对比

设计采用全新的形式语言与设计手法,与原有建筑语言对比,反映时代特征。

案例:太原康乐幼儿园

项目位于太原矿机历史街区内,周边为3层苏式建筑。新建建筑采用坡屋顶形式,在屋顶造型上进行活跃处理,与周边传统坡屋顶形式形成对比,满足幼儿园的个性需求。

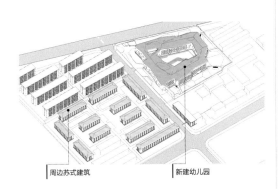

周边苏式建筑　　　新建幼儿园

案例:绿之丘　上海杨浦区杨树浦路1500号改造

改造后的建筑沿用原有柱网,在整体造型上延续了原有建筑方正规整的建筑形式。为了给建筑注入新的活力,设计引入曲线造型。通过植入双螺旋楼梯与弧形出挑外廊,与有规律的方正体量形成对比。

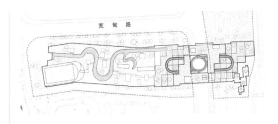

案例:景德镇陶溪川更新

项目为景德镇陶溪川陶机片区厂房改造,原有建筑多为实体坡屋顶红砖建筑。新增部分采用更加通透的柱廊形式,与原有建筑厚实封闭的体量感形成对比。新建部分作为原有建筑的灰空间与入口,形成丰富特色的空间感受。

案例:北京建筑大学西城校区图书馆加固改造

设计提取周边坡屋顶建筑形式,在原有图书馆体量中植入三个坡屋顶盒子,打破原有的简单形式语言,并形成特色入口空间,提升建筑形象与校园环境。

J-3-2 色彩材质对比

在更新设计中，采用对比的手法，选用现代建材与特殊色彩，与原有建筑的材质与色彩相对比。

案例：北京中国建筑设计研究院办公楼立面改造

设计在原有建筑立面外侧新增一组竖向的简约现代的幕墙体系，通过玻璃、石材等建筑材料，呈现时代风格。

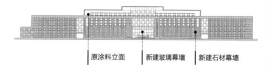

原涂料立面 | 新建玻璃幕墙 | 新建石材幕墙

案例：雄安设计中心

改造过程中保留原有建筑基本体量，延续原体量两侧的建筑立面，在中间部分新增连接体，灰空间与木色墙体相互交织，与原玻璃幕墙立面形成材质与色彩上的对比。

原玻璃幕墙界面 | 新建木色墙体

案例："仓阁"首钢老工业区西十冬奥广场倒班公寓改造

下方的"仓"延续了原有建筑的涂料外立面，引入国内以往在古建筑修复领域使用过的"粒子喷射技术"，对1200m² 的涂料外墙进行清洗，在清除污垢的同时成功保留了数十年形成的岁月痕迹和历史信息；上方的"阁"在玻璃和金属的基础上局部使用木材等具有温暖感和生活气息的材料。二者形成鲜明的新旧对比，又使"仓阁"在人工与自然、工业与居住、历史与未来之间实现一种复杂微妙的平衡。

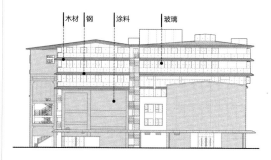

木材 | 钢 | 涂料 | 玻璃

案例：上海华师大一村更新

小区入口门头主要采用白色铝板几何造型，在主干道上起到标识性作用。内侧采用温暖的仿木铝方通格栅，结合暖色洗墙灯，给人归家的温暖。通过不同色彩材质的对比，形成不同的空间感受。

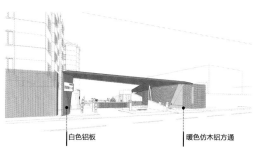

白色铝板 | 暖色仿木铝方通

J-3-3 新建风格为主

在更新项目中，建筑内外空间均采用全新的形式语言、色彩材质，使得建筑符合新建功能业态与定位需求，反映时代特色。

案例：宝鸡文化艺术中心

设计保留体量最大的C形厂房与结构牢固的高层宿舍楼，同时利用连续的"几"字形体量将其巧妙地串联为一个整体，并通过新的参数化表皮系统将其整合到一起，形成全新的建筑形式，打造标志性文化建筑。

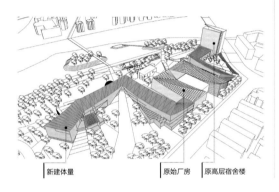

| 新建体量 | 原始厂房 | 原高层宿舍楼 |

案例：重庆市规划展览馆迁建

设计以"织补山水"为设计理念，创新性地采用一组折变流动的坡屋面形式，如一眼清泉流淌在山水之间，串联远处的群山与面前的江水，以其独特的形式语汇融入山水之中，美化城市滨水界面。

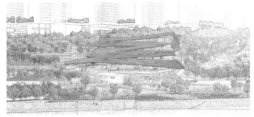

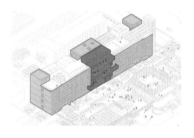

K 高效

选用高效便捷的设计手法，降低施工难度，加快施工进度，减少施工过程对城市的影响。

K-1 便捷施工

K-1

便捷施工

K-1-1　选用装配式设计加快施工进度

考虑更新项目的复杂情况和改造难度，设计应采用装配式设计，加快施工进度。

案例：雄安设计中心

雄安设计中心为改扩建工程，新功能为企业办公区。设计采用装配式轻型结构模块对一层空间进行扩容，模块之间可自由组合，满足多种功能需求，也为后续扩建施工等提供便捷。

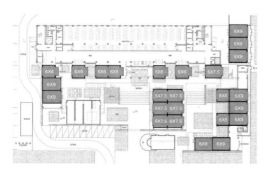

案例：北京东升大厦

项目原立面以灰色铝板、玻璃幕墙为主要材质，过于陈旧，外观已经不具备地标属性，且存在安全隐患。改造选用装配式光伏幕墙来适配弧形立面，以便少打龙骨，减少现场湿作业，加快施工进度。

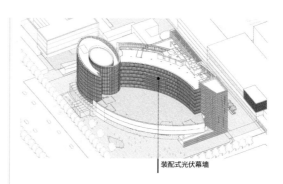

装配式光伏幕墙

案例：上海华师大一村更新

小区更新修缮以微介入方式为主，采用轻质钢结构。如小区入口是居民使用的高频区域，也是车行、人行的交通要塞，为减少对居民日常生活影响，采用预制装配式钢结构，现场组装，大大缩短了施工时间。

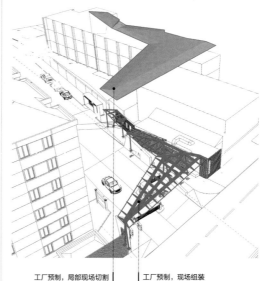

工厂预制，局部现场切割　　工厂预制，现场组装

案例：合肥园博会园博小镇设计

外围护系统与建筑主体结构深度融合，形成标准化体系。以工业化预制构件为技术支撑，通过高精度预制、模块化设计，实现现场组装便捷、缩短建设周期、加快施工进度、减少资源消耗与环境污染的目的。

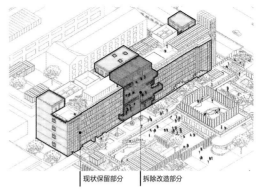

现状保留部分　　拆除改造部分

案例：景德镇陶溪川片区更新

机加工车间改造为玻璃工作室。主要用于玻璃工艺展示及表演，玻璃工艺研究与制作。设计采用微介入的方式，仅在建筑西侧拆除原有墙面，采用U形玻璃对原有空间进行扩容，使空间进深满足剧场要求。

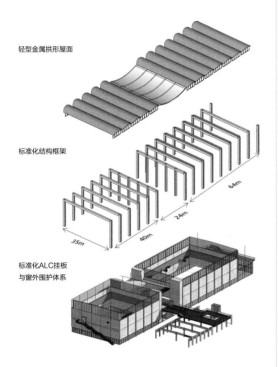

轻型金属拱形屋面

标准化结构框架

标准化ALC挂板与窗外围护体系

拆除改造部分

案例：内蒙古工业大学建筑馆改造

设计采用轻介入方式，通过对原有结构的加固加强，避免了大拆大建，降低了施工难度，满足后期改造的功能需求。

K-1-2　采用轻介入方式降低施工难度

设计应采用轻介入手法，少改巧改，降低改造项目的施工难度。

案例：雄安设计中心

改造设计提出"少拆除，多利用"的设计原则，采用轻介入的方式，保留大部分原有建筑界面，仅对局部建筑界面进行拆除改造，以满足新的使用要求。

5

场景指引

GUIDE

5.1

生活居住类

－ 上海嘉定某长租公寓改造

－ 上海华师大一村更新

5.1
生活居住类

基础认知

生活居住类更新对象指房屋结构安全、不宜整体拆除重建，但市政设施、公共服务、物业管理落后甚至缺失，公共环境、风貌品质较差，影响居民基本生活、急需更新改造的生活居住类空间，常被称为"老旧小区"。

老旧小区改造经历了数年的探索，改造内容已初步形成共识。依据国务院2020年7月颁布的《国务院办公厅关于全面推进城镇老旧小区改造工作的指导意见》，老旧居住社区改造内容分为基础类、完善类、提升类三类。

基础类改造是指为满足居民安全需要和基本生活需求而改造的内容，具体包括小区内建筑屋面、外墙、楼梯等功能形象的维修整治及市政配套基础设施改造提升。其中，改造提升市政配套基础设施包括改造提升小区内部及与小区联系的各类市政管线及设施、消防、安防、生活垃圾分类等基础设施。

完善类改造是指为满足居民生活便利需要和改善型生活需求而改造的内容，具体包括小区公共环境提升、小区内建筑节能改造、无障碍设施完善。其中小区公共环境提升包括拆除违法建设，整治小区公共空间、道路交通、绿化景观环境。

提升类改造是指为丰富社区服务供给、提升居民生活品质，立足小区及周边实际条件积极推进的内容，具体包括公共服务设施配套建设及其智慧化改造、户型改善、海绵化改造。

关键问题

本节以生活居住类更新项目的共性特征为基础，从更新设计要素出发，总结梳理此类更新项目在更新过程中面临的关键问题。

街区层面——街区系统

开放空间系统：开放空间资源紧张，功能单一，存在较多闲置低效空间。

道路交通：消防通道、扑救场地配置不足或被其他设施占用。

慢行系统：道路被机动车占用严重，慢行空间不足；道路较窄，人车混行现象严重，慢行体系不健全。

街区层面——景观环境

绿化：绿化与景观用地面积狭小且不成系统，或被其他功能过度占用；种植粗放、单调，视觉感受不佳。

广场：功能不满足居民休闲需求，缺乏活力，使用低效。

街道界面：房屋由于年久失修，街道界面与现代城市风貌要求不符。

街区层面——服务设施

交通设施：无障碍设施缺乏；停车设施匮乏，停车管理混乱；车辆充电设施配置不足，智慧化管理欠缺；交通引导标识及相关设施配置不足。

公服设施：公服设施缺失，不满足居民生活服务需求；公服设施服务品质不足、利用效率较低。

市政设施：市政站点、管线由于建设年代久远且缺乏有效维护，普遍呈现出安全隐患大、日常使用稳定性低、美观性较差的特征。

建筑层面

建筑结构：建筑建设年代久远，结构承载力、抗震性能不足，存在结构安全隐患。

建筑界面：既有建筑保温隔热性能不足；建筑外观破损老旧，视觉效果较差，且存在安全隐患。

建筑设备：建筑水电设施老化，缺少电梯等设施。

模式应用

基于以上基础认知与关键问题的梳理，本节希望通过两个典型的生活居住类案例——上海嘉定某长租公寓改造项目、上海华师大一村更新项目的研究，展示案例对前文中更新模式语言的应用过程，以期为后续生活居住类城市更新项目实践提供有借鉴意义的绿色更新设计指引。

上海嘉定某长租公寓改造

上海华师大一村更新

上海嘉定某长租公寓改造

项目地点：上海市嘉定区

用地面积：8336m²，建筑面积 5240m²

设计单位（施工图）：上海中森建筑与工程设计顾问有限公司

主要参与人员：徐颖璐、张阳、潘梦梦、赵志刚、张亮

项目背景与更新目标

上海嘉定区南翔镇获得"中国历史文化名镇"称号，是上海市四大历史名镇之一。南翔镇是嘉定新城和上海中心城交会转换的门户咽喉，也是长三角沪宁发展走廊上重要的节点城镇。轨道交通南翔站拥有打造具有区域辐射带动能力的综合性枢纽的潜力。规划形成新老核心联动的区域空间格局，形成古镇文化核心、南翔新中心两个主中心。

项目位于南翔新中心区域，轨道交通南翔站西南侧约300m处，为某住宅小区配套设施改造项目。基地北邻区域商业中心及轨道交通南翔站点，西邻镇政府、医院等区域公共服务设施，南邻住宅区。原建筑功能为商业及小区会所，后作为经济型酒店运营，占地面积8336m²，改造建筑面积5240m²。场地内有镇标构筑物、废弃水井及瞭望塔一座。如今项目面临着酒店外观老旧、广场活力缺失、慢行界面割裂等诸多问题。

本项目作为连接板块片区与镇域中心区的节点，通过引入青年群体，将经济型酒店功能置换为长租公寓，增加公共活动及公共服务功能，形成开放的租赁社区，激活场所活力。本次更新尊重历史空间格局、特色构筑物及历史建筑语言，对建筑空间及场所空间进行改造设计，进一步提升区域活力，助力区域发展。

| 住宅小区 | 改造公寓3号楼 | 改造公寓2号楼 | 改造公寓1号楼 | 小区会所 | 南翔镇标 | 公共服务中心 |

区位分析图

本土资源要素梳理

（1）土地环境资源：南翔镇地处长江三角洲冲积平原，境内地势平坦。

（2）地域文化资源：场地周边有双塔历史文化风貌保护区、古猗园历史文化风貌保护区，文物保护单位及历史建筑富有特色，保存状况较好，具有较高历史价值。场地内有瞭望塔一座，曾作为南翔镇地标之一。

（3）城市空间脉络资源：场地内原有的瞭望塔与周边建筑呈发散辐射的轴线关系。场地北广场形成街角开阔空间，与城市公共空间系统相接。

1 古猗园历史文化风貌保护区；2 双塔历史文化风貌区；3 场地北侧住宅；4 南翔镇镇标；5 场地西侧城市空间

街区层面设计方法应用解析

设计要素		模式语言		面向既有的延续	面向问题的微增		面向目标的激活		
				A 协调	B 织补	C 容错	D 植入	E 重构	F 演变
1	街区系统	1-1	功能布局						
		1-2	空间格局						
		1-3	空间肌理						
		1-4	开放空间系统		B-1-4				
		1-5	生态环境						
		1-6	道路交通						
		1-7	慢行系统		B-1-7				
		1-8	天际线						
		1-9	视廊与标志物						
2	景观环境	2-1	绿化					E-2-1	
		2-2	广场						
		2-3	街道界面						
		2-4	景观设施				D-2-4		
3	服务设施	3-1	交通设施						
		3-2	公服设施		B-3-2				
		3-3	市政设施						

街区层面模式语言检索表

建筑层面设计方法应用解析

建筑层面模式语言检索表

分类	分项	具体措施	采用的模式语言		
G 安全	G-1	原有结构加固加强		G-1-2	
	G-2	新旧并置，各自受力			G-2-3
	G-3	减轻荷载			
H 适用	H-1	空间匹配			
	H-2	空间改造			
	H-3	使用安全			
I 性能	I-1	空间优化	I-1-1		
	I-2	界面性能提升			I-2-4
	I-3	设备系统引入			
	I-4	消防安全			
J 美学	J-1	原真保留			
	J-2	新旧协调			
	J-3	反映时代		J-3-2	
K 高效	K-1	便捷施工	K-1-1		

B-1-4

结合城市资源，织补开放空间

　　将原停车场改为街角广场，新增聚会广场和社区篮球场，与对面商业广场构成城市街角开放空间，
织补城市开放空间系统。

1 开放空间织补分析图；2 改造后基地北侧空间；3 基地北侧商业广场；4 基地西侧街角公园

E-2-1　　　　　　　　　　　　　　　　　　　　　　　　　　　　绿化空间的重构

植入场地绿化，优化空间环境

　　对北侧开放广场中绿化空间进行重构，对南侧停车空间进行绿化改造，增加1号楼屋顶绿化，改善场地绿化空间环境。

1 绿化空间重构分析图；2 入口东侧绿化空间重构；3 入口北侧绿化空间改造；4 北广场绿化空间重构

D-2-4 景观设施的植入

设施小品植入，文化要素重构

更新项目中植入丰富的公共休闲座位、入口大雨篷、休闲设施及景观小品等，通过青年人喜欢的文化要素的植入，满足室外沟通交流的功能需求。

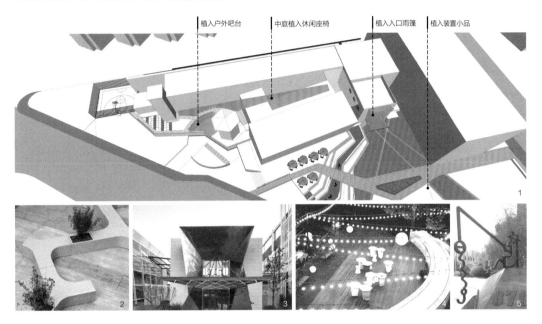

B-3-2 公服设施的织补

补足设施短板，完善公服体系

场地东侧绿化保留区新增公共篮球场，与公寓统一管理，对外向市民开放；改造建筑新增共享厨房、社区健身房、社区书吧、冥想小院等公共服务空间，完善了城市公共服务设施体系。

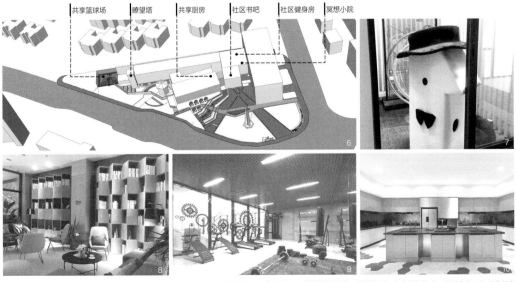

1 设施小品植入分析图；2 中庭座椅；3 入口雨篷；4 户外吧台；5 装置小品；6 新增设施分析图；7 冥想小院；8 公共书吧；9 二楼健身房；10 共享厨房

B-1-7　　　　　　　　　　　　　　　　　　　　慢行系统的织补
依托广场空间，织补场地慢行

结合城市道路与地形，将北侧广场细分出人行步道，使其与周边慢行系统连接，通过局部的改善，完善区域慢行系统。

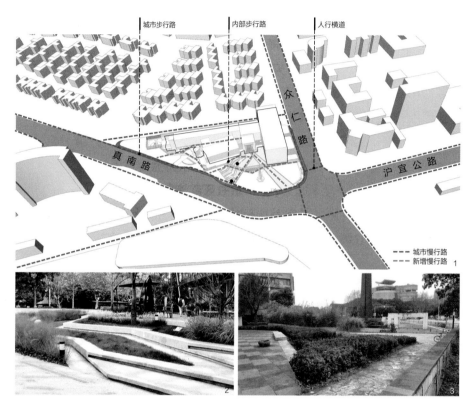

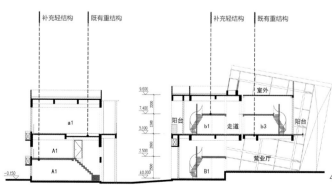

G-1-2　　　　　　　　　　　　　　　　　　　　轻型结构构件加入
加入轻型构件，改造建筑空间

充分利用原有建筑空间层高，利用轻型构件增加隔层，改造形成复式空间，针对青年群体设计平层公寓、LOFT复式公寓、双钥匙公寓等产品，重新激活建筑空间。

1 慢行系统分析图；2/3 改造后内部步行路；4 更新后建筑剖面示意图；5 改造后LOFT公寓

G-2-3

新旧结构并置，改善空间使用

拆除原酒店入口空间圆形钢构，植入新的框架结构；拆改2号楼部分结构，新旧结构体系各自受力，改造不适用的结构体系，完善空间动线，提高空间利用率。

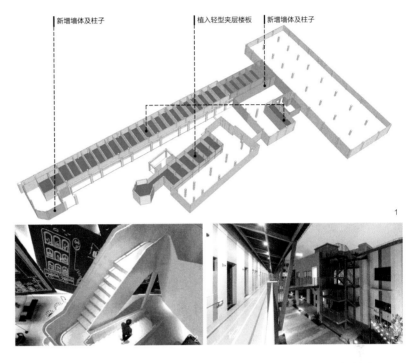

I-2-4

立面绿植，散热节能

在内院两侧走廊栏杆及构架处植入立体绿化，改善环境微气候，夏季遮阳的同时蒸发散热，降低建筑内部空调制冷能耗，提升建筑性能。

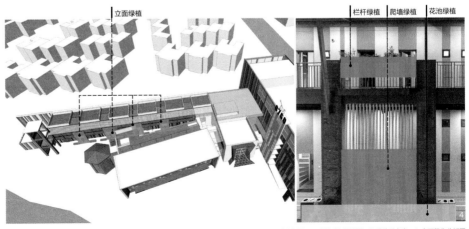

1 结构改造分析图；2 改造后内部楼梯；3 改造后走廊；4 立面绿化分析图

I-1-1

分区控制，性能改善

性能空间分级控制

对每间公寓及公共区域分级分区控制，使其达到舒适性要求；同时通过增加过渡空间（非空调采暖房间）降低空调供暖季能耗。

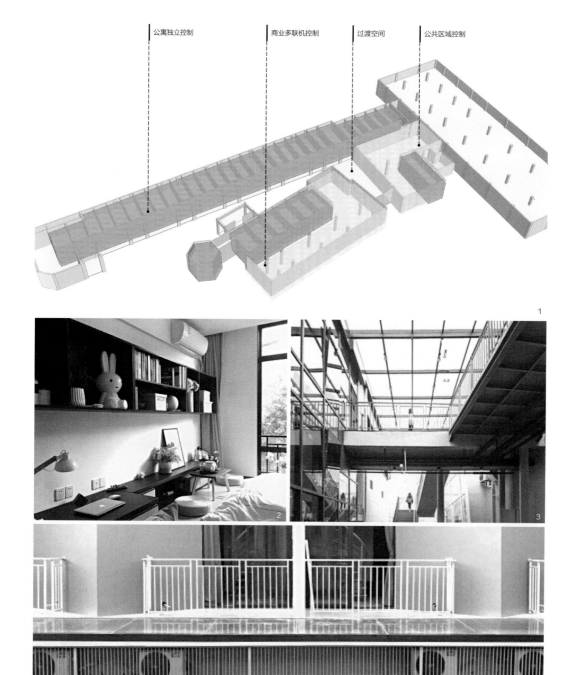

1 分区控制分析图；2 公寓房间空调系统改造后；3 过渡空间；4 改造后独立空调机位立面

J-3-2 　　　　　　　　　　　　　　　　　　　　　　　　　　　色彩材质对比

新旧色彩材质对比，建筑界面逐步演变

　　保留原建筑局部屋顶仿木格栅、历史灰砖墙及灰色钢构，新增灰色+黄色的涂料墙面及白色金属格栅等竖向现代风格立面元素，通过新旧色彩和材质的对比使旧建筑语言得以延续。

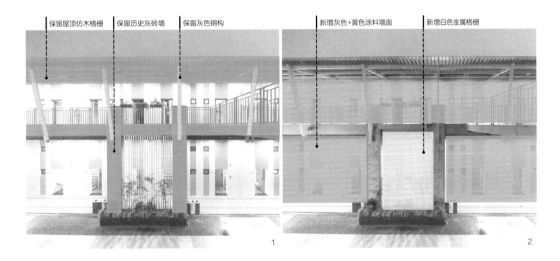

K-1-1 　　　　　　　　　　　　　　　　　　　　　选用装配式设计加快施工进度

合理装配设计，高效便捷施工

　　公寓房间改造拆除了原有的传统卫生间，采用装配式整体卫生间，其保温效果好，使用寿命长，且施工便捷高效，现场安装快速，节能降碳。

1 保留元素示意图；2 新增元素示意图；3 装配式整体卫生间产品分解图；4 装配式整体卫生间产品效果图

上海华师大一村更新

项目地点：上海市普陀区
建筑面积：106243m²
设计单位：上海中森建筑与工程设计顾问有限公司
主要参与人员：张男、张晓远、张吉凌、周挺

项目背景与更新目标

　　华师大一村位于普陀区长风街道中山北路3671弄，为上海市住宅小区建设"美丽家园"三年行动计划（2018—2020）中2020年实施老旧小区修缮的重点项目。

　　华师大一村北侧紧邻华东师范大学附属小学、幼儿园及华东师范大学，南侧为居住区，离苏州河约百米。整个小区规模大，建造年代不同，楼宇单元样式多，存在建筑本体破旧渗水、内部流线空间错乱复杂、公共空间局促、基础设施薄弱等问题。

　　本次更新以满足人民美好生活的愿望、提升社区居民幸福度为目的，通过具体分析社区环境问题，优化社区空间的组织与管理，整合多元复合的功能形态，发挥出最大社会效益，力图为社区居民创造舒心便利的15分钟生活圈。

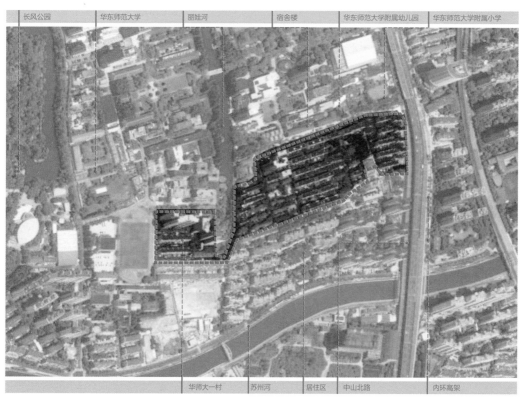

区位分析图

本土资源要素梳理

（1）土地环境资源：丽娃河为华东师范大学的校河，小区西侧毗邻丽娃河，与学生宿舍楼隔岸相对，滨河平台周边百年古树为重要的景观节点。

（2）地域文化资源：小区住宅建造时间不一，其中具有历史风貌价值的是3层木结构花园洋房，公共楼道内部为木质楼梯与木质窗框。

（3）城市空间脉络资源：小区主入口位于城市主干道中山北路，北距地铁商圈10分钟，南距苏州河步道约百米。

1 改造前的小区入口；2 改造前的小区住宅单体；3 改造前的丽娃河

街区层面设计方法应用解析

街区层面模式语言检索表			面向既有的延续	面向问题的微增		面向目标的激活		
设计要素		模式语言	A	B	C	D	E	F
			协调	织补	容错	植入	重构	演变
1 街区系统		1-1 功能布局						
		1-2 空间格局						
		1-3 空间肌理						
		1-4 开放空间系统					E-1-4	
		1-5 生态环境						
		1-6 道路交通						
		1-7 慢行系统					E-1-7	
		1-8 天际线						
		1-9 视廊与标志物				D-1-9		
2 景观环境		2-1 绿化					E-2-1	
		2-2 广场						
		2-3 街道界面						
		2-4 景观设施				D-2-4		
3 服务设施		3-1 交通设施						
		3-2 公服设施						
		3-3 市政设施						

建筑层面设计方法应用解析

建筑层面模式语言检索表			采用的模式语言		
分类	分项	具体措施			
G 安全	G-1	原有结构加固加强			
	G-2	新旧并置，各自受力			
	G-3	减轻荷载			
H 适用	H-1	空间匹配			
	H-2	空间改造			
	H-3	使用安全			
I 性能	I-1	空间优化			
	I-2	界面性能提升		I-2-2	
	I-3	设备系统引入			
	I-4	消防安全			
J 美学	J-1	原真保留	J-1-1		
	J-2	新旧协调	J-2-1		
	J-3	反映时代		J-3-2	
K 高效	K-1	便捷施工	K-1-2		

D-1-9

强化空间视廊，凸显场地标识

　　面对高大的内环高架与主干道中山北路形成的割裂，待更新的居住片区似乎是一块被遗忘的场地。小区入口破旧且标识性极弱，入口空间体验感差，人车混杂，设施纷乱，几乎没有能够令人驻足的场地。在更新中植入一片白色铝板板面，板面经过两三次折转构成入口门道空间，顶视就像一把转折的曲尺，把各类人群都保护其下，限定出社区入口界面，同时形成标志性景观，强化视觉廊道。在更新中增加夜景照明设计，提供24小时可阅读的小区入口标识。

1 更新前视廊分析图；2 更新后视廊分析图；3/4/5 更新后沿主干道小区入口鸟瞰

E-1-7　　　　　　　　　　　　　　　　　　　　慢行系统的重构

联通人行步道，重塑慢行系统

　　本次更新在入口处设置单独人行步道，串联南向苏州河步道与北向地铁商圈步道。小区内部原路径较多，但空间特征不强，再加上标识性弱，容易让人迷路。更新中通过沿着主干道设置彩色塑胶步道，每百米标注健身步道数字，以此实现小区慢行系统的激活。

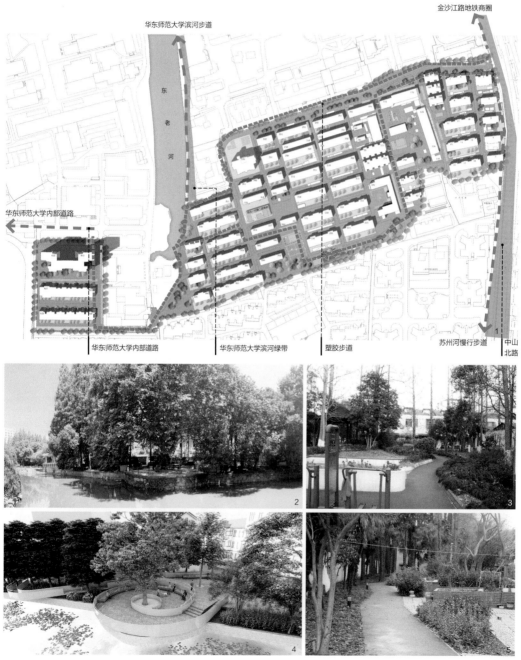

1 更新后慢行步道分析图；2 更新前滨河景观；3 更新后老年大学对面的全龄乐园健身步道；4 更新后滨河古树广场效果图；5 更新后趣味农场健身步道

E-1-4 开放空间系统的重构

释放边角场地，重构交往空间

　　小区内部存在大量闲置的低效空间，更新中梳理小区景观节点，通过组织不同人群、不同功能需求的主题社区公园，重构原消极的绿化植被场地，为人们提供共享的社区交往空间。

1 更新后开放空间分析图；2 更新后全龄乐园效果图；3 更新后休闲社交场所效果图；4 更新后林荫步道效果图；5 更新后白色七巧板公共空间

E-2-1 绿化空间的重构
景观元素介入，转化消极空间

　　小区主干道作为小区内部车行与人行的主要交通路线，衔接小区住宅、幼儿园、学校宿舍等主要功能节点，工作日较为拥堵。本次更新中沿主干道重新梳理绿化空间，增加人行步道，并在局部节点让出硬质广场，作为幼儿园门前家长接送儿童的等候场地。同时将主干道废弃的非机动车车棚拆除，重构趣味休闲空间。

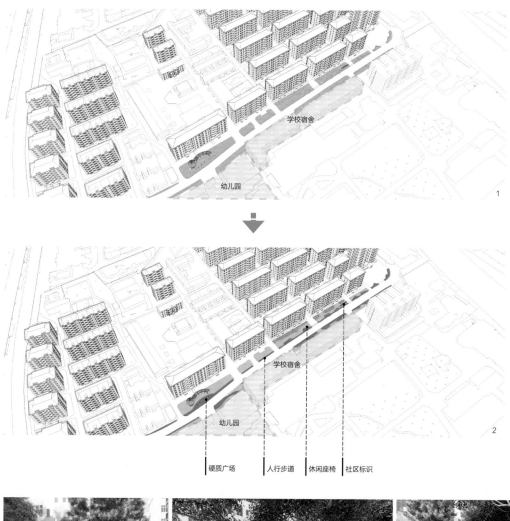

1 更新前主要道路绿化空间分析图；2 更新后主要道路绿化空间分析图；3/4/5 更新后沿主干道两侧景观效果图

D-2-4
穿行空间整理，应对多样诉求

更新小区的设施小品，以满足居民中老年人、儿童的功能需求。如在小区入口植入三处木制坐凳，三角形态与雨篷的几何造型形成一体，为买菜回来的居民、相聚晒太阳聊天的老人、外卖小哥休憩提供一处休闲空间。

1 更新后小区入口座椅平面分析图；2 更新后小区入口座椅轴测分析图；3/4/5 更新后小区入口景观设施

I-2-2 　　　　　　　　　　　　　　　　　　　　　　　遮阳体系引入
新旧协调，引入外遮阳雨篷

　　老年人活动中心保留原有整体形态，在外侧增加入口雨篷与风雨连廊，保证室内外活动连贯；入口采用铝板外包雨篷，风雨连廊采用格栅雨篷，在遮光的同时提升舒适度。

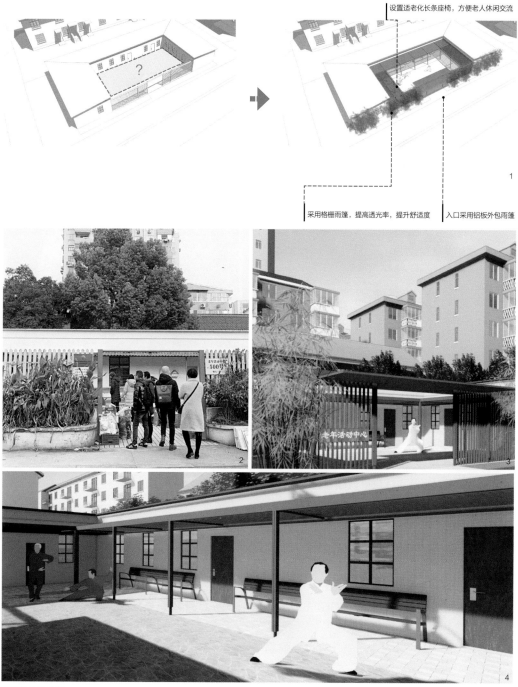

1 遮阳体系引入分析图；2 更新前老年活动中心入口；3 更新后老年活动中心入口效果图；4 更新后老年活动中心内部广场效果图

J-1-1 修旧如旧

尊重风貌，保留历史记忆

　　小区中若干栋3层木结构洋房的建筑界面更新主要采用修旧如旧的方式，木结构和坡屋顶局部翻修加固，少量破损屋面用回收块瓦替换，公共木窗框修旧如旧，保留原历史风貌。在楼体内部，木楼梯局部踏面破损处通过翻转木板重新钉住，粉刷涂漆进行修复；休息平台采用钢构加固，保留原有风貌的同时满足安全性能。

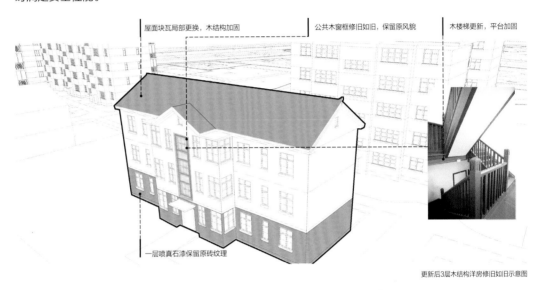

屋面块瓦局部更换，木结构加固　　　　公共木窗框修旧如旧，保留原风貌　　　　木楼梯更新，平台加固

一层喷真石漆保留原砖纹理

更新后3层木结构洋房修旧如旧示意图

J-3-2 色彩材质对比

冷暖对比，改善材料触感

　　小区入口门头主要采用白色铝板几何造型，在主干道上起到标识性作用。内侧采用温暖的仿木铝方通格栅，结合暖色洗墙灯，给人归家的温暖。通过不同色彩和材质的对比，形成不同的空间感受。

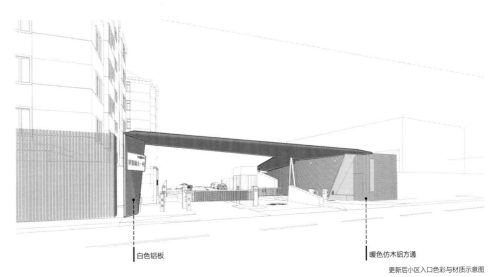

白色铝板　　　　　　　　　　　　　　　　暖色仿木铝方通

更新后小区入口色彩与材质示意图

J-2-1
处理消极元素，整合空间界面

形式语言协调

　　小区入口大门北侧为小学厨房外墙，凸出墙面的排风管走向杂乱，影响小区环境。在不影响厨房正常使用的前提下，设置三角折面仿木色格栅雨篷遮住排风管，实现整体形式语言统一，有效弱化了排风管的消极影响，并将其转化为积极空间。

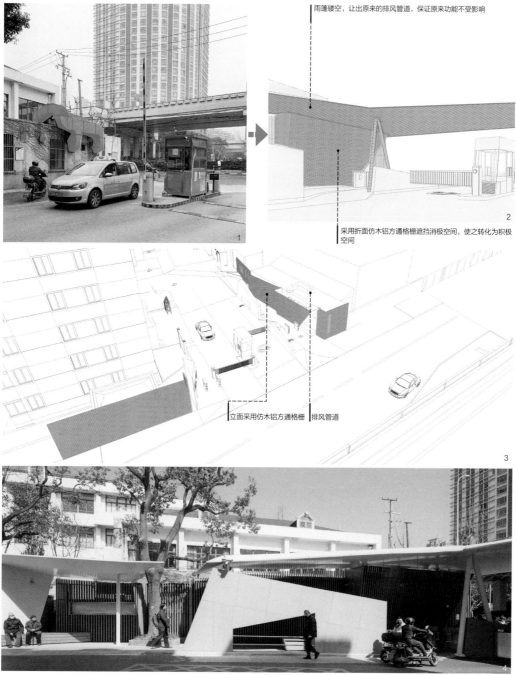

雨篷镂空，让出原来的排风管道，保证原来功能不受影响

采用折面仿木铝方通格栅遮挡消极空间，使之转化为积极空间

立面采用仿木铝方通格栅　排风管道

1 更新前小区入口问题分析图；2/3 更新后小区入口形式语言分析图；4 更新后小区入口（与整体形式语言统一的竖向格栅）

K-1-2　　　　　　　　　　　　　采用轻介入方式降低施工难度

轻质构筑，减少施工影响

　　小区入口是居民使用的高频区域，也是车行、人行的交通要塞。为减少对居民日常生活的影响，入口空间的改造修缮以微介入方式为主，采用预制装配式钢结构，现场组装，大大缩短了施工时间。

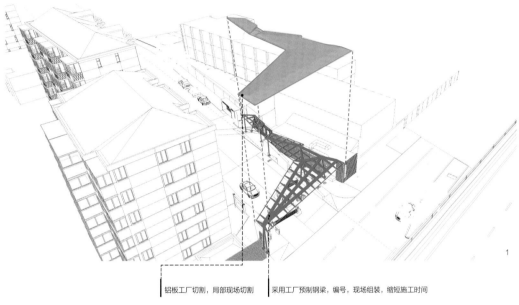

铝板工厂切割，局部现场切割　　采用工厂预制钢梁，编号，现场组装，缩短施工时间

1 更新后小区入口轻质钢构分析图；2 更新前小区入口（沿中山北路）；3 更新后小区入口（沿中山北路）；4 更新前小区入口（小区内部）；5 更新后小区入口（小区内部）

5.2

教育校园类

- 南京艺术学院更新
- 内蒙古工业大学建筑馆改造

5.2

教育校园类

基础认知

　　教育校园类更新对象主要是指于20世纪80年代至21世纪初期建成的校园。一般是指已经建成使用，并形成相对稳定的功能空间、建筑群形态及景观绿化，且正常使用的校园。然而，随着我国教育事业的大跨度发展，由于校园建设年代相对较为久远，在当时的规划能力、建造技术和经济水平的限制下，许多老旧校园的建设标准设置过低，又经过了长期的使用，已经出现了诸多问题，急需通过现有校园的更新改造来解决现存问题，改善校园建成环境，满足校园的教学需求。

　　本书所研究的老旧校园一方面包括大量的老旧中小学校园。根据我国《中小学校设计规范》GB 50099—2011所述，"中小学校泛指对青、少年实施初等教育和中等教育的学校，包含完全小学、非完全小学、初级中学、高级中学、完全中学、九年制学校等各种学校"。另一方面包括高等院校的老旧大学校园，通常的大学校园包含图书馆、教学空间、学生宿舍、餐厅、礼堂或者报告厅、活动中心等建筑设施，还包含绿地广场、校园环境等非建筑设施。

关键问题

　　本节以教育校园类更新项目的共性特征为基础，从更新设计要素出发，总结梳理此类更新项目在更新过程中面临的关键问题。

街区层面——街区系统

　　功能布局：随着校区的不断发展，既有使用功能、建设规模无法满足师生的正常教学活动。

　　空间格局：由于历史原因，长时期的无序建设导致空间的整体性不足。

　　开放空间系统：部分开放空间的可达性不强，低效闲置空间较多；开放空间多呈点状分布，层次性、系统性不足。

　　生态环境：生态环境本底普遍较好，但由于缺乏系统性的保护，生态网络的连续性不足。

　　道路交通：道路连接不畅，系统性不强，使用不便。

　　慢行系统：校园人车混流，存在安全隐患，步行体验不佳。

　　视廊与标志物：视廊标志物界定不清，在建筑布局和环境打造中没有得到充分体现。

街区层面——景观环境

　　绿化：绿化环境相对粗放，缺乏精细化设计。

　　广场：主题特色不突出，缺乏人文底蕴；功能利用不足，无法满足师生文化休闲的需求。

　　景观设施：景观设施缺乏，且对校园文化特色的体现不足。

街区层面——服务设施

　　交通设施：停车位不足，空间布局无序；车辆充电设施配置不足，智慧化管理欠缺；交通引导标识及相关设施配置不足。

　　市政设施：市政设施陈旧，承载能力不能满足新的使用需求。

建筑层面

　　建筑功能：既有建筑功能不能满足现代校园建筑的功能需求。

　　建筑结构：部分建筑建设年代久远，存在结构安全隐患；既有建筑受结构空间尺度的限制，不能满足新的功能需求。

建筑界面：既有外墙体系采光、通风、节能等性能不足；建筑界面破旧，美观性及文化性不足。

建筑设备：建筑设备老旧、缺失、性能落后，且信息化、智慧化不足。

模式应用

基于以上基础认知与关键问题的梳理，本节希望通过两个典型的教育校园类案例——南京艺术学院更新项目、内蒙古工业大学建筑馆改造项目的研究，展示案例对前文中更新模式语言的应用过程，以期为后续教育校园类城市更新项目实践提供有借鉴意义的绿色更新设计指引。

南京艺术学院更新

内蒙古工业大学建筑馆改造

南京艺术学院更新

项目地点：江苏省南京市

用地面积：约21.47hm²，其中建筑面积231251m²

设计单位：中国建筑设计研究院有限公司

主要参与人员：崔愷、张男、刘新、买有群、时红、赵晓刚、王可尧、张凌、何理建、董元铮、从俊伟、叶水清、王松柏、高凡、张燕、张辉、哈成、熊明倩、张汝冰

项目背景与更新目标

南京艺术学院（简称南艺）是中国最早建立的高等艺术院校之一，已有一百年的办学历史。2005年11月，南艺启动校园更新，将与其毗邻一墙之隔的南京工程学校老校区纳入自己的版图之中。更新的关键在于两校用地合并之后面临的功能重组、格局梳理和风貌协调等问题。

南京艺术学院坐落于历史与现代交相辉映的南京主城区内，置身在传统与时尚交融的都市文化圈中。南依石头城，北接古林公园，东靠虎踞大道，西邻秦淮河风光带和明城墙遗址。

南艺校园改造本着"总体协调、存优出新、局部调整、做精做细"的原则，按照"国内一流、面向世界"的需求和"现代化、数字化、园林化、生态化、特色化"的理念进行规划和设计。

区位分析图

本土资源要素梳理

（1）土地环境资源：坡地、挡土墙和台阶是南艺校园中极具特色的空间构成元素，它们显示了校园地形高差的复杂性。依山傍河的校园有着得天独厚的自然环境，地形丰富，山坡起伏变化，植被茂密，草木葱茏，舒适宜人。校内树种丰富，树形各异，形成了多层次的绿化景观，拥有浓厚的人文气息与艺术氛围。

（2）地域文化资源："闳约深美"的办校理念传承至今，培养了大量在艺术领域取得杰出成就的人才。这些人物的作品也成为提升校园品位的重要素材。校区西侧紧邻南京明城墙遗址和秦淮河，为学院师生提供了浓厚的历史文化底蕴，以及丰富的艺术创作和实践机会，同时也是学院与社会的交流纽带。

（3）城市空间脉络资源：原本自成体系的两个校园、两套独立运转的交通系统，通过规划被组织在一起，可以独立运转，也可以相互联络；与北侧的古林公园一脉相承的小丘，自北向南贯穿南艺校园中心，树木葱茏。

1/2 古林公园现状；3 图书馆旧楼前台阶；4 苏州美专校门"沧浪亭"现状

街区层面设计方法应用解析

街区层面模式语言检索表

设计要素		模式语言		面向既有的延续	面向问题的微增		面向目标的激活		
				A	B	C	D	E	F
				协调	织补	容错	植入	重构	演变
1	街区系统	1-1	功能布局	A-1-1	B-1-1				
		1-2	空间格局	A-1-2					
		1-3	空间肌理						
		1-4	开放空间系统		B-1-4				
		1-5	生态环境	A-1-5					
		1-6	道路交通		B-1-6				
		1-7	慢行系统		B-1-7				
		1-8	天际线						
		1-9	视廊与标志物	A-1-9					
2	景观环境	2-1	绿化		B-2-1				
		2-2	广场						
		2-3	街道界面						
		2-4	景观设施				D-2-4		
3	服务设施	3-1	交通设施					E-3-1	
		3-2	公服设施						
		3-3	市政设施						

建筑层面设计方法应用解析

建筑层面模式语言检索表

分类		分项	具体措施	采用的模式语言	
G	安全	G-1	原有结构加固加强	G-1-1	
		G-2	新旧并置，各自受力		G-2-3
		G-3	减轻荷载		
H	适用	H-1	空间匹配		
		H-2	空间改造	H-2-1	
		H-3	使用安全		
I	性能	I-1	空间优化		
		I-2	界面性能提升		
		I-3	设备系统引入		
		I-4	消防安全		
J	美学	J-1	原真保留		
		J-2	新旧协调	J-2-1	
		J-3	反映时代	J-3-1	
K	高效	K-1	便捷施工		

A-1-2 空间格局的协调

协调外部资源，强化空间轴线

　　场地北侧为古林公园，西侧为秦淮河。两校合并之后，更新设计通过拆除封闭围墙、调整高差及利用原有消极空间，打造南北贯通、东西渗透的空间轴线，将校园空间格局与北侧山体景观及西侧秦淮河景观相协调。

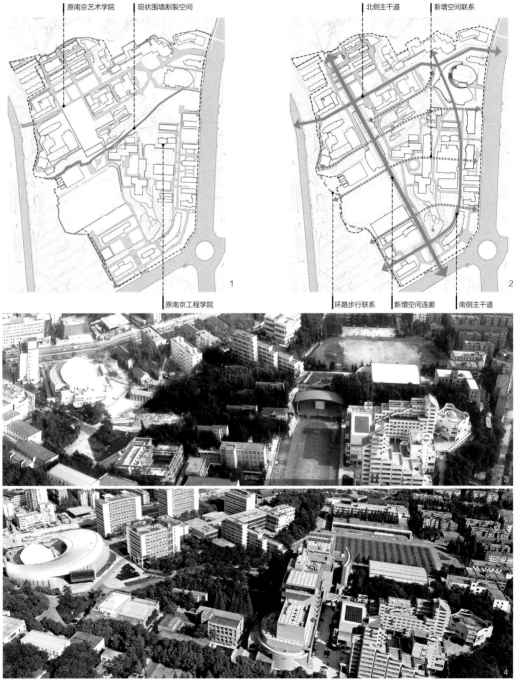

1 更新前空间格局分析图；2 更新后空间格局分析图；3 更新前校区实景；4 更新后校区实景

B-1-1   功能空间的织补

织补功能空间，完善校区功能

　　南艺面临既有使用功能、建设规模无法满足师生正常教学活动需求的问题。更新设计中，梳理校园中的消极场地，采用插建、扩建、添建等方式织补演艺中心、图书馆、设计学院、美术馆和学生宿舍等功能，完善校区功能。

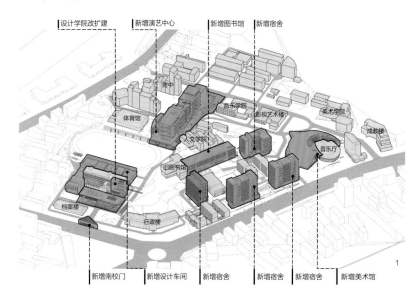

A-1-1   功能布局的协调

协调现状功能，强化高效的功能组织

　　更新中协调南北两校区既有建筑功能，通过建筑的新建及改造扩建，强化校园的功能组织，形成以教学、活动及体育功能为核心，管理、宿舍及公共服务围绕周边的布局模式。

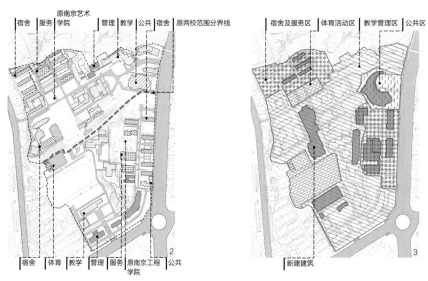

1 更新后功能空间分析图；2 更新前校区功能布局分析图；3 更新后校区功能布局分析图

B-1-6 道路交通的织补

织补交通系统，完善动线组织

　　将原本完全割裂的两个校园的道路系统重新组织，打通南北断点，形成新南艺校园内部的交通主动线。演艺中心承担联通南北校区和修补山地地势的重任，配合台地高差的设计完成车行、步行道路的衔接。

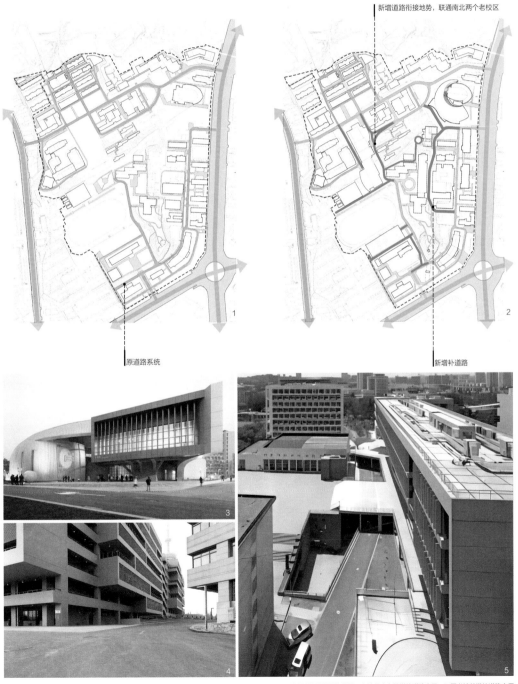

1 更新前道路交通分析图；2 更新后道路交通分析图；3 美术馆前增补道路实景；4 演艺中心前增补道路实景；5 图书馆前增补道路实景

B-1-7 慢行系统的织补

织补慢行步道及慢跑步道，完善慢行系统

　　结合校园既有的绿化步行系统，在校园空间中增加慢行步道及有氧运动的慢跑步道，并在步道沿线设置各类活动场地，为校园提供丰富的、动静皆宜的慢行空间。步道成为校园日常生活不可或缺的组成部分。

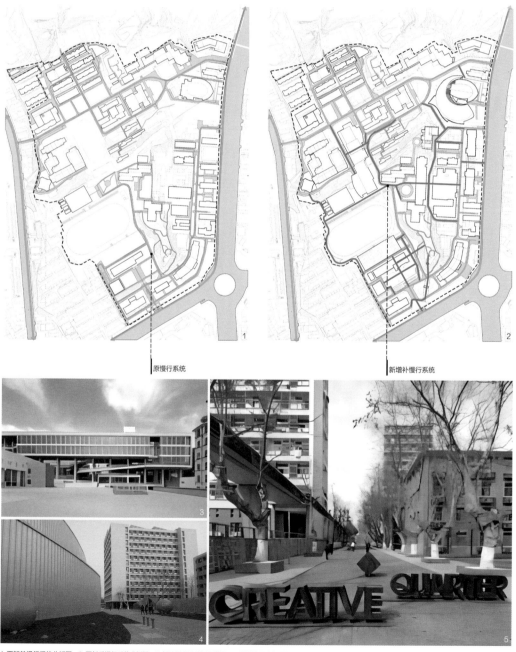

1 更新前慢行系统分析图；2 更新后慢行系统分析图；3 新建图书馆前慢行空间；4 美术馆周边新增慢行步道；5 宿舍楼间慢行步道

A-1-5 生态环境的协调
加强与校园北部、西部生态环境的协调

　　南艺校园中现存一处南北向的小丘，更新设计中，通过生态环境的整合，将古林公园优美的生态环境、滨河的生态景观与校园中部生态空间相连，形成绿网交织的景观环境，提供具有艺术氛围的展示、交流空间，同时将校园西侧的遗址公园与邻近校园一侧的公共开放空间统一考虑，构建连续开放的绿化空间体系。

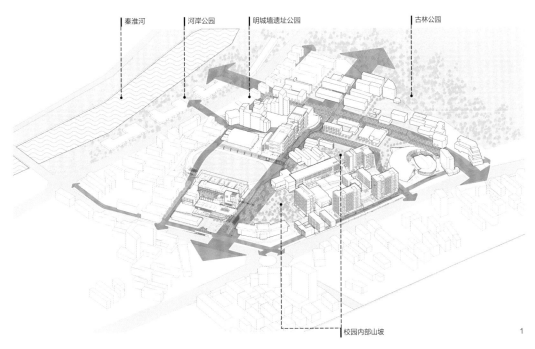

1 更新后生态环境协调分析图；2 明城墙遗址片区鸟瞰；3 原校区山林慢行空间；4 校内景观环境；5 原小丘改造成为休闲区

B-2-1

织补绿化植被，凸显空间特色

绿化空间的织补

　　以尽量恢复原有校园山地的地形地势脉络为主要目的，通过连贯的绿化植被将校园内主要的开放空间连接起来，并与北侧美术学院后面的古林公园余脉取得呼应。利用校园中部自然山地密林的环境优势，延续多种类型乔木、灌木和草本搭配形成的多层次绿化的方式，提升整个校园的绿化景观效果。

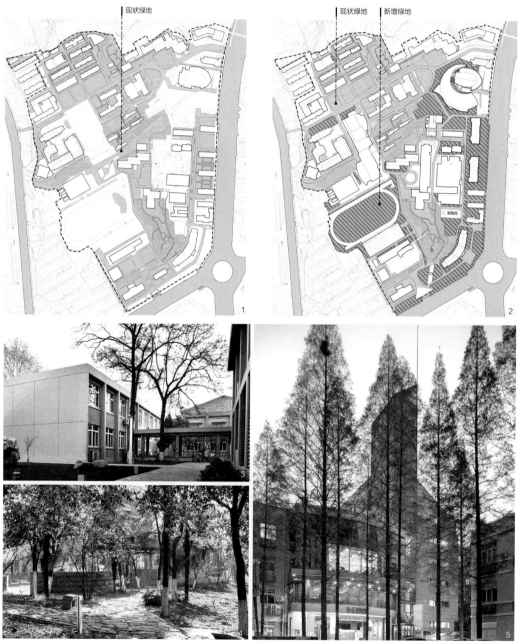

1 更新前绿化空间分析图；2 更新后绿化空间分析图；3 音乐学院周边景观环境；4 校园绿化环境；5 传媒学院水杉

织补主题空间，满足文化休闲需求

　　利用建筑之间的消极场地，织补校园主题开放空间。通过增加演艺广场、生活广场、中心广场、南校门广场和东校门广场五处广场，满足师生的文化休闲需求。同时通过开放空间的织补，形成体系化、网络状的开放空间系统。

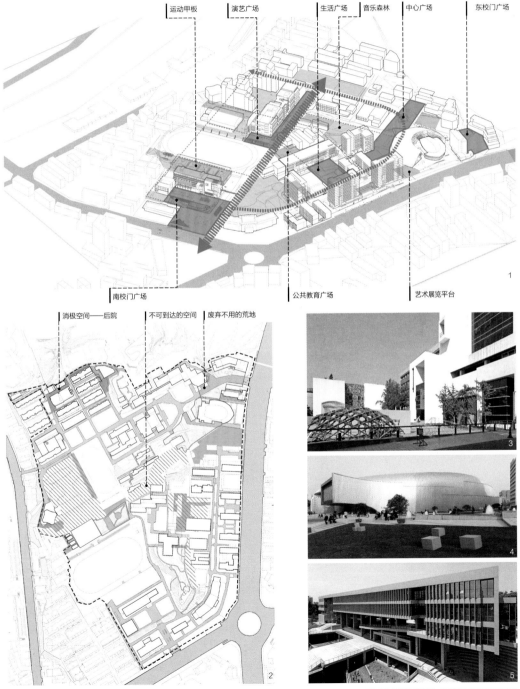

1 更新后开放空间系统分析图；2 更新前未被利用开放空间分析图；3 更新后设计学院前空间实景；4 更新后美术馆前空间实景；5 更新后图书馆前空间实景

E-3-1 交通设施的重构

建立多样高效的停车设施系统

南艺校园原停车场地无法满足现状需求，更新设计中，对停车空间进行重新组织。一方面，减少校园内部停车场地，还空间于学生；另一方面，在门户区、新建建筑或者台地下方增加地下停车库。同时在靠近校门的适当区域和宿舍区规划一定数量的自行车停放场，局部减少自行车的校内通行。

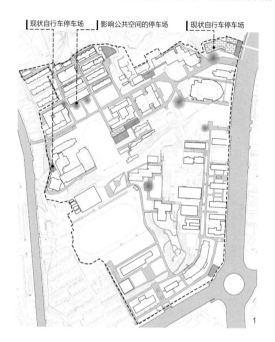
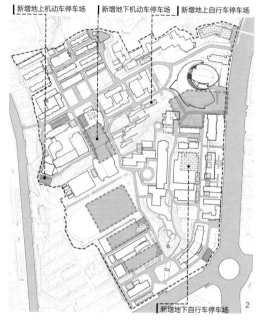

D-2-4 景观设施的植入

植入景观设施，凸显艺术氛围

通过植入有特色的景观设施，凸显南艺校园的艺术氛围。在慢跑道沿线、宿舍间空地及部分绿化空间内布置各类设施小品。南艺师生的艺术创作成果在校园中俯拾皆是，校园各处都点缀着不同风格的雕塑。

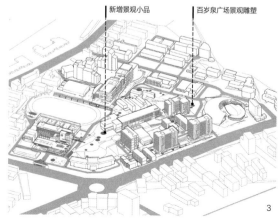

1 更新前交通设施分析图；2 更新后交通设施分析图；3 更新后景观设施分析图；4 百岁泉广场景观雕塑

A-1-9　　　　　　　　　　　　　　　　　　　　　　视廊与标志物的协调

推敲南校门形体，协调场地重要标志物

　　更新设计中的南校门形体，既避免了沿北京西路可能产生的偏转感，优化了校园的前导空间；同时协调场地重要标志物，凸显框景效果。在南校门北侧，根据老照片复原建设了原上海美专校门，比例略微缩小，以便跟广场的尺度相适应。复建的老校门则标示出正南正北方向，两个校门形成的轴线由地面的砖砌铺装加以强化，将笔直的步道一直延伸到背后的山体，强调了对校园人流的导向性。

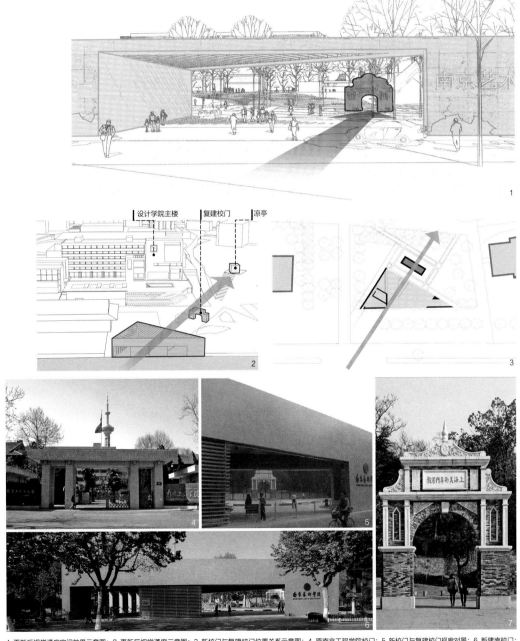

1 更新后视觉通廊空间效果示意图；2 更新后视觉通廊示意图；3 新校门与复建校门位置关系示意图；4 原南京工程学院校门；5 新校门与复建校门视廊对景；6 新建南校门；7 复建的上海美专校门

H-2-1

外部增补满足新功能

增补外部空间，完善学院功能

　　原设计学院内部为功能较单一的教学空间，设计在原有基础上作外部增补：一方面增加展示、沙龙、阅览等空间，完善拓展学院功能；另一方面增加地下车库、操场看台，作为校园功能的补充。

　　主楼东南角新增6层体量，为学院增补设计师沙龙与展示空间；附楼上方加建1层，作为开敞阅览室；北侧新增2层设计车间。利用建筑北立面与操场挡土墙建造看台；南侧广场抬升，下方作为地下室，满足停车需求。

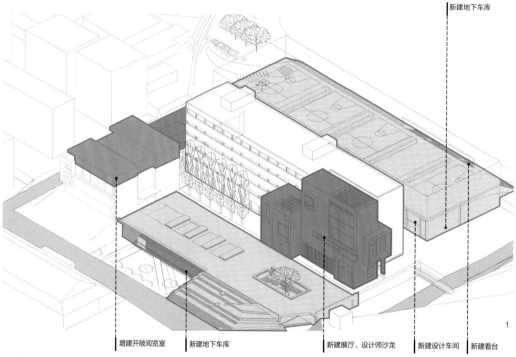

新建地下车库

增建开敞阅览室　新建地下车库　新建展厅、设计师沙龙　新建设计车间　新建看台

1

2

1 更新后功能增补分析图；2 设计学院改扩建后实景

J-3-1 形式语言对比

新旧形式对比，形成时代对话

改造扩建部分与既有建筑之间形成鲜明的形式对比。改造扩建部分采用非对称立面设计，虚实对比、简洁通透；旧建筑部分形式传统，体量感较强。两者在内外空间上皆形成鲜明对比，凸显各自的时代特征。

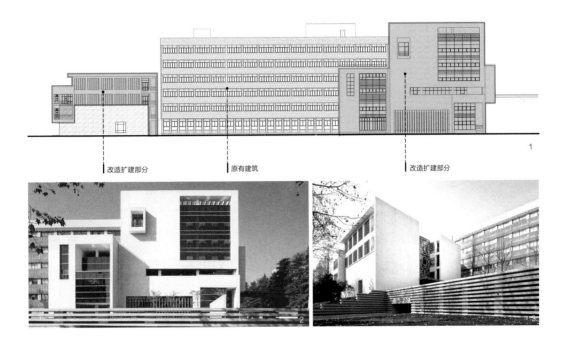

改造扩建部分　　　　原有建筑　　　　　　改造扩建部分

1

G-2-3 新旧并置，各自受力

确保结构安全，新旧并置，各自受力

设计学院主楼东南角的新建体量与原有体量通过立体庭院相连，新旧结构互不干扰，各自受力。不依附于原有结构，保证整体建筑的安全性。

新建建筑

4　　　　　　　　　　　　　　　　　5

1 更新后立面形式语言对比分析图；2 设计学院主楼改造扩建实景；3 设计学院附楼改造扩建实景；4 主楼更新后新增建筑示意图；5 主楼更新后新增结构示意图

G-1-1 原有结构加固加强

原有结构加固加强，满足荷载要求

设计学院附楼原为3层建筑，现在原有建筑上加建1层，并在内部进行改造，扩大中庭，加高空间。为保证结构安全，从柱到梁再到框架结构基础梁，几乎所有结构构件均通过绑扎碳纤维束带、钉钢板托架或植筋扩展混凝土构件截面等方式进行加强，使其满足新的荷载要求。

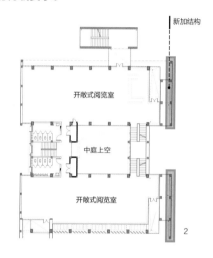

H-2-1 外部增补满足新功能

增补外部空间，适合新建功能

设计工作车间位置原为篮球场，位于主楼和操场之间，增加新功能的同时，在屋顶保持原有篮球场功能，利用车间北立面与操场挡土墙建造看台，增强空间连续性，解决了操场和篮球场的交通联系，以及学生观看比赛的功能需求。

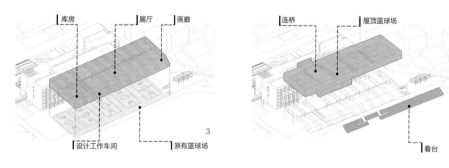

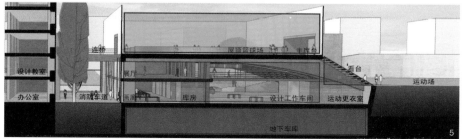

1 附楼更新后新增建筑示意图；2 附楼更新后新增结构示意图；3 设计车间新增一层功能示意图；4 设计车间新增二层功能示意图；5 更新后建筑功能示意图

新旧相互协调，形成新形象意象

　　南艺美术馆的建设基地紧邻原有的音乐厅，形成紧密的"共生体"。新增体量围绕原有建筑螺旋上升，向心的弧线形体对音乐厅形成半围合之势，完整、流畅，新旧建筑相互协调。

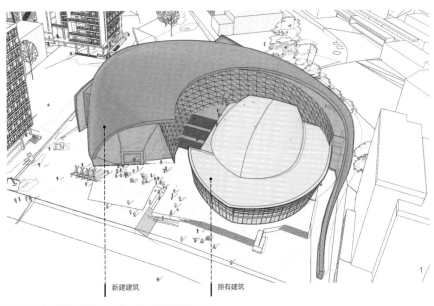

新建建筑　　　　原有建筑

1 新增美术馆与原音乐厅形式语言协调示意图；2 新增美术馆鸟瞰；3 新增美术馆东门实景；4 新增美术馆西北门实景；5 新增美术馆室内空间

内蒙古工业大学建筑馆改造

项目地点：内蒙古呼和浩特市
用地面积：1.6hm²，建筑面积17500m²
设计单位：内蒙古工大建筑设计有限责任公司
主要参与人员：张鹏举、郭彦、范桂芳、贺龙、韩超、张恒、孙艳春、赵智勋、李鑫

项目背景与更新目标

　　内蒙古工业大学建筑馆位于呼和浩特市内蒙古工业大学中心区域内，分一期、二期、三期"渐进式"改建、扩建而成，总占地约1.6hm²。建筑馆一期由校园中的一座废旧厂房改建，是内蒙古工业大学重要的历史记忆。随着学校的发展，校园存在功能不完善、教学面积不足等问题，随之扩建了二期、三期。

　　项目依托文化资源优势进行更新，协调原有布局，保护历史记忆，延续视觉廊道，改善提升既有建筑。一期的更新目标主要是，识别原有厂房各个空间的特征，赋予适宜的新功能，完成对现有空间的功能置换；二期、三期更新目标是实现建筑馆功能的延伸，关键在于协调新建建筑和老建筑之间的关系。

| 操场 | 综合楼 | 消防实训中心 | 管理楼 | 公共教学楼 |

| 建筑馆一期 | 建筑馆二期 | 建筑馆三期 |

区位分析图

本土资源要素梳理

（1）地域文化资源：内蒙古工业大学校园建成年代较早，校园环境历史感较强，有一批具有时代性的建筑物，整体具有年代跨度上的差异感。

（2）工艺材料资源：建筑馆一期由校园中的一座废旧厂房改建而成，在功能改造的同时重新利用废旧材料，既强化了原有场所的工业气氛，保存了一种特定的人文记忆；又利用了废材，减少了垃圾，节约了造价。

1 更新前车间内景；2 改造后馆外机械景观；3 保留原有构筑物；4 改造后主入口；5 建造后建筑馆区域鸟瞰

街区层面设计方法应用解析

街区层面模式语言检索表

设计要素		模式语言		面向既有的延续	面向问题的微增		面向目标的激活		
				A	B	C	D	E	F
				协调	织补	容错	植入	重构	演变
1	街区系统	1-1	功能布局						
		1-2	空间格局						
		1-3	空间肌理		B-1-3				
		1-4	开放空间系统						
		1-5	生态环境						
		1-6	道路交通						
		1-7	慢行系统						
		1-8	天际线						
		1-9	视廊与标志物	A-1-9					
2	景观环境	2-1	绿化						
		2-2	广场						
		2-3	街道界面						
		2-4	景观设施						
3	服务设施	3-1	交通设施						
		3-2	公服设施						
		3-3	市政设施						

建筑层面设计方法应用解析

建筑层面模式语言检索表

分类		分项	具体措施	采用的模式语言			
G	安全	G-1	原有结构加固加强	G-1-1	G-1-2		
		G-2	新旧并置，各自受力				
		G-3	减轻荷载				
H	适用	H-1	空间匹配	H-1-1			
		H-2	空间改造				
		H-3	使用安全				
I	性能	I-1	空间优化		I-1-2	I-1-3	
		I-2	界面性能提升				
		I-3	设备系统引入				
		I-4	消防安全				
J	美学	J-1	原真保留				
		J-2	新旧协调				
		J-3	反映时代	J-3-2			
K	高效	K-1	便捷施工				

协调原有格局，织补空间肌理

　　在地块内原有工业厂房的空间肌理上，拆除部分建筑，织补二期、三期年代感特征强烈的单体，形成对比和全新的空间体验；同时补齐街道界面，强化既有的空间肌理。

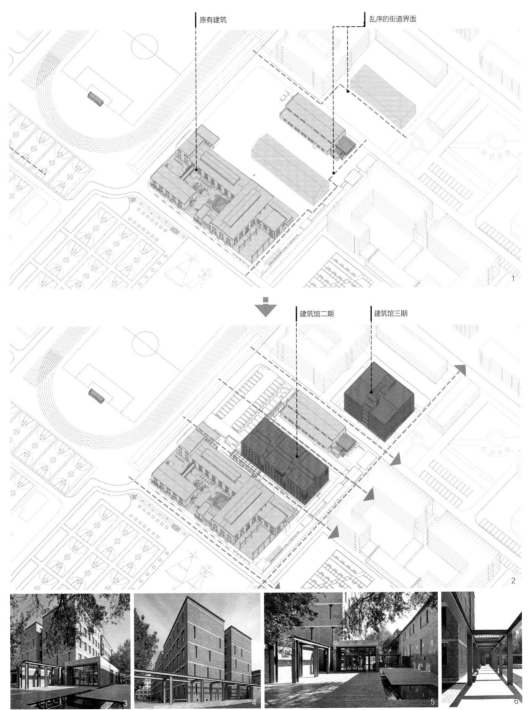

1 更新前肌理分析图；2 更新后肌理分析图；3/4/5/6 更新后建筑馆二期实景

A-1-9
保护历史记忆，强化视觉廊道

视廊与标志物的协调

　　建筑馆一期是对老工业厂房的更新再利用，设计时，将具备强烈工业建筑感的烟囱进行保留，并在其视线、流线后侧新建全玻璃门斗，新旧的对比更加突出了视觉廊道和标志物，成为时代发展的见证。

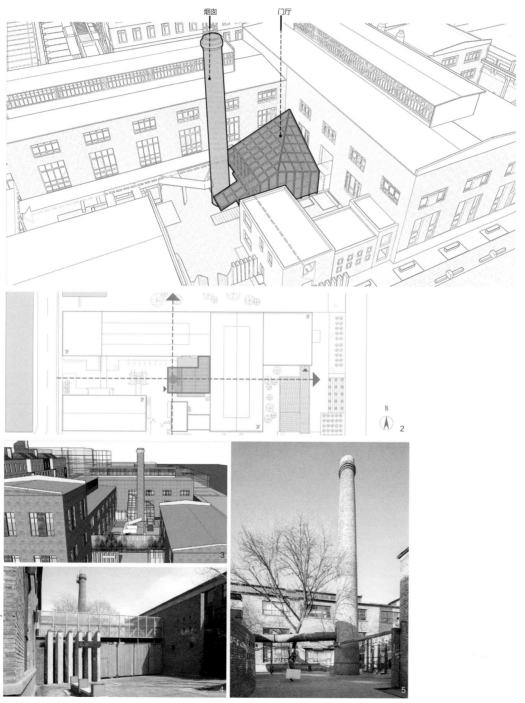

1 更新后视廊标志物鸟瞰分析图；2 更新后视廊标志物平面分析图；3 主入口方向标志物鸟瞰效果图；4 东侧标志物实景；5 标志物

G-1-1 原有结构加固加强

加固主体结构，满足荷载要求

　　建筑馆一期改造设计以结构安全为基础，对原有结构进行针对性的改造加固，增加柱间支撑，提高建筑结构整体稳定性和侧向刚度，合理传递地震的纵向及水平力，提高结构抗震性能，以满足改造后的荷载要求。

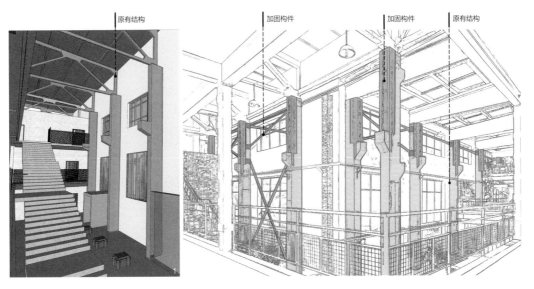

G-1-2 轻型结构构件加入

轻型结构构件引入，补充原有结构体系

　　在承重结构体系整体加固后，改造设计的主要工作为现有空间的功能置换，需要进行空间分隔，通过钢构架混凝土板的引入，形成适宜的新功能空间，并强化原有的结构体系。

1 更新前结构分析图；2 更新后结构加固分析图；3 更新后新增楼板结构分析图；4 更新后钢构架支撑混凝土楼板室内实景

H-1-1 　　　　　　　　　　　　　　　　　　　　　　　　　　　依据尺度匹配功能
依据空间尺度，匹配合适功能

　　东南侧原为独立厂房，便于疏散，且室内没有柱子，平面尺寸和空间高度都非常适配报告厅。在更新过程中，依据原有独立厂房的空间尺度，将其改造成学术报告厅。

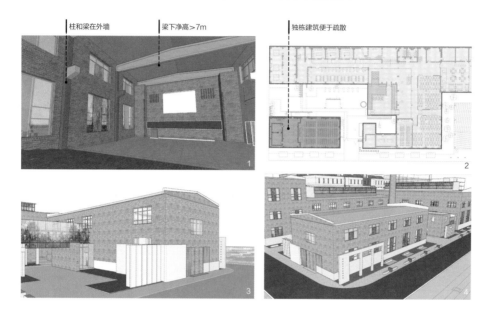

I-1-2 　　　　　　　　　　　　　　　　　　　　　　　　　　　植入中庭与立体庭院
重新划分空间，植入采光中庭

　　厂房大进深空间不适合作为教室使用，通过植入中庭，重新划分空间，在建筑中部形成多层次的共享空间，满足使用需求，改善建筑通风采光条件。

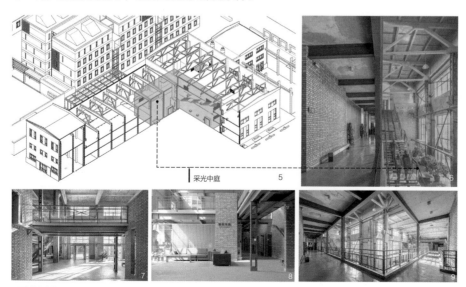

1 更新前室内空间分析图；2 更新前报告厅区位分析图；3 更新后报告厅北向效果图；4 更新后报告厅西向鸟瞰效果图；5 更新后中庭分析图；6/7/8/9 更新后中庭实景

I-1-3 过渡空间引入
加建阳光门斗，改善热工条件

通过主入口加建阳光门斗，进行空间优化，引入过渡空间，符合严寒C类地区设置门斗的规范要求，改善原有厂房的热工条件。

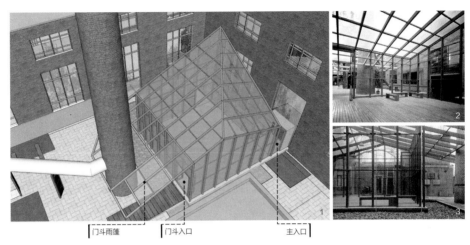

门斗雨篷　　门斗入口　　主入口

J-3-2 色彩材质对比
色彩材质对比，形成时代对话

原厂房旧体量部分的红砖材质与新建部分的玻璃幕墙和钢架结构构件，在视觉效果上形成强烈对比，两者相互交错掺杂，形成时代对话。

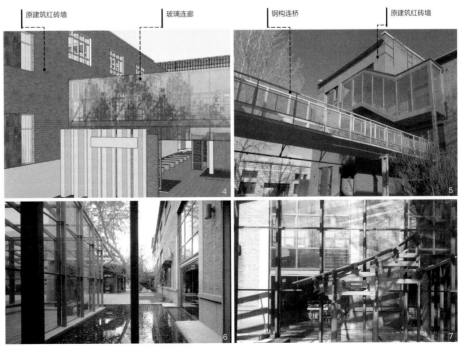

原建筑红砖墙　　玻璃连廊　　钢构连桥　　原建筑红砖墙

1 更新后门斗分析图；2/3 门斗实景；4 更新后色彩材质分析图；5 更新后色彩材质实景；6/7 材质对比实景

5.3

商业办公类

5.3

商业办公类

基础认知

商业办公类更新对象主要是指随着城市发展，由于功能需求的转变和土地价值的提升，原有的商业办公功能无法满足新时期的发展需要，急需通过业态升级、品质提升、空间优化等方式对片区及建筑进行改造提升的更新项目。

本书研究的商业办公类更新对象主要包括两种类型：一种是位于老城或片区中心位置的老旧商业区、商业街、办公区等，历史上曾经是商业服务中心，也是公共活动中心，是城市居民经济社会生活较为集中的地方。然而由于城市商业职能的转移，面临着商业空间的空置与衰退。另外一种是城市内部的老旧商业建筑单体，包括商场、商务办公楼等建筑改造项目。此类更新项目多因功能业态、建筑风貌、建筑结构等不满足当下城市需求及存在安全隐患，急需进行改造更新。

关键问题

本节以商业办公类更新项目的共性特征为基础，从更新设计要素出发，总结梳理此类更新项目在更新过程中面临的关键问题。

街区层面——街区系统

功能布局：现有功能业态、建设规模无法满足使用需求。

开放空间系统：商业办公地块被高密度建筑或封闭式院落挤占，导致开放空间严重不足；开放空间破碎化现象明显，系统性不足。

道路交通：老旧商业办公区一般位于旧城核心地带，城市交通承载力不足，交通拥堵，可达性较差。

慢行系统：慢行系统网络化、连续性缺失，人车混行严重。

天际线：现有建筑高度分布及高度变化无序，城市天际线不协调。

街区层面——景观环境

绿化：绿化与景观用地面积狭小不成系统；种植粗放单调、缺乏层次，视觉感受不佳。

广场：针对使用需求的功能配置缺失，使得广场活力较差，人气不足；主题及文化特色缺失。

街道界面：界面风貌不佳，文化彰显不足；缺乏露天商业设施，开放性、活力性较差。

景观设施：景观设施的标识性、文化性不足，科技性、智慧性欠缺。

街区层面——服务设施

交通设施：停车位不足，空间布局无序，且车智慧化管理欠缺；交通引导标识及相关设施配置不足。

市政设施：市政设施陈旧，承载能力不能满足新的使用需求。

建筑层面

建筑功能：建筑功能业态单一、落后，不能满足新的发展要求。

建筑结构：部分建筑建设年代久远，存在结构安全隐患；既有建筑受结构空间尺度的限制，不满足新的功能需求。

建筑界面：既有外墙体系采光、通风、节能等性能不足；建筑界面破旧，美观性差，文化性缺失；建筑界面上的广告空间、标识、夜景亮化的品质较差。

建筑设备：建筑设备老旧、缺失、性能落后，且信息化、智慧化不足。

模式应用

　　基于以上基础认知与关键问题的梳理，本节希望通过四个典型的商业办公类案例——昆山玉山广场城市设计、北京隆福寺地区复兴及隆福大厦改造项目、北京中国大百科全书出版社办公楼改造项目、合肥园博会园博小镇设计项目的研究，展示案例对前文中更新模式语言的应用过程，以期为后续商业办公类城市更新项目实践提供有借鉴意义的绿色更新设计指引。

昆山玉山广场城市设计

北京隆福寺地区复兴及隆福大厦改造

北京中国大百科全书出版社办公楼改造

合肥园博会园博小镇设计

昆山玉山广场城市设计

项目地点：江苏省昆山市
用地面积：62.08hm²，建筑面积 678400m²
设计单位：中国建筑设计研究院有限公司
主要参与人员：崔愷、喻弢、周志鹏、叶水清、金爽、胡水菁、温世坤、曹洋、张笑彧、于昊惟、艾洋、王子良

项目背景与更新目标

　　玉山广场片区位于昆山市老城区的核心区，占地约62.08hm²。项目地理位置优越，历史文化资源丰富，更新范围内有一座重要的轨道交通站点。玉山广场片区经过多年的发展，目前也暴露了诸多城市问题，如城市功能混合不完善，区域缺乏活力，城市交通错位，天际线割裂等。

　　项目依托区域资源优势对玉山广场片区进行更新，充分发挥轨道交通站点作用，保护历史文化，梳理空间格局和城市肌理，活化公共空间，构建TOD商业街区，提升老城区的综合服务能力，改善市民生活品质。

区位分析图

本土资源要素梳理

（1）土地环境资源：场地位于昆山市老城区核心位置，在商业休闲轴和玉山广场站节点上。区域内的玉山广场、市民活动中心、琅环公园是重要的城市公共空间。

（2）地域文化资源：昆山民居具有鲜明的江南民居特色，多采用白墙灰瓦、坡屋顶的形式，是富有地域特征的文化元素。场地内部及周边现有俞楚白宅、中山纪念堂、徐士浩宅等历史建筑，保存状况较好，具有较高的历史价值。场地内文化类建筑有昆山博物馆和侯北人美术馆，皆为居民重要的文化艺术活动场所。

（3）城市空间脉络资源：玉山广场位于城市主干路人民北路端头，场地中心区域为玉山广场站点，S1线与K1线在此交会。项目以轨道交通站点为核心，受益于由此带来的资源与客群，为打造TOD商业街区奠定基础。

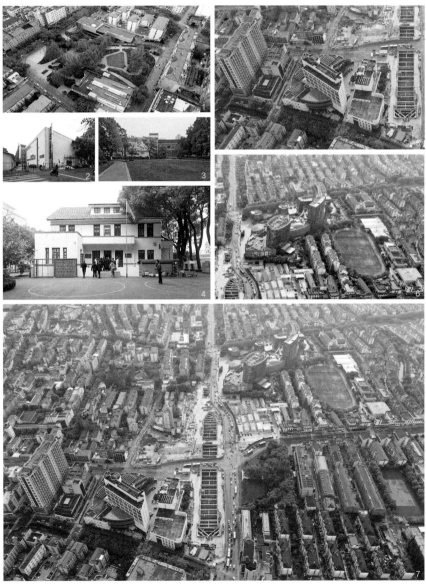

1 更新前琅环公园片区实景；2/3 更新前侯北人美术馆实景；4 更新前徐士浩宅实景；5 更新前昆山宾馆实景；6 更新前体育中心片区鸟瞰；7 更新前玉山广场片区鸟瞰

街区层面设计方法应用解析

街区层面模式语言检索表

设计要素		模式语言		面向既有的延续	面向问题的微增		面向目标的激活		
				A	B	C	D	E	F
				协调	织补	容错	植入	重构	演变
1	街区系统	1-1	功能布局					E-1-1	
		1-2	空间格局	A-1-2					
		1-3	空间肌理		B-1-3				
		1-4	开放空间系统						
		1-5	生态环境						
		1-6	道路交通	A-1-6					
		1-7	慢行系统					E-1-7	
		1-8	天际线			C-1-8			
		1-9	视廊与标志物				D-1-9		
2	景观环境	2-1	绿化				D-2-1		
		2-2	广场				D-2-2		
		2-3	街道界面					E-2-3	
		2-4	景观设施				D-2-4		
3	服务设施	3-1	交通设施						
		3-2	公服设施					E-3-2	
		3-3	市政设施						

建筑层面设计方法应用解析

建筑层面模式语言检索表

分类		分项	具体措施	采用的模式语言			
G	安全	G-1	原有结构加固加强				
		G-2	新旧并置，各自受力		G-2-3		
		G-3	减轻荷载				
H	适用	H-1	空间匹配				
		H-2	空间改造	H-2-1	H-2-2		
		H-3	使用安全				
I	性能	I-1	空间优化		I-1-2		
		I-2	界面性能提升				
		I-3	设备系统引入				
		I-4	消防安全				
J	美学	J-1	原真保留				
		J-2	新旧协调		J-2-3		
		J-3	反映时代	J-3-1	J-3-2		
K	高效	K-1	便捷施工				

E-1-1 功能空间的重构
功能混合多样，激活城市功能

依托轨道交通，为站点片区带来人口和结构的改变，围绕四大目标客群特征，重点打造"生活休闲型商业+商务配套型商业+创意休闲型商业"，聚焦文化、商业、体育，以文化创意为核心，激活城市功能。

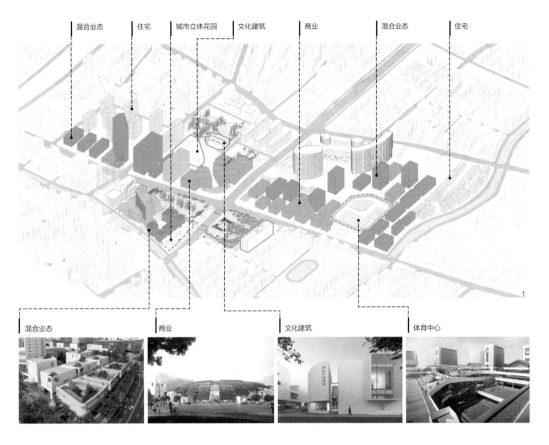

混合业态　住宅　城市立体花园　文化建筑　商业　混合业态　住宅

混合业态　商业　文化建筑　体育中心

C-1-8 天际线的容错
新旧建筑成组成团，缓和原有天际线

场地内原有高层建筑突兀，与周边中低层建筑不协调，天际线割裂。新建高层建筑与城市既有高层建筑成组布置，新与旧相结合，形成协调的高层体量集合，缓和原有天际线。

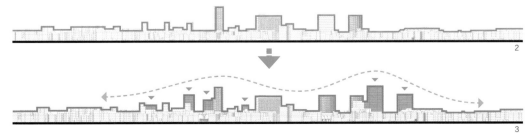

1 功能布局分析图；2 更新前天际线分析图；3 更新后天际线分析图

B-1-3　　　　　　　　　　　　　　　　　　　　　　　　空间肌理的织补
延续城市空间，织补城市肌理

　　场地内现状建筑布局散乱，更新设计梳理了场地周边的城市肌理，并将其延续到场地内部空间，通过空间肌理的织补，形成更加整体而有序的城市肌理。

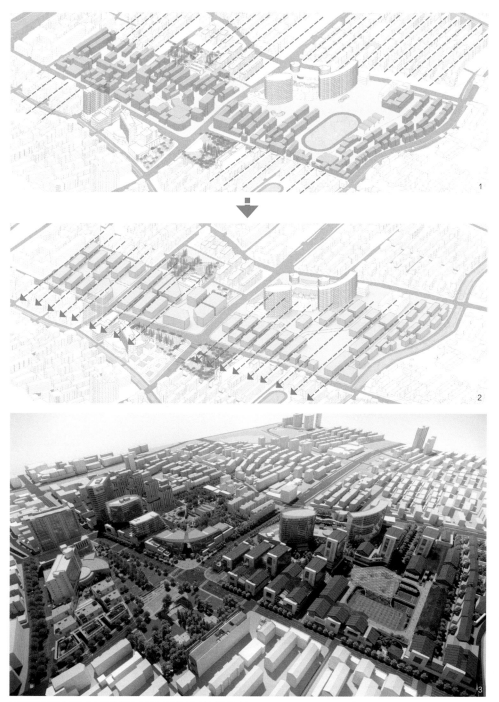

1 更新前空间肌理分析图；2 更新后空间肌理分析图；3 更新后玉山广场片区效果图

A-1-2

协调城市轴线，梳理空间布局

　　场地内玉山广场所处的南北纵轴是城市的一条重要的历史记忆轴线，在更新设计中，对城市道路进行改线微调，对轴线进行避让，扩大玉山广场空间，在空间格局上延伸并协调城市轴线。

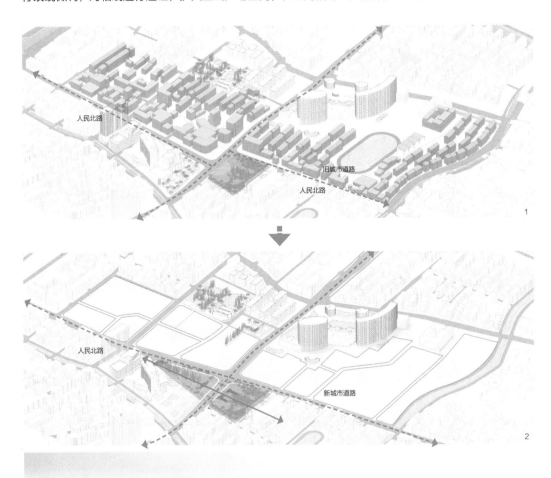

1 更新前空间格局分析图；2 更新后空间格局分析图；3 更新后玉山广场效果图

A-1-6　　　　　　　　　　　　　　　　　　　　　　　道路交通的协调

协调现状道路，优化控规道路

　　区域内现有主干道不连续，在玉山广场处存在错口，设计微调城市道路，使道路连贯，交通流畅；在缺少机动车道的区域增加道路，完善路网。针对上位道路规划落地性弱的问题，设计根据地块发展的现实需求，在满足城市交通的情况下，将部分规划机动车道改为步行道，并提升慢行体验。

1 更新前道路分析图；2 既有规划道路分析图；3 更新后道路分析图

E-1-7

激活慢行系统，激发街区活力

　　设计对原有城市慢行系统进行重构，串联绿地公园、公共广场等节点，打造立体慢行系统。首层慢行系统顺应街坊式肌理，形成横穿多个街区的主要慢行系统；二层以上通过连桥和平台相互连接，形成连续、立体的商业界面，增加上部商业的可达性。

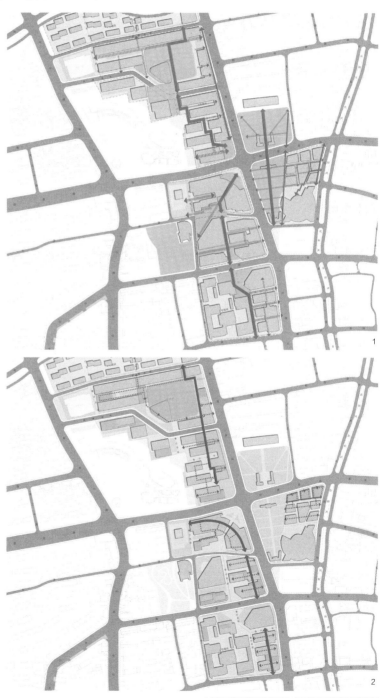

1 更新后首层慢行系统分析图；2 更新后二层慢行系统分析图

E-3-2   **公服设施的重构**

激活立体公园，丰富市民活动

　　区域西南端的市民活动中心是周边居民重要的体育活动场所，设计延续市民活动中心原有体育功能，扩展场地规模，营造立体化体育公园，丰富市民休闲体验活动。同时吸引更多人群，带动周边商业设施。

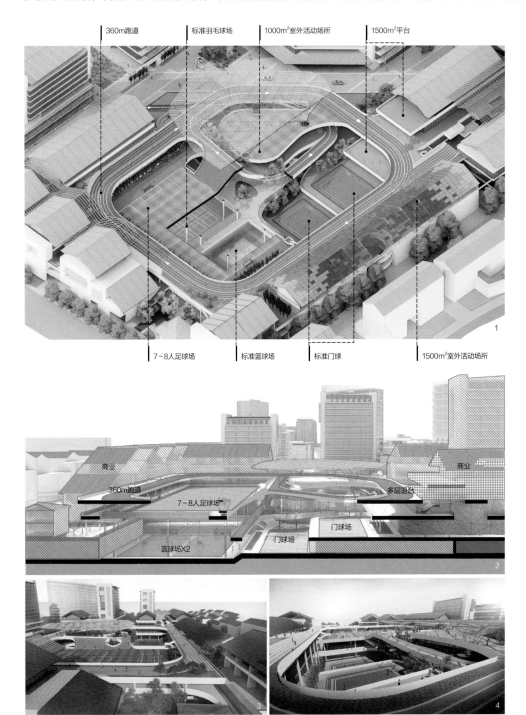

1/2 市民活动中心公服设施分析图；3/4 市民活动中心效果图

D-2-4 景观设施的植入

重塑遗址布局，植入景观设施

　　玉山广场原为昆山县属所在地，设计根据历史文献，重塑昆山县属遗址布局，结合遗址布局设置地铁出入口，以及园林凉亭等景观设施，重现历史记忆。

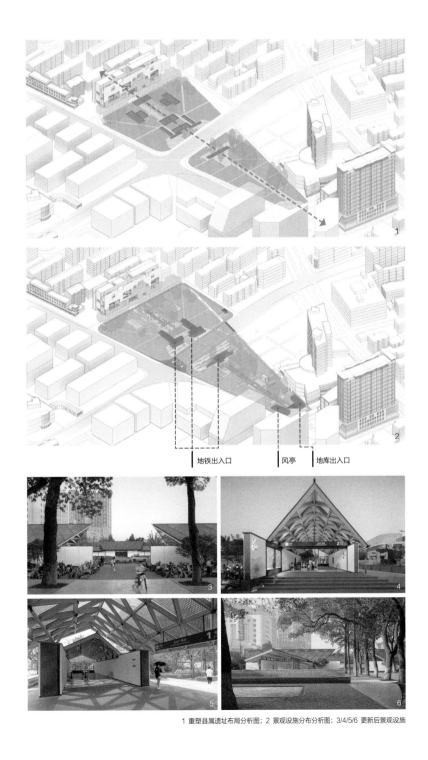

地铁出入口　　　风亭　地库出入口

1 重塑县属遗址布局分析图；2 景观设施分布分析图；3/4/5/6 更新后景观设施

D-1-9　　　　　　　　　　　　　　　　　　　　　　　视廊与标志物的植入

植入视觉通廊，串联城市公共空间

　　设计在与玉山广场相对的街角地块打造具有指向性的城市通廊，将玉山广场和琅环公园串接，通过视觉上的联通，形成对人流的引导，加强人员的流通与场地的联系。

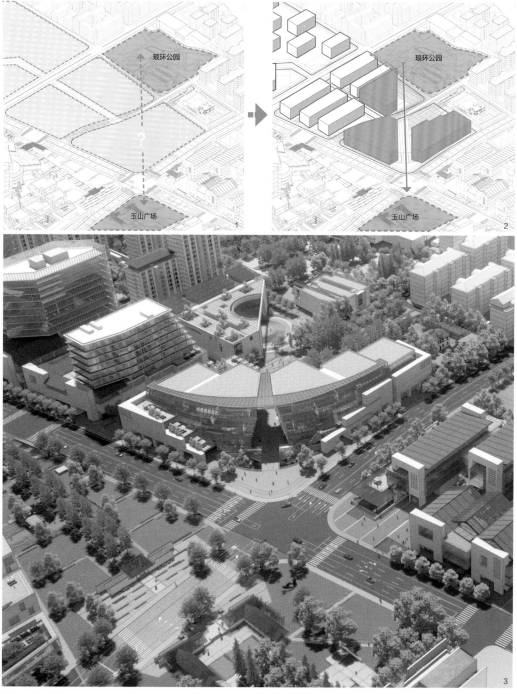

1 更新前琅环公园与玉山广场位置关系示意图；2 更新后植入视觉通廊分析图；3 玉山广场和琅环公园效果图

D-2-2 广场空间的植入

植入下沉广场，带动商业空间

　　以地铁场站为依托，设置商业下沉庭院，通过开阔积极的开放空间，将人流引入商业上盖，带动商业空间。

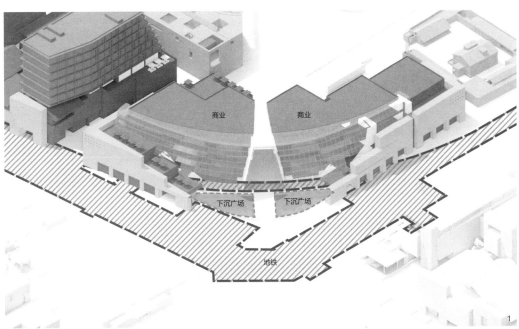

1 植入下沉广场示意图；2 人流示意图

E-2-3 街道界面的重构

激活骑楼水街，传承地域文化

沿路用景观方式重塑历史上的西市河、百花街，营造水街骑楼形式的小尺度街道空间；以白墙灰瓦的方式呼应昆山文化元素。

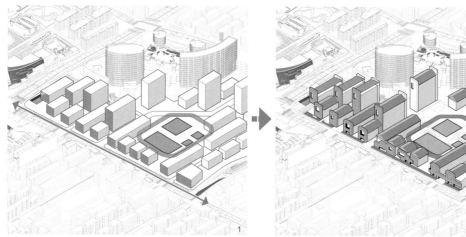

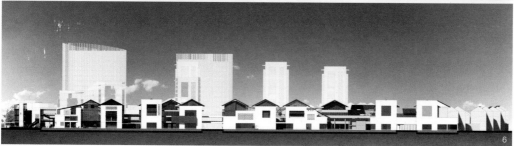

1 更新前街道界面分析图；2 更新后街道界面分析图；3 西市河效果图；4/5 百花街效果图；6 百花街立面图

D-2-1
绿化空间的植入

植入立体绿化，拓展休闲空间

在昆山宾馆北侧新建小尺度商业街区，打造完整城市肌理，同时在建筑屋顶植入立体园林，与玉山广场形成完整的绿化景观体系，提升片区空间品质。

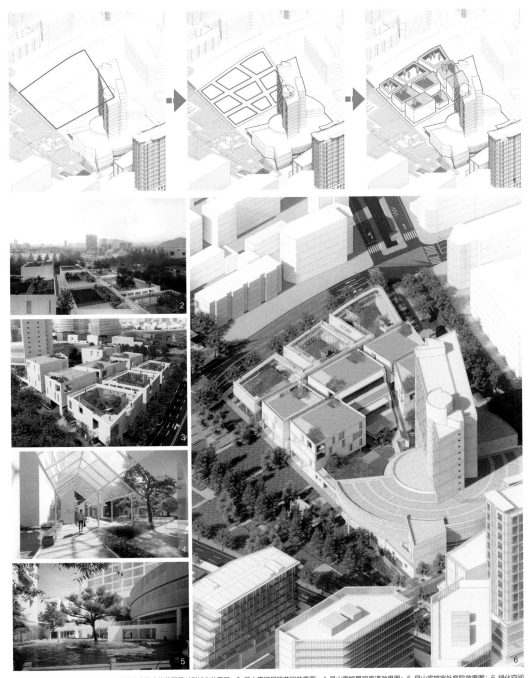

1 昆山宾馆立体园林生成分析图；2 从昆山宾馆立体花园看对侧城市效果图；3 昆山宾馆屋顶花园效果图；4 昆山宾馆景观廊道效果图；5 昆山宾馆室外庭院效果图；6 绿化空间分布效果图

G-2-3 新旧并置，各自受力

确保结构安全，新旧并置，各自受力

新建体量与原有体量通过立体庭院相连，新旧结构互不干扰，互不搭接，各自受力，保证整体建筑的安全性。

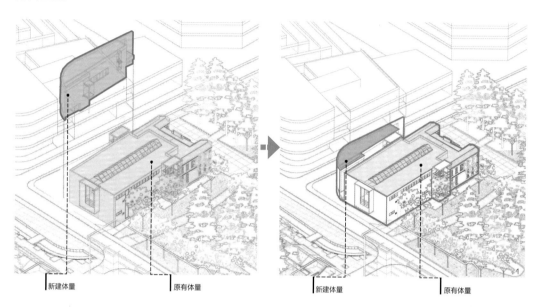

J-2-3 空间尺度协调

协调空间尺度，实现新旧共存

改造过程中，新建体量与原有体量在空间尺度上相互协调，保持建筑高度一致，新旧协调，满足建筑美学要求。

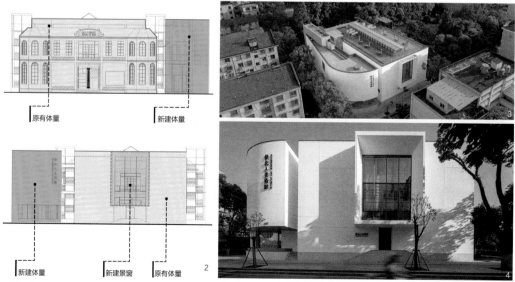

1 侯北人美术馆新增体量分析图；2 新旧体量空间尺度分析图；3/4 更新后建筑外观

J-3-1　　　　　　　　　　　　　　　　　　　　　　　　　　　　形式语言的对比

新旧形式对比，形成时代对话

　　新建建筑采用简洁的建筑语汇，用纯净的白色涂料，与原有建筑古典风格相对比，展示时代特色，形成视觉冲击力。

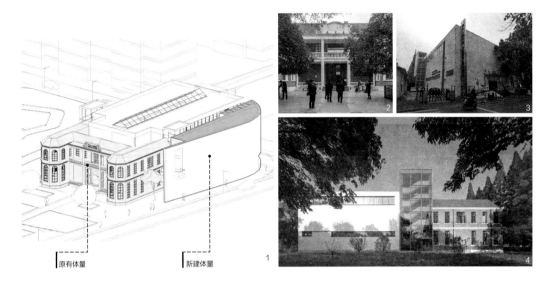

J-3-2　　　　　　　　　　　　　　　　　　　　　　　　　　　　色彩材质对比

色彩材质对比，丰富空间效果

　　原有建筑的红砖材质与新建部分的纯白墙体，在视觉效果上形成强烈对比，二者相互穿插，空间效果富有特色。

1 新旧体量形式语言对比分析图；2 更新前建筑东侧实景；3 更新后建筑西北侧实景；4 更新后立面；5 更新后内部空间；6 更新后走廊；7 更新后内部庭院

H-2-1　　　　　　　　　　　　　　　　　　　　外部增补满足新功能
增补外部空间，适合新建功能

　　在原有建筑一侧新增一组半弧形建筑体量，并与既有建筑通过内庭院相接。新建体量中包含咖啡厅、功能办公用房、展览库房等功能，满足美术馆功能需求。

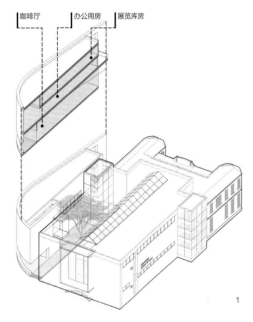

I-1-2　　　　　　　　　　　　　　　　　　　　植入中庭与立体庭院
植入内部庭院，优化功能空间

　　新旧建筑之间设置一内庭院，改善原有建筑的通风采光条件，并作为休息空间的对景，提升建筑的空间品质。

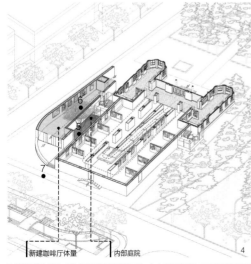

1 新增功能分析图；2/3 更新后展览空间效果图；4 内庭院分析图；5 室外庭院效果图；6 一层咖啡厅效果图；7 建筑北侧效果图

H-2-2
重新划分空间，适合新建功能

设计对既有建筑进行空间划分。北侧旧建筑内的中庭空间两侧置入一组展览墙，并在尽端增加一个对景窗，完善展览流线、开拓看展视野。南侧旧建筑中，拆除封闭墙体，在结构柱外侧增加展览墙，扩大展览空间，使整体空间相互贯通。

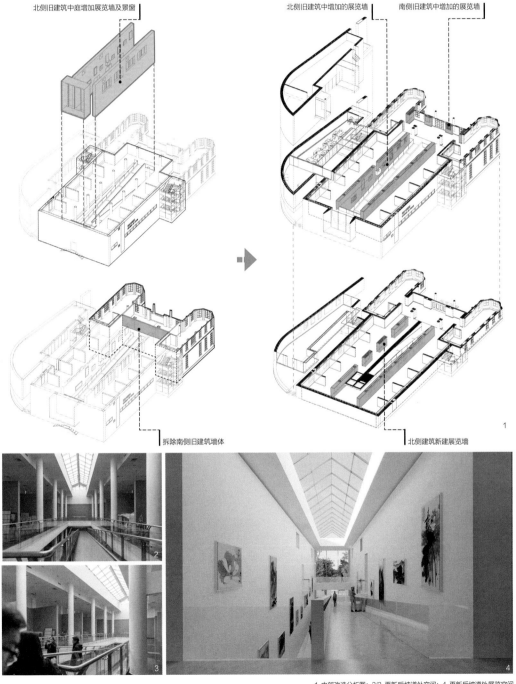

1 内部改造分析图；2/3 更新后坡道处空间；4 更新后坡道处展览空间

北京隆福寺地区复兴及隆福大厦改造

项目地点：北京市东城区

建筑面积：58300m²

设计单位：中国建筑设计研究院有限公司

主要参与人员：崔愷、柴培根、周凯、任重、杨文斌、李赫、王磊、张雄迪

项目背景与更新目标

　　隆福大厦位于北京东城区隆福寺旧址南段。此地原为是隆福寺庙会及东四人民市场所在地。

　　隆福大厦改造是隆福寺街区历史进化的一部分，它曾是"北京四大商场"之一，经1993年大火之后扩建，2004年停业。2012年，隆福寺片区城市更新设计研究工作开始，在其中"追求一种渐进式的、生长式的、混搭式的、修补完善式的改造状态"，更新设计以多种策略，让隆福大厦在留存场地记忆的同时，重新融入城市空间，并为隆福寺地区注入新的活力。

　　隆福大厦作为隆福寺片区的主要建筑，占据着重要的地理位置与历史地位，改造的核心目的是解决原隆福大厦体量巨大这一难题，使其能够更好地融入街区，激发其原有活力，吸引人流，一定程度上保留其历史价值，提升该片区的业态品质。

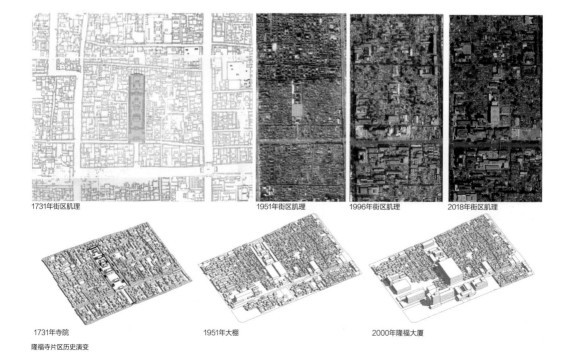

1731年街区肌理　　　　1951年街区肌理　　　1996年街区肌理　　　2018年街区肌理

1731年寺院　　　　　　1951年大棚　　　　　2000年隆福大厦

隆福寺片区历史演变

本土资源要素梳理

（1）地域文化资源：东城区是北京文物古迹最集中的区域，该片区拥有故宫、王府井、隆福寺三点连成的"文化金三角"。

（2）工艺材料资源：场地周边为大面积的老北京传统民居，建筑格局为四合院布局，民居建筑大多使用的砖、木、瓦、石等乡土工艺材料，且建筑屋顶为坡屋顶形制，传统墙体建造工艺采用"花格砖+方窗"的乡土工艺手法。

（3）城市空间脉络资源：场地周边建筑肌理规整，在北京老城常见的棋盘状街巷肌理的基础上存在一定的变化。场地紧邻故宫中轴线，位于地铁5、6、8号三条轨道交通交会处，处于内城交通网络的核心区域。

1/2 更新前隆福大厦西立面；3 更新前隆福大厦西南侧实景；4 更新前隆福大厦南立面实景；5 更新前隆福大厦屋顶实景

街区层面设计方法应用解析

街区层面模式语言检索表

设计要素		模式语言		面向既有的延续	面向问题的微增		面向目标的激活		
				A	B	C	D	E	F
				协调	织补	容错	植入	重构	演变
1	街区系统	1-1	功能布局						
		1-2	空间格局						
		1-3	空间肌理	A-1-3					
		1-4	开放空间系统						
		1-5	生态环境						
		1-6	道路交通		B-1-6				
		1-7	慢行系统						
		1-8	天际线	A-1-8					
		1-9	视廊与标志物				D-1-9		
2	景观环境	2-1	绿化						
		2-2	广场						
		2-3	街道界面						
		2-4	景观设施						
3	服务设施	3-1	交通设施						
		3-2	公服设施						
		3-3	市政设施						

建筑层面设计方法应用解析

建筑层面模式语言检索表

分类	分项	具体措施	采用的模式语言		
G 安全	G-1	原有结构加固加强	G-1-1	G-1-2	
	G-2	新旧并置，各自受力			
	G-3	减轻荷载		G-3-2	G-3-3
H 适用	H-1	空间匹配	H-1-1	H-1-2	
	H-2	空间改造		H-2-2	
	H-3	使用安全			
I 性能	I-1	空间优化		I-1-2	
	I-2	界面性能提升	I-2-1		
	I-3	设备系统引入			
	I-4	消防安全	I-4-1	I-4-2	
J 美学	J-1	原真保留			
	J-2	新旧协调		J-2-2	
	J-3	反映时代			
K 高效	K-1	便捷施工			

B-1-6 道路交通的织补

织补周边交通系统，美化原有街道界面

现有建筑场地周边界面杂乱，路网多尽端路，与周边四合院街巷空间断裂。设计希望打通两条主要街道空间，联系南北主干道，同时美化街巷空间，提升道路系统的通行效率与视觉效果。

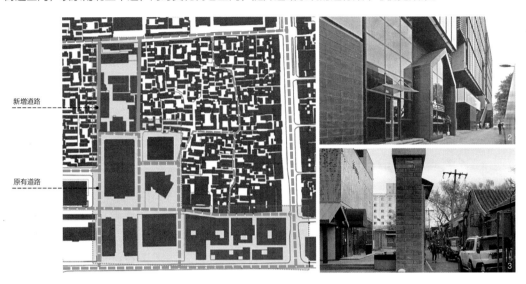

D-1-9 视廊与标志物的植入

织补老城轴线肌理，植入南北立面标志

隆福寺曾以清晰的中轴线格局存在于北京老城之中，改造中保留屋顶的仿古建筑，南立面设置一组红色格栅，延续传承其色彩体系，以一种更加清晰直白的方式呼应隆福寺的历史轴线，传承历史文脉。

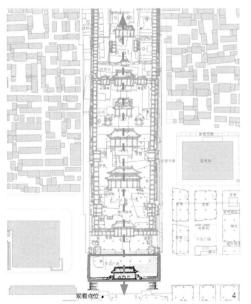

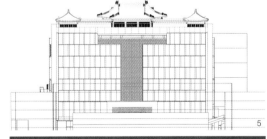

1 路网分析图；2/3更新后隆福大厦沿街实景；4 视廊分析图；5 南立面标志物分析图；6 更新后南立面实景

A-1-3   空间肌理的协调

延续街道空间，协调街区肌理

原隆福大厦体量较大，与周边传统肌理不相协调。新隆福大厦在地面层向建筑内部引入街巷空间，与外部街巷对接。首层的商业空间被轴线主街和东西方向的支线街道拆分成几组单元，不同材料的组合盒子及坡屋顶形态能更好地融入街区。

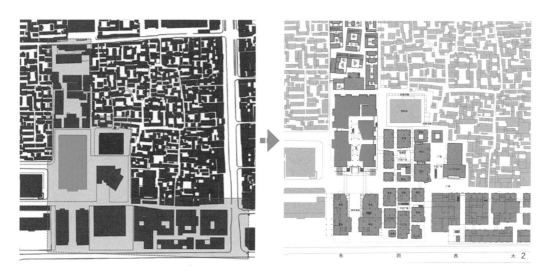

A-1-8   天际线的协调

增设屋顶连续片墙，协调片区建筑风格

改造过程中在屋顶延续增加了两面完整的红墙，一方面重新定义了屋顶的东西边界，将仿古建筑明确置于红墙之内，使红墙里一组琉璃瓦屋顶的意象更清晰；另一方面，协调修整了片区的天际线，增强了建筑的整体性。

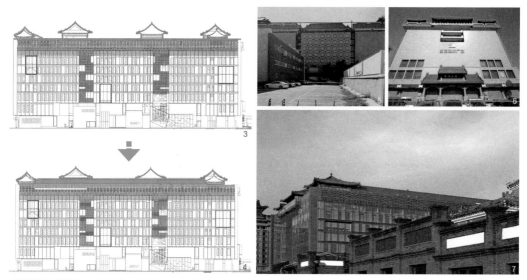

1 更新前空间肌理分析图；2 更新后空间肌理分析图；3 屋顶更新前天际线分析图；4 屋顶更新后天际线分析图；5 隆福大厦原东立面效果；6 隆福大厦原南立面效果；7 隆福大厦改造后东南侧实景

H-2-2   内部改造适合新功能
重构结构布局，匹配办公空间

　　改造中将办公空间标准层切分成六个单元，单元之间可分可合，便于分区使用和灵活租用，并在共享区域内设置咖啡厅、接待、展览等不同属性的公共空间，满足当下办公需求。

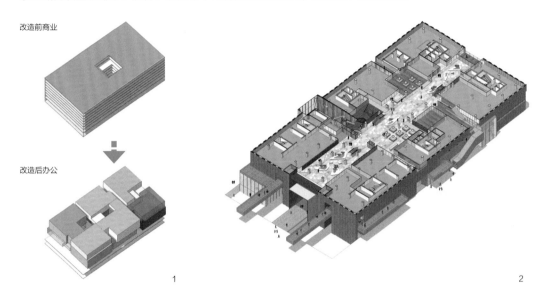

改造前商业

改造后办公

1

2

I-4-1   防火分区与疏散路径
完善优化防火疏散，保证现状消防安全

　　隆福大厦改造后为办公建筑，设计根据改造后功能需求及现行规范要求，优化防火分区，核算消防疏散，使其满足当下消防安全要求。

防火分区 A　　　　　防火分区 B　　　　　防火分区 C

3

1 更新前后功能对比分析图；2 更新后功能单元分析图；3 更新后防火分区分析图

G-1-1 　　　　　　　　　　　　　　　　　　　原有结构加固加强

加强原有结构，满足荷载要求

改造保留原有结构，在此基础上进行加固。通过增大框架柱断面满足轴压比、新增斜向支撑等方式，加强原有结构。同时在新增幕墙处局部新增结构挑梁、框架梁等，满足构造需求。

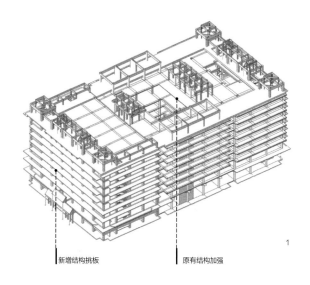

新增结构挑板　　　　　　　　原有结构加强

1

G-1-2 　　　　　　　　　　　　　　　　　　　轻型结构构件加入

加入轻型构件，补强原有结构

改造在原有结构基础上，在角部及重要受力区域增加斜向钢制结构构件，对原有结构进行补强处理，使其满足当下结构受力需求。

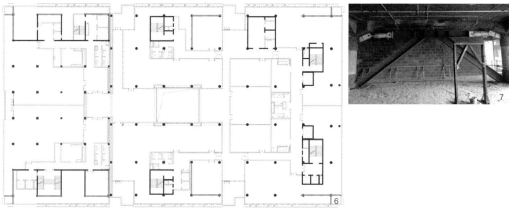

1 结构加固分析图；2 新增结构挑板；3 原有结构柱加固加强；4 原有结构板加固加强；5 原有结构梁加固加强；6 轻型构件位置示意图；7 新增斜向钢制支撑构件

G-3-2   轻构件选用

采用轻型构件，减轻荷载压力

　　建筑在主入口区域采用轻钢构件，搭建标志性入口空间，轻型构造构件也减轻了对原有结构的荷载压力，保证结构受力的安全。

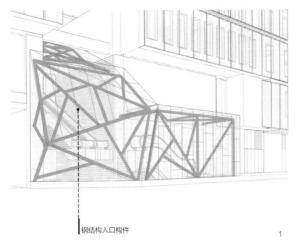

钢结构入口构件

G-3-3   轻材料选用

采用轻型材料，减轻荷载压力

　　改造设计中，大面积选择玻璃、钢材等轻型材料进行改建施工，减少对原有建筑结构的荷载压力，确保改造后的建筑安全性。

玻璃幕墙　　　　　　　　　　　　　　玻璃幕墙

1 钢结构入口构件示意图；2 更新后室内入口空间；3 更新后立面；4 更新后入口空间

J-2-2 色彩材质协调

提取周边色彩材质，协调统一城市街景

现状的隆福大厦位于四合院区域，原有建筑的巨大体量相较于周边胡同四合院尺度悬殊。设计通过玻璃材质的引入，弱化自身体量，并在一定程度上反射周边景色，削弱建筑体量感。同时利用灰色砌块作为建筑表皮的另一种材质，与周边四合院的灰墙黛瓦相协调，塑造更统一的城市街景。

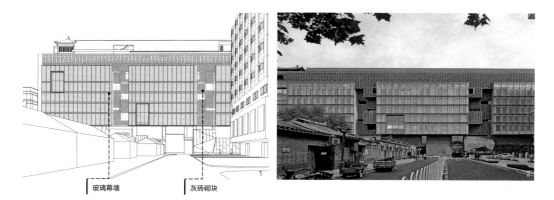

玻璃幕墙   灰砖砌块

I-4-2 新增防排烟与安全指示设备设施

新增暖通机房，满足排烟要求

隆福大厦在优化防火分区的基础上，对原有排烟设施与安全标识等进行升级改造，新增暖通机房，满足规范。

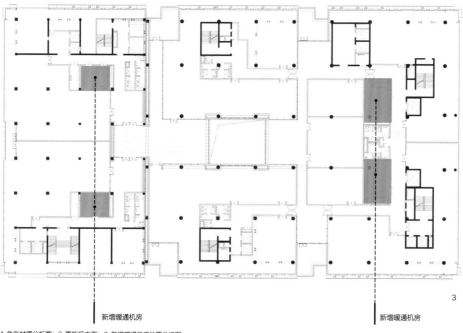

新增暖通机房   新增暖通机房

1 色彩材质分析图；2 更新后立面；3 新增暖通机房位置分析图

H-1-1 依据尺度匹配功能
依据空间原有尺度，置入特色业态功能

隆福大厦原为商场，改造中依据其原有的层高、面宽、进深等空间尺度，自下而上，将空间功能分别改造为商业、办公、文化等混合功能，通过置入丰富业态，满足片区使用需求。

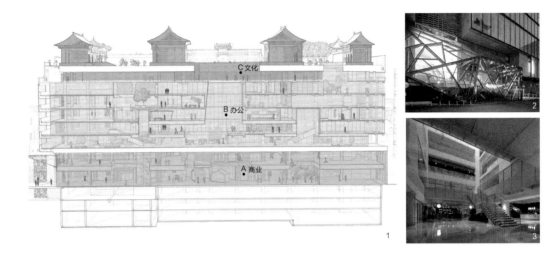

I-2-1 双层幕墙设计
增设双层幕墙表皮，改善建筑热工性能

隆福大厦位于北方寒冷地区，设计在原有建筑表皮体系外增加一组玻璃幕墙，弱化建筑体量的同时，提升建筑界面的保温隔热性能，满足使用需求。

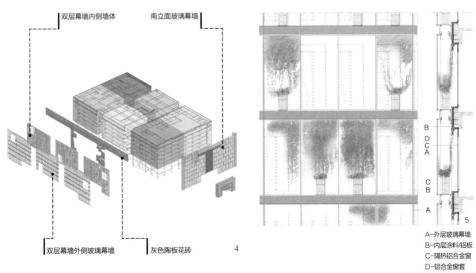

A-外层玻璃幕墙
B-内层涂料/铝板
C-隔热铝合金窗
D-铝合金窗套

1 更新后空间功能分析图；2 更新后首层入口；3 更新后办公空间中庭；4 双层幕墙表皮分析图；5 双层幕墙构造分析图

I-1-2 植入中庭与立体庭院

植入中庭与立体庭院，优化建筑办公空间

　　隆福大厦原为商业建筑，改造后为办公建筑。设计在进深较大的区域增加中庭与立体庭院，以此改善采光通风环境，提升办公空间使用舒适性。

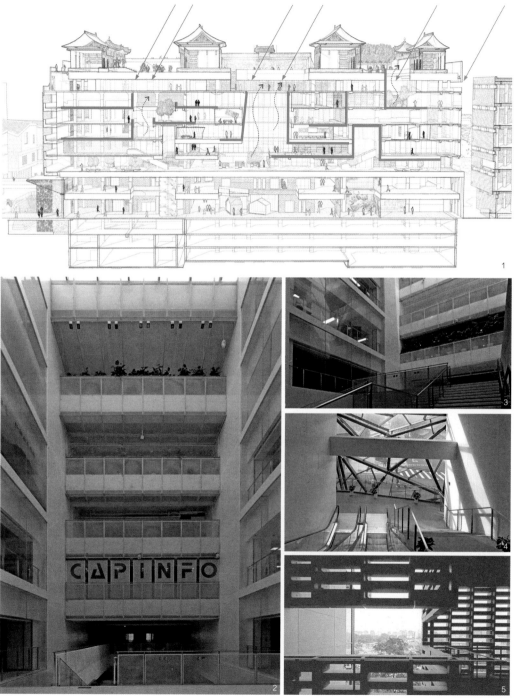

1 采光通风分析图；2/3 更新后三层中庭空间；4 更新后公共交通空间；5 更新后立体庭院

利用屋顶特色空间，匹配新型建筑功能

　　原建筑顶层为多进四合院院落空间，周边可远眺故宫及CBD区域，独具特色。设计将顶层改造为文化展览空间，重新整理屋顶开放空间的空间层次，增加两面完整红墙，提升屋顶空间观赏的舒适性，重新激活其场所的空间品质。

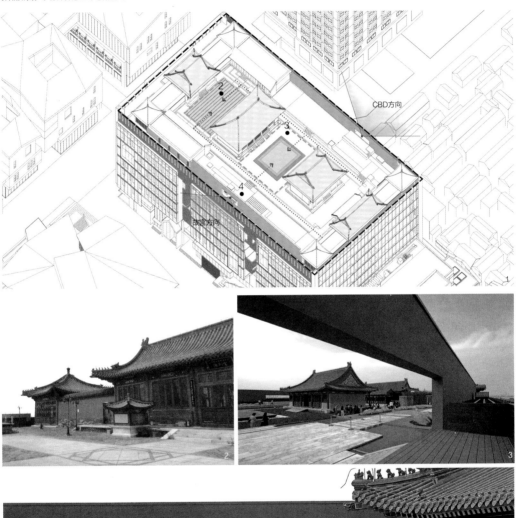

1 屋顶景观分析图；2/3/4 更新后屋顶实景

北京中国大百科全书出版社办公楼改造

项目地点：北京市西城区
建筑面积：18800m²
设计单位：中国建筑设计研究院有限公司
主要参与人员：崔愷、吴斌、辛钰、范国杰、杨帆、顾建英、张明晓

项目背景与更新目标

　　《中国大百科全书》是中国第一部大型综合性百科全书，也是世界上规模较大的几部百科全书之一。伴随百科全书的成长，中国大百科全书出版社办公楼也到了需要更新换代之时。为此，出版集团划拨6000万改造资金，对现有办公楼在硬件和软件设施上进行改善和提升。现存建筑主要存在以下问题：一是功能不足，《中国大百科全书》第三版为数字化网络版，对信息化、数字化的要求更高，需要大力提升硬件和软件设施；二是建筑与设备系统老旧，很多专业已经不满足新规范的要求，必须根据现行规范进行调整；三是空间品质低下，与其应有的文化形象差距很大，甲方希望把这个建筑重新打造成为西二环的文化地标。

　　本案以问题为导向，着眼于对现有空间的梳理，对历史文化的追溯，同时秉持环保绿色的更新观念和造价控制的原则，通过更新创造人性化、宽敞的办公空间，植入具有文化底蕴的阳光中庭，塑造美观实用、富有标志性的建筑形象。

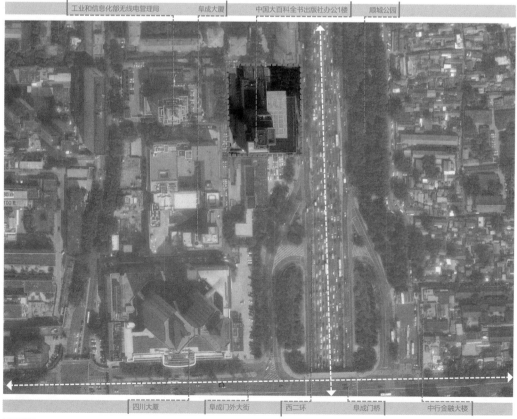

工业和信息化部无线电管理局　　阜成大厦　　中国大百科全书出版社办公1楼　　顺城公园

四川大厦　　阜成门外大街　　西二环　　阜成门桥　　中行金融大楼

区位分析图

本土资源要素梳理

（1）土地环境资源：场地位北京市西城区二环，东侧为二环主路，具有一定的交通优势，场地东北角现存形状完整的街头绿地。

（2）地域文化资源：场地东侧为北京老城区，从屋顶平台可俯瞰白塔寺周边的旧城院落。中国大百科全书出版社成立于改革开放时期，作为举全国之力调动2万余人编写的国家级文化工程，填补了中国人在百科全书领域的空白。建于北京西二环阜成门旁的中国大百科全书出版社办公楼，正是那个朝气蓬勃的时代的见证。建筑内庭院现存由老一辈艺术家创作的陶瓷壁画，具有较高的艺术和文化价值。

（3）城市空间脉络资源：场地位于金融街北端，穿过阜成门大街向南即是金融大厦、中国人寿保险大厦、月坛大厦等高层办公建筑，多座地标建筑沿街线性展开，形成具有延展性的城市空间脉络。

1 更新前内庭院；2 更新前沿街立面；3 更新前书库；4 更新前办公空间；5 更新前从阜成门桥看向出版社

街区层面设计方法应用解析

街区层面模式语言检索表								
设计要素 \ 模式语言			面向既有的延续	面向问题的微增		面向目标的激活		
			A	B	C	D	E	F
			协调	织补	容错	植入	重构	演变
1 街区系统		1-1 功能布局						
		1-2 空间格局						
		1-3 空间肌理						
		1-4 开放空间系统						
		1-5 生态环境						
		1-6 道路交通	A-1-6					
		1-7 慢行系统						
		1-8 天际线						
		1-9 视廊与标志物						
2 景观环境		2-1 绿化						
		2-2 广场						
		2-3 街道界面						
		2-4 景观设施						
3 服务设施		3-1 交通设施						
		3-2 公服设施						
		3-3 市政设施						

建筑层面设计方法应用解析

建筑层面模式语言检索表						
分类	分项	具体措施	采用的模式语言			
G 安全		G-1 原有结构加固加强				
		G-2 新旧并置，各自受力			G-2-3	
		G-3 减轻荷载	G-3-1			
H 适用		H-1 空间匹配		H-1-2		
		H-2 空间改造		H-2-2		
		H-3 使用安全				
I 性能		I-1 空间优化				
		I-2 界面性能提升		I-2-2		
		I-3 设备系统引入	I-3-1			
		I-4 消防安全				
J 美学		J-1 原真保留				
		J-2 新旧协调	J-2-1		J-2-3	
		J-3 反映时代				
K 高效		K-1 便捷施工				

A-1-6

调整主建筑入口，协调建筑与城市主路的关系

在西二环这样一个重要的城市节点空间，建筑理应属于二环，所以本案将主入口调整至东北侧，利用东北角现有的小花园形成建筑与城市的过渡空间，西侧仍然保留办公入口，让建筑回归二环。

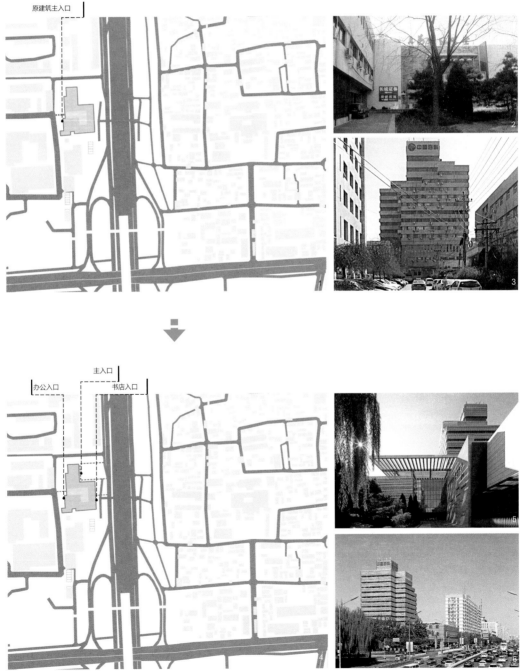

1 更新前建筑主入口分析图；2 更新前建筑东北角实景；3 更新前建筑西侧主入口；4 更新后建筑主入口分析图；5 更新后建筑东北主入口；6 更新后建筑沿二环立面

H-1-2 利用特色匹配功能

封闭原有庭院，形成复合功能中庭空间

　　原办公楼缺乏一个可以进行文化交流的公共空间，改造设计将内院封闭起来，成为新办公楼的大厅，为未来的接待、展览及学术会议等活动提供足够的场地。大厅通过屋面磨砂玻璃顶进行采光，以节约能源，光线过滤后均匀洒进室内，形成阳光充足、功能复合的中庭空间。

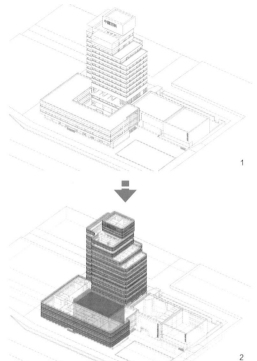

G-2-3 新旧并置，各自受力

新建结构在原有结构外侧，新老结构各自受力

　　新建体量采用轻型结构体系，与原有建筑结构脱开，互不干扰，各自受力。本案未对原有主体结构进行大规模加固，仅有为避让管线局部开洞后的结构加固。

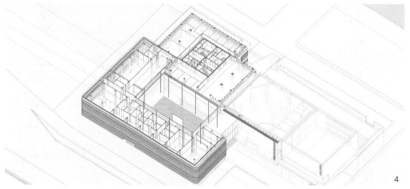

1 更新前室外庭院分析图；2 更新后室内中庭分析图；3 更新后中庭举办少儿科普教育活动实景；4 室内中庭结构示意图

中庭保留原有壁画，新增文化墙及书墙展示建筑文化历史

　　室内中庭3层通高，保留内院陶瓷壁画，成为新的中庭空间的重要元素，在周边设置通高书架，营造读书的氛围。在北侧新的主入口处设置一面巨大的砂岩文化主题墙，形成入口空间的引导。石材分隔错落有致，将专家学者的名字和百科词条刻印上去，表达中国大百科全书出版社建筑的文化气质。文化墙既遮挡了现状出租杂乱的立面，同时延续了大百科名家学者的历史记忆，对他们作出的卓越贡献表达深深的敬意。

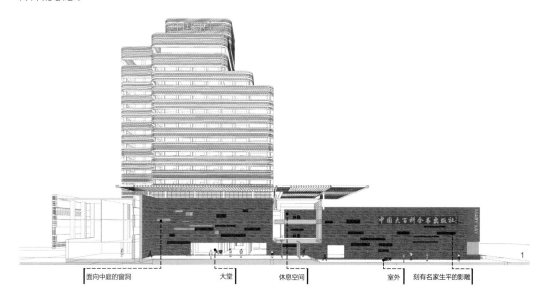

面向中庭的窗洞　　　　　大堂　　休息空间　　　　室外　　刻有名家生平的影雕

通高书架　　　　　原有壁画　　　　　　　土黄色砂岩文化墙

1 室内中庭空间示意图；2 更新后室内中庭

H-2-2　　　　　　　　　　　　　　　　　　　　内部改造适合新功能
内部拆除部分墙体，优化空间形态以塑造人性化办公空间

　　办公区域以拆为主，将大部分空间释放出来形成开敞办公空间。利用家具使用的灵活性，用集成化书架划分不同性质的工作区域，使空间更加符合新时代办公需求，塑造人性化的办公空间。

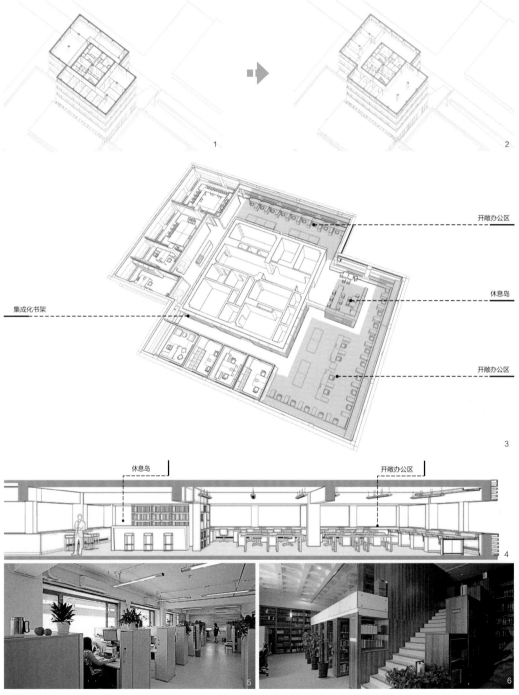

1 更新前办公空间分隔示意图；2 更新后办公空间分隔示意图；3 开敞办公空间示意图；4 开敞办公空间剖面示意图；5 更新后办公空间；6 更新后书库空间

I-3-1   机电升级提升建筑性能

机电系统创新布置，释放建筑内部空间

　　如果按照传统思路，标准层办公空间不管增加什么设备系统，装上吊顶就会干净整洁，但是净高会被进一步压低，让空间更加压抑。本案采用"外围"的设计策略，将空调系统的相关管线放在室外，从适当位置进入室内，在梁内侧安装空调机，室内只剩自动喷洒和照明设备，大部分办公区域不做吊顶，既保证了室内净高，又节约投资。

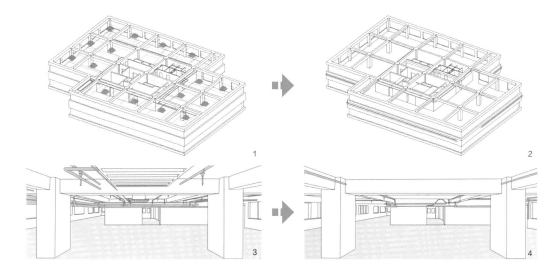

G-3-1   轻结构选用

加建部分选用轻结构，减轻对原有建筑的荷载压力

　　设计对原有建筑进行增建，入口新增的金属屋盖及顶部利用原屋顶平台进行的扩建均选用轻钢结构，尽量避免对原结构造成很大影响。

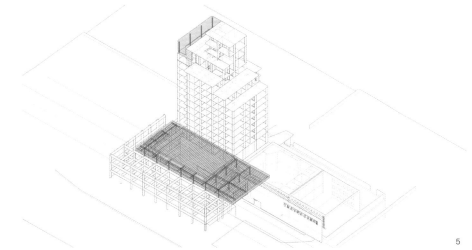

5

1 更新前建筑机电系统分析图；2 更新后建筑机电系统分析图；3 更新前管线布置示意图；4 更新后管线布置示意图；5 加建部分选用轻型结构示意图

J-2-3 空间尺度协调

建筑外立面利用格栅统一，协调空间尺度

　　外立面中宽窄变化但连续整体的银灰色格栅使得建筑显得完整统一，将建筑尺度放大，让中国大百科全书出版社在与金融街大体量的公共建筑及高层住宅的小格子立面的对比中凸显出来。

　　金属格栅在转角采用圆弧过渡，将原本刚硬的建筑形体包裹并柔化，再结合原来跌落的形体组合，产生生动的流动感和未来感。铝板的金属质感又使得建筑轻盈典雅，散发出如同书页般的细腻和精致气息，并重新焕发独特的文化气质和品位。

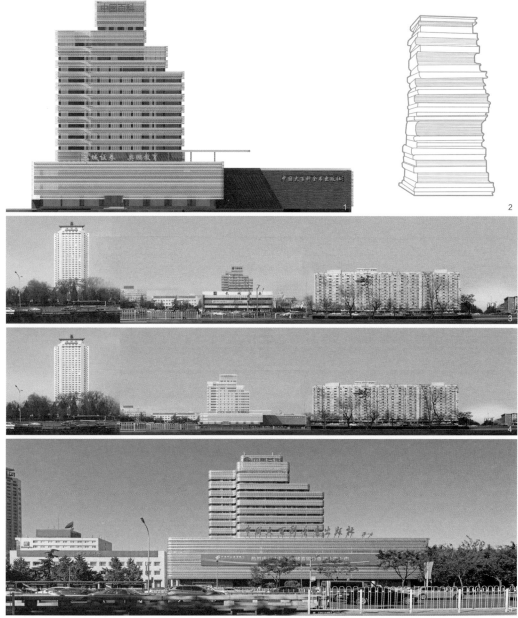

1 更新后建筑立面效果图；2 建筑意象示意图：层叠的书籍；3 更新前建筑沿街立面效果图；4 更新后建筑沿街立面效果图；5 更新后建筑沿街立面实景

一体化设计立面系统，形成复合立面遮阳体系

　　本项目立面改造的核心在于将功能、管线、空间、外立面、凸显文化品质进行一体化设计，内部主要管线外置后用金属格栅进行遮挡，从而建立起外立面系统。同时，金属格栅起到遮阳作用，使得功能和立面统一，由此产生新的立面系统。

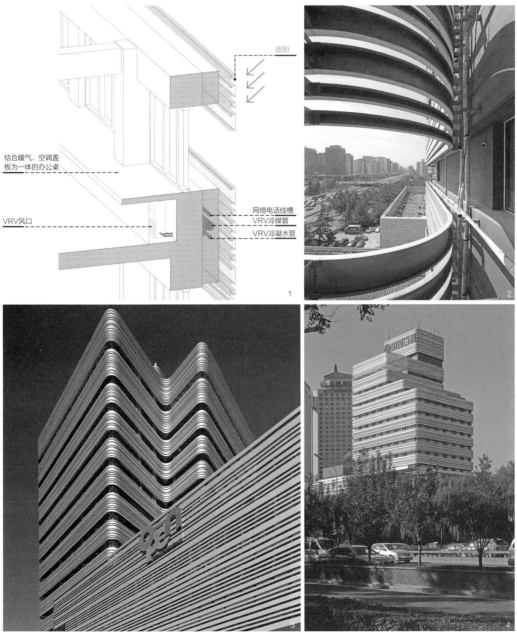

合肥园博会园博小镇设计

项目地点：安徽省合肥市

用地面积：9.16hm²，建筑面积 67900m²

设计单位：中国建筑标准设计研究院有限公司

合作单位：中国建筑设计研究院有限公司、旭可建筑、南沙原创、一树建筑

主要参加人员：李存东、张欣、龚坚、曹雯、杨永宽、陈韬鹏、霍丹青、陈沫、赵泽民、梁琛

项目背景与更新目标

　　合肥园博会利用原骆岗机场建设而成，基于合肥城市核心区的发展南移、人民群众对于绿色生态环境的高品质需求打造而成。总体布局"三区一馆"，包括百姓舞台展区、生态园林展区、城市更新展区和城市建设馆。

　　园博小镇项目位于园博园核心地带，位于包河大道以西，大连路以南，机场跑道以东。二期、三期用地位于园博小镇的北侧，规划建筑面积67900m²。

本土资源要素梳理

（1）土地环境资源：场地位于合肥市外围的西北—东南蓝绿生态通道上，是合肥市生态廊道中的重要节点。

（2）地域文化资源：场地原为骆岗机场，大量保留机场记忆的既有建筑和构筑物是场地最重要的文化资源，除标志性塔台外，还留存了多种机场工艺遗存设施，它们共同构成场所独特的记忆载体。

（3）社会政治经济资源：场地西、北侧的TOD门户区，以高新产业办公和科创商业为主，周边设有多个不同规模的居住综合区。

1 更新前S9片区鸟瞰；2/3 更新前S11片区鸟瞰；4 更新前S7片区鸟瞰；5 更新前S8片区鸟瞰；6 更新前园区鸟瞰

街区层面设计方法应用解析

街区层面模式语言检索表

设计要素		模式语言		面向既有的延续	面向问题的微增		面向目标的激活		
				A	B	C	D	E	F
				协调	织补	容错	植入	重构	演变
1	街区系统	1-1	功能布局				D-1-1		
		1-2	空间格局						
		1-3	空间肌理						
		1-4	开放空间系统						
		1-5	生态环境						
		1-6	道路交通						
		1-7	慢行系统						
		1-8	天际线						
		1-9	视廊与标志物	A-1-9					
2	景观环境	2-1	绿化					E-2-1	
		2-2	广场				D-2-2		
		2-3	街道界面	A-2-3					
		2-4	景观设施				D-2-4		
3	服务设施	3-1	交通设施						
		3-2	公服设施						
		3-3	市政设施						

建筑层面设计方法应用解析

建筑层面模式语言检索表

分类		分项	具体措施	采用的模式语言				
G	安全	G-1	原有结构加固加强					
		G-2	新旧并置，各自受力					
		G-3	减轻荷载					
H	适用	H-1	空间匹配					
		H-2	空间改造	H-2-1				
		H-3	使用安全					
I	性能	I-1	空间优化					
		I-2	界面性能提升					
		I-3	设备系统引入					
		I-4	消防安全					
J	美学	J-1	原真保留					
		J-2	新旧协调					
		J-3	反映时代	J-3-1				
K	高效	K-1	便捷施工	K-1-1				

D-1-1 功能业态的植入

植入不同业态，丰富用地功能

　　除临时用房外，所有现状建筑均保留并进行不同程度的改造及加建。在更新策略上既要反映每个地块的记忆，使其接近原貌，又要对应规划中功能布置的要求植入体育、餐饮、酒店及商业等，补充新的功能，形成多样业态，一方面，在园博会展览期间保障参观人员的生活需求，另一方面，在设计上保留后续改造的可能性。

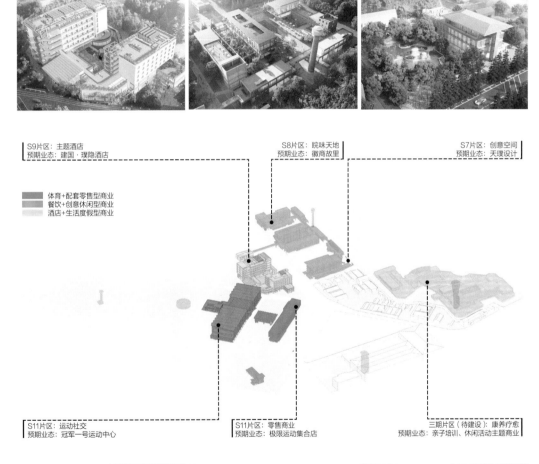

S9片区：主题酒店
预期业态：建国·璞隐酒店

S8片区：皖味天地
预期业态：徽商故里

S7片区：创意空间
预期业态：天璞设计

体育+配套零售型商业
餐饮+创意休闲型商业
酒店+生活度假型商业

S11片区：运动社交
预期业态：冠军一号运动中心

S11片区：零售商业
预期业态：极限运动集合店

三期片区（待建设）：康养疗愈
预期业态：亲子培训、休闲活动主题商业

园区预期功能业态分析图

A-1-9　　　　　　　　　　　　　　　　　　　　视廊与标志物的协调
保留记忆元素，激活视觉力量

保留四座高塔，在功能和形态上进行更新改造，使其满足当下的审美和功能；在视觉通道上增设景观构筑物，用工业的手法讲述曾经的历史印记，实现新旧建筑的和谐混搭；保留机场原有的乘客轴线和后勤轴线，新增立体行游路径，形成立体双轴。

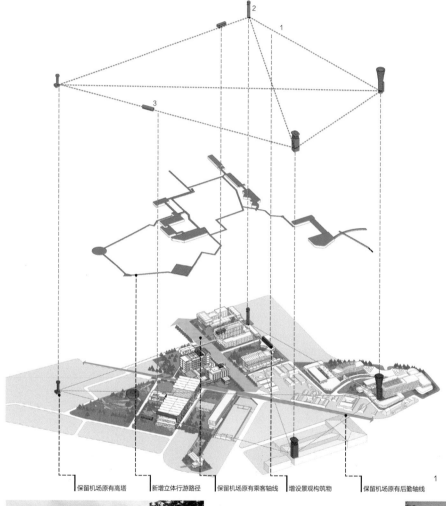

保留机场原有高塔　　新增立体行游路径　　保留机场原有乘客轴线　　增设景观构筑物　　保留机场原有后勤轴线

1 园区场地视线廊道分析图；2 S7片区新增构筑物；3 S8片区保留原有高塔；4 S11片区新增屋顶

A-2-3

延续机场记忆，协调街道界面

　　保留并延续机场的历史记忆，通过协调街道界面实现空间的连续性。对绿化空间进行重新组织，上层保留现状原有大树，下层种植时令花卉，丰富植被类型。拆除围墙，使建筑组团面向街道开放，增强公共空间的互动性和连通性，激发街区活力，促进市民交流共享。

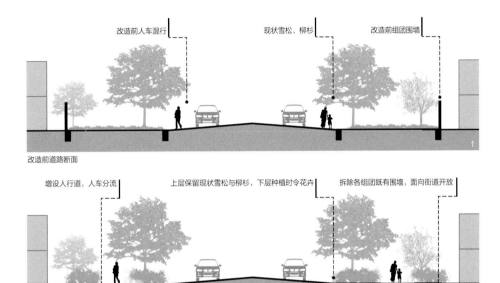

改造前道路断面

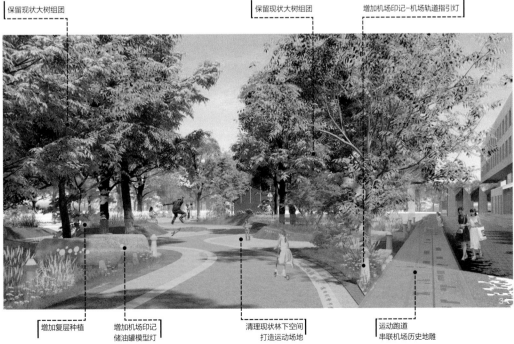

改造后道路断面

1 更新前道路断面示意图；2 更新后道路断面示意图；3 更新后街道界面效果图

D-2-2

延续院落格局，植入广场景观

广场空间的植入

　　S8片区保留现状建筑布局，西北侧及东侧新建2层建筑，形成连续的商业界面，同时悉数保留现状乔木，延续一主一次的双院落格局，中间植入下沉式广场景观，有机串联原有院落。场地东侧原有的水塔作为整个小镇的记忆载体之一，通过景观语汇将"水"转译为贴近园博会主题的植被、灯光等，营造新旧交融的宜人环境。

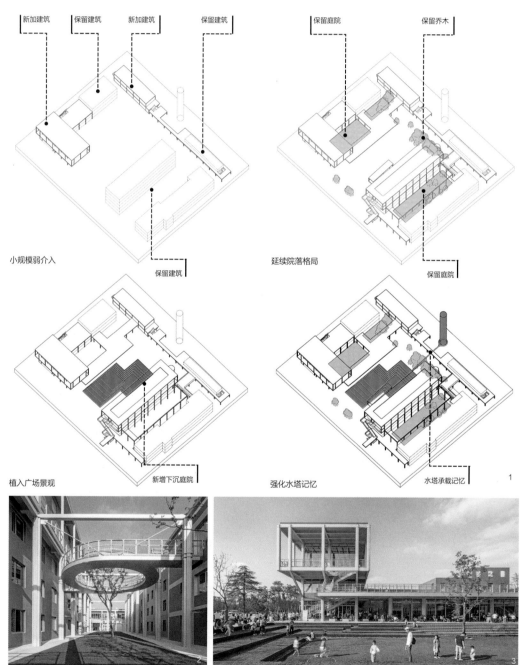

1 S8片区更新策略分析图；2 更新后保留庭院实景；3 更新后新增庭院实景

E-2-1　　　　　　　　　　　　　　　　　　　　　　　　　　**绿化空间的重构**

尊重场地现状，植入绿化景观

　　尊重场地现状，保留现状的大树群和水杉（局部补种），利用场地高差打造湿地花园。体现安徽元素，利用标识导示牌，展现特色文化火笔画。拆除原有围墙，利用拆除的老砖做石笼矮墙。对形态进行重构，在彰显文化的同时，满足当代风貌及功能需求。

现状围墙拆除　　石笼矮墙利用拆除老砖　　　现状水杉　　　林中驿站　　　　　　　保留现状大树组团　　　　　　现状围墙拆除
（局部补种）　（现状建筑改造）

雨水花园　　　　　锈钢水渠　　　　　　架空景观栈桥　　　　景观导示牌
安徽特色文化火笔画

D-2-4　　　　　　　　　　　　　　　　　　　　　　　　　　**景观设施的植入**

结合功能需求，植入景观设施

　　结合保留的现状大树、构筑物（蘑菇亭、栏杆、汀步）及拆除的材料，重构景观元素。提升驳岸水景，打开观景前区，同时增加现代设计元素的钢木座椅和不锈钢栏杆，满足功能需求。

保留现状水中汀步　　　　现状蘑菇亭雾　　　　　　　　新增钢木座椅
增加锈钢栏杆　　　　　　森提升

1 更新后绿化景观效果图；2 更新后景观设施实景图

J-3-1   形式语言对比

承载历史记忆，融入形式语言

新旧建筑有机融合，通过时空游廊进行联系，时空游廊穿梭于既有的建筑与植物之间，三银超级节能玻璃、智慧灯光等科技新技术、新材料与"老砖老瓦"和谐共生。

原有建筑　　老砖老瓦　　新建建筑　　三银超级节能玻璃幕墙　　　三银超级节能玻璃幕墙　　　老砖老瓦

H-2-1   外部增补满足新功能

新旧融合的有机系统，建筑功能的契合增补

在满足新的功能要求的同时，以艺术性、创新性的手法，在既有建筑形态中加入新的设计元素，形成统一的、独具特色的建筑形体空间。通过时空连廊串联各功能空间，新旧建筑协调融合，功能独立、分区合理。

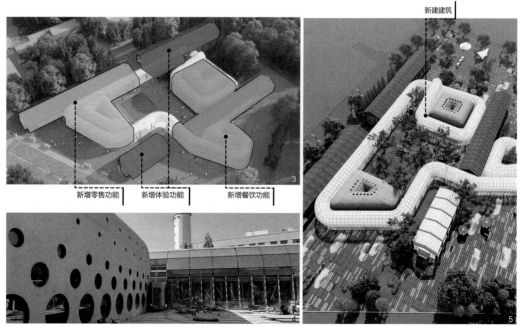

新增零售功能　　新增体验功能　　新增餐饮功能　　　　　　　　　新建建筑

1/2/4 北入口建筑改造后实景；3 北入口建筑改造分析图；5 北入口建筑改造后效果图

K-1-1　　　　　　　　　　　　选用装配式设计加快施工进度

构筑标准体系，驱动便捷施工

外围护系统与建筑主体结构深度融合，形成标准化体系。以工业化预制构件为技术支撑，通过高精度预制、模块化设计，实现现场组装便捷的目的，缩短建设周期，加快施工进度，减少资源消耗与环境污染。

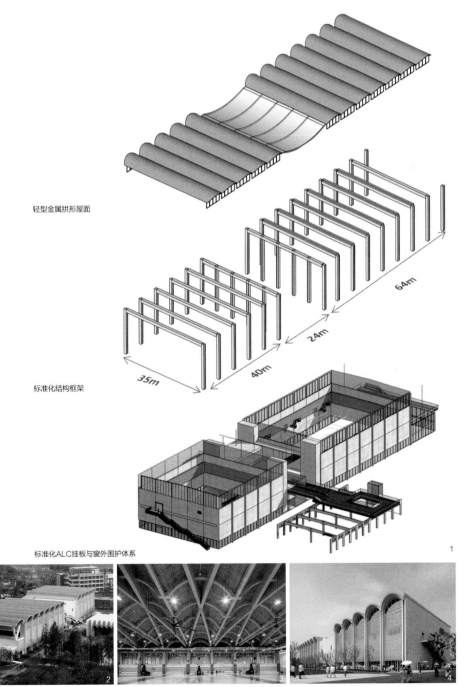

轻型金属拱形屋面

标准化结构框架

标准化ALC挂板与窗外围护体系

1

1 S11片区运动中心结构体系分析图；2 S11片区运动中心鸟瞰；3 S11片区运动中心室内；4 S11运动中心室外

5.4

公共空间类

－ 重庆两江四岸核心区朝天门片区治理提升

－ 长垣护城河更新

5.4
公共空间类

基础认知

公共空间通常是指城市建筑实体之外、属于公共价值领域和城市环境重要组成部分的城市空间，与公众日常生活关系密切，是城市中以公共交往为核心功能的室外场所，是居民生活、文化交流、休闲活动的重要载体。通常，存量地区的公众对公共空间的需求尤为强烈。

本书研究的城市公共空间类更新对象主要是指城市建成区中，在城市活力、空间尺度、功能组织、环境品质等方面存在明显问题，没有充分利用，无法满足市民需求而急需更新改善的公共空间。如位于老城的广场空间、滨水空间、绿地公园等，往往问题较为集中，城市更新需求较为迫切。

对于公共空间类的城市更新项目，应综合考虑城市开放空间体系的连续性、公共空间的可达性、城市功能的复合性等因素，可结合周边建筑等空间资源展开一体化更新。

关键问题

本节以公共空间类更新项目的共性特征为基础，从更新设计要素出发，总结梳理此类更新项目在更新过程中面临的关键问题。

街区层面——街区系统

功能布局：功能单一，无法满足周边居民多样化的使用需求，空间利用效率低下。

空间格局：与城市重要公共设施、环境景观资源匹配度不足。

生态环境：现有生态环境遭到破坏，有限的生态空间分散割裂，不能与城市生态系统相融合。

慢行系统：慢行系统不完善，层级模糊不清，

慢行方式较为单一；无障碍设施考虑不周；自身慢行空间与城市慢行系统衔接不畅。

视廊与标志物：与外部城市标志物结合度不足，空间内部缺少标志物的打造和视廊的整体组织。

街区层面——景观环境

绿化：缺少本土特色植被的充分展现，缺少多样化、多层次的植被搭配；绿地养护不足；竖向高差处理生硬，缺乏柔性过渡。

广场：广场尺度失衡，人性化体验不足；历史文化资源挖掘与特色彰显不足。

景观设施：景观设施的标识性、功能性、引导性及文化特色欠缺；针对全龄人群的功能需求考虑不足。

交通设施：停车位不足，停车效率低下，欠缺车辆充电设施及智慧化管理。

街区层面——服务设施

公服设施：公服配置不足，与公共空间外围城市公服设施的共享性较差。

市政设施：部分市政设施占用公共空间，且对整体风貌影响较大。

模式应用

基于以上基础认知与关键问题的梳理，本节希望通过两个典型的公共空间类案例——重庆两江四岸核心区朝天门片区治理提升、长垣护城河更新项目的研究，展示案例对前文中更新模式语言的应用过程，以期为后续公共空间类城市更新项目实践提供有借鉴意义的绿色更新设计指引。

重庆两江四岸核心区朝天门片区治理提升

长垣护城河更新

重庆两江四岸核心区朝天门片区治理提升

项目地点：重庆市渝中区
用地面积：约27.43hm²，改造建筑面积约60000m²
设计单位：中国建筑设计研究院有限公司
主要参与人员：崔愷、景泉、李静威、黎靓、关午军、贾瀛、刘巍、及晨、杨宛迪、刘丹宁、赵祥宇、徐树杰、杜永亮、吴南伟、于正波、张哲婧、吴连荣、李莹、张龙、朱敏、崔世俊、苏兆征、徐华宇、马任远、高振渊、吴耀懿、滕依辰、谢菁、叶·布仁、王野、贾濛、刘琴博、杨莹、周晔

项目背景与更新目标

重庆是中国历史文化名城、巴渝文化发祥地。渝中半岛是重庆母城，在历史文化和现代城市生活中都占据着独一无二的重要地位。

朝天门片区居于渝中半岛门户位置，地扼黄金水道要冲，素有"古渝雄关"的美称，是重庆重要的交通枢纽，也是重庆人的乡愁原点和骄傲。然而随着周边大体量建筑的开发建设，城市原有风貌与空间格局遭到破坏。如今朝天门片区存在城市尺度失衡、交通转换不畅、可达性差、生态环境脆弱、城市公共性亟待提升等诸多问题。

朝天门片区的功能完善优化和滨江界面的景观改造已十分必要，要将此作为两江四岸提升工程的重中之重来对待。本次更新确立了"以山水之合汇聚人文之萃、以质感之厚承托基底之稳、以生态之广消解资本之高、以历史之大包络时代之殇"的设计策略，将朝天门片区重塑为展现山川宏伟壮阔、连接人与自然的山水之门，开启重庆悠久历史、承载商埠记忆的人文之门和引领重庆经济创新、直面发展变革的开放之门。

1 区位分析；2 朝天门历史景观；3 朝天门更新效果图

本土资源要素梳理

（1）土地环境资源：重庆是山环水绕、江峡相拥的山水之城，自古是兵家必争之地、商贾争占之埠；朝天门码头位于嘉陵江、长江交汇处，地扼黄金水道要冲，是两江枢纽，也是重庆最大的水码头。

（2）地域文化资源：渝中半岛是重庆母城，有着厚重的历史文化底蕴，也是重庆政治、经济、文化及商贸流通中心。朝天门原题"古渝雄关"，是山脉、水脉、人脉交汇之精华区。朝天门是重庆"九开八闭"十七座古城门中最著名的一座，先后经历战国、三国、南宋和明初四次大规模筑城，从古渝雄关，到水陆通衢，再到城市地标，有着码头、梯坎、城墙、城门、缆车、朝天门广场题字、"零公里地标"等各个时期的历史遗存。

（3）城市空间脉络资源：从嘉陵江沿岸到洪崖洞、从长江沿岸到湖广会馆，整个滨江沿线自古以来都是渝中半岛乃至整个重庆的繁华闹市所在。层层叠叠的吊脚楼、无数垂直于江岸的梯道、断续留存的古代城墙，将城市和江紧密地联系在一起，"立体城市"也成为重庆的城市名片。

1 重庆古城历史照片；2 更新前朝天门实景；3 朝天门码头吊脚楼历史照片；4 老重庆《渝城图》；5 朝天门夹马水景观分析图

街区层面设计方法应用解析

街区层面模式语言检索表

设计要素			模式语言	面向既有的延续		面向问题的微增	面向目标的激活		
				A	B	C	D	E	F
				协调	织补	容错	植入	重构	演变
1	街区系统	1-1	功能布局						
		1-2	空间格局						
		1-3	空间肌理						
		1-4	开放空间系统					E-1-4	
		1-5	生态环境						
		1-6	道路交通						
		1-7	慢行系统		B-1-7				
		1-8	天际线						
		1-9	视廊与标志物						
2	景观环境	2-1	绿化						
		2-2	广场					E-2-2	
		2-3	街道界面		B-2-3				
		2-4	景观设施						F-2-4
3	服务设施	3-1	交通设施						
		3-2	公服设施		B-3-2				
		3-3	市政设施						

建筑层面设计方法应用解析

建筑层面模式语言检索表

分类		分项	具体措施	采用的模式语言		
G	安全	G-1	原有结构加固加强	G-1-1		
		G-2	新旧并置，各自受力			
		G-3	减轻荷载		G-3-2	
H	适用	H-1	空间匹配			
		H-2	空间改造		H-2-2	
		H-3	使用安全			
I	性能	I-1	空间优化		I-1-2	
		I-2	界面性能提升		I-2-2	
		I-3	设备系统引入			
		I-4	消防安全			
J	美学	J-1	原真保留			
		J-2	新旧协调	J-2-1		J-2-3
		J-3	反映时代			
K	高效	K-1	便捷施工			

B-1-7 慢行系统的织补
织补慢行体系，横向贯通、纵向连通

　　针对朝天门广场片区交通转换不畅，可达性差等问题，设计从横向贯通和纵向连通两个方向提出了织补慢行体系的设计策略。

　　横向贯通：在180m标高借助既有步道系统，局部拓宽，连通断点。180m标高步道全程总宽度不小于5m，单通道宽度不小于3m，满足观光车及游客步行的宽度要求。高程位于179.22～185.34m之间，全程保障无障碍畅通。

　　纵向连通：既有梯道结合新建设的步行通道，将改造提升后的节点与城市联系起来，让180m标高步道在纵向上与城市高地形成多处连接，为市民提供方便到达亲水区域的梯道。

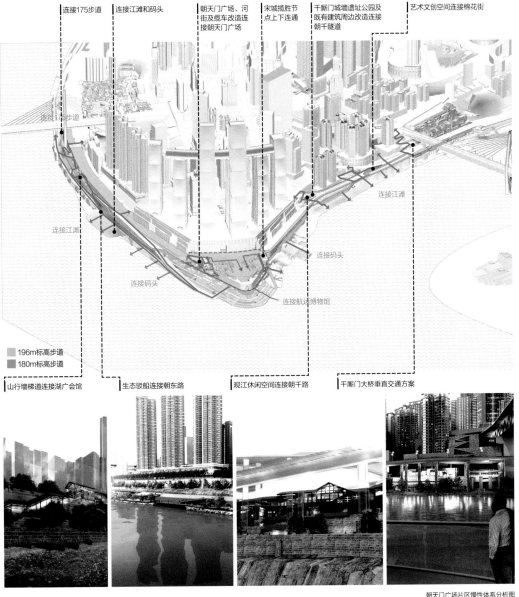

朝天门广场片区慢性体系分析图

B-3-2　　　　　　　　　　　　　　　　　　　　　　　公服设施的织补

织补公服设施，完善全线服务功能

　　充分挖掘180步道沿线较为开阔场地的空间价值，采用装配式地域风格构筑物植入公共卫生间、党建工作室、自动售卖、茶室、旅游服务等功能业态，相邻节点之间间距不超过250m，满足全线的配套服务功能，为城市提供连续的共享设施。

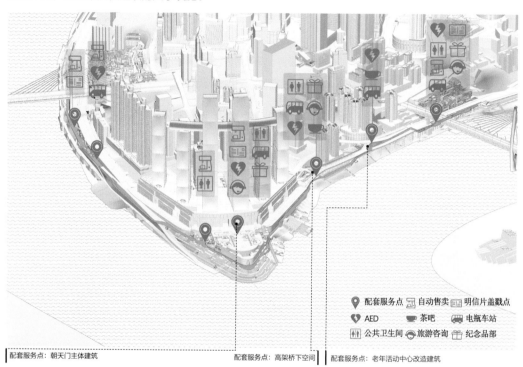

　　📍 配套服务点　　🖳 自动售卖　　📮 明信片盖戳点
　　💟 AED　　　　　　☕ 茶吧　　　　🚐 电瓶车站
　　🚻 公共卫生间　　🛈 旅游咨询　　🎁 纪念品部

| 配套服务点：朝天门主体建筑 | 配套服务点：高架桥下空间 | 配套服务点：老年活动中心改造建筑 |

朝天门广场片区配套服务分析图

E-1-4 开放空间系统的重构

强化特色节点设计，重构开放空间体系

　　滨江路全线贯通，打通了环岛的快速交通，却在一定程度上封闭了人们和江水的关系。长江岸边立起了高差10m的防洪堤，嘉陵江岸被压在重重立交之下，山城步道被来福士车库防洪墙阻断，无法与朝天门广场连通，原本位于两江交汇黄金区位的城市空间失去活力。本次更新结合场地特征进行设计，重构开放空间系统，提升滨江沿线空间环境品质，打造朝天门码头、宋城揽胜、观江休闲空间、城墙遗址公园、艺术文创空间等若干人气聚集点。

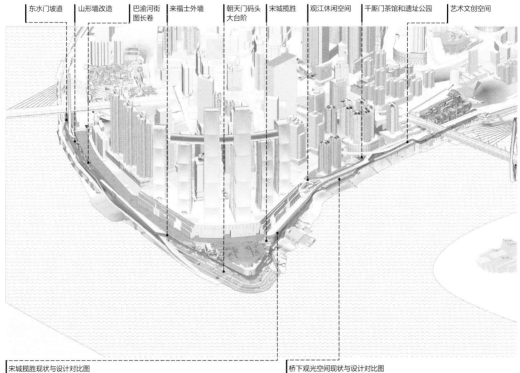

东水门坡道　　山形墙改造　　巴渝河街图长卷　　来福士外墙　　朝天门码头大台阶　　宋城揽胜　　观江休闲空间　　千厮门茶馆和遗址公园　　艺术文创空间

宋城揽胜现状与设计对比图　　　　　　　　　　　桥下观光空间现状与设计对比图

朝天门广场片区开放空间分析图

B-2-3 街道界面的织补
织补滨江城市界面，建立连续特色风貌

　　长江段挡墙现状岸线生硬单调，裸露大量混凝土结构。更新设计中在现状挡墙外挂高强度轻质人造石挂板浮雕及穿孔铝板，结合声光电的效果，在界面中融入老重庆特色鲜明的城市滨江风貌元素。嘉陵江段的城市界面多为临江楼宇的外墙或基础，零星存在老旧的小型配套建筑，现状地形高差变化较大。更新中梳理现状高差，整合观江平台，提取传统民居建筑元素，在沿岸的桥下空间、老年活动中心、文化长廊建造构筑物。

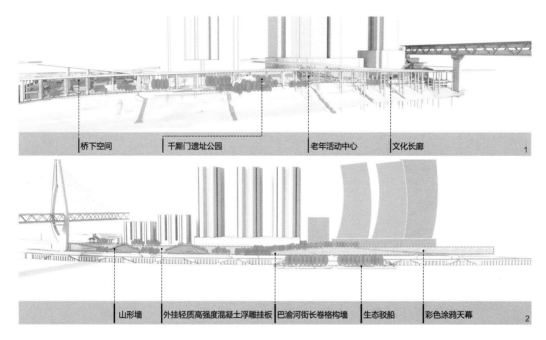

F-2-4 景观设施的演变
历史构筑演变，提升文化景观风貌

　　更新中保留朝天门门洞空间形态和对位关系，在沿江界面上大量运用当地的石材，参考古代垒砌石材城墙的技术与功法，结合现代的营造技术，通过景观设施的改造，最大限度地还原重庆老城墙风貌。

1 沿嘉陵江侧透视图；2 沿长江侧透视图；3 更新前朝天门实景；4 朝天门城门效果图

E-2-2   **广场空间的重构**

重塑空间秩序，激活标志性广场空间

　　朝天门广场现状配套老旧，整体老化严重。更新设计以"零公里地标"为核心，重塑朝天门广场秩序，提升其整体形象。广场铺地围绕地标呈圆形发散，顺应两江交汇的空间格局；保留广场上装饰柱体，改造为火盆柱，提升广场文化氛围。

广场铺装更新范围，围绕零公里地标呈圆形发散

保留广场字碑，局部下沉广场　　保留装饰柱改造为火盆柱

J-2-3   **空间尺度的协调**

复现、增高城墙门洞，缓解高楼压迫感

　　更新设计在尊重历史形制的基础上，尽可能加高城墙、加大门洞，缓解来福士高楼的压迫感。根据现存的三处重庆古城墙开门遗址的有关数据，并为了进一步凸显朝天门的高大，城墙效仿通远门下设约3m高的大基岩，使得朝天门观感更为雄伟高耸。对门洞尺寸进一步优化，宽7m，总高12.8m，在遵循古城门比例研究的基础上最大化，既保证了不会被洪水完全淹没，又凸显出朝天门的雄伟高耸，在气势上缓解来自来福士高楼的压迫。

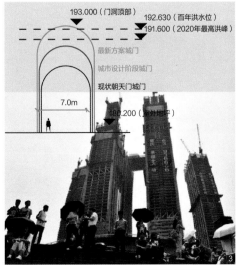

1 更新前朝天门广场实景照片；2 更新后朝天门广场效果图；3 更新前后的朝天门广场及门洞分析；4 朝天门方案设计效果图

J-2-3　　　　　　　　　　　　　　　　　　　　　　　　　空间尺度的协调

提升岸线延展度，协调空间尺度

在朝天门码头两江交汇处，设置功能性趸船并打造为重庆航运博物馆。通过延展朝天门广场、码头、滩涂和趸船的水平空间与来福士竖向高度相协调，形成优化的空间尺度关系。

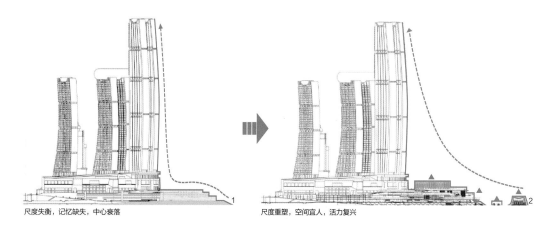

尺度失衡，记忆缺失，中心衰落　　　　　　　　　　尺度重塑，空间宜人，活力复兴

H-2-2　　　　　　　　　　　　　　　　　　　　　　　　内部改造适合新功能

内部改造利用，满足新建功能

朝天门原建筑功能为城市规划展览馆和历史名人馆，形态和功能相对封闭单一。在改造过程中，置入新的吊脚楼形式的体量。在吊脚楼建筑空间内，引入开放的观江平台和商业步行街空间，激活沉闷乏味的空间，将原本单一的展览空间划分再利用，使得原有的建筑空间满足新时期的要求，成为复合文创商业、筑城博物馆、集散中心、观江休闲、文化体验、办公等功能的多元化、开放性的综合性建筑。

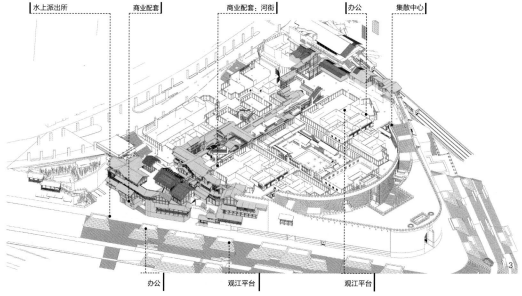

1 更新前朝天门广场空间尺度分析图；2 更新后朝天门广场空间尺度分析图；3 朝天门新功能植入分析图

J-2-1   形式语言协调

协调建筑形式语言，恢复巴渝河街意象

　　吊脚楼的设计以巴渝传统河街意象为基础，运用现代材料，增加河街现代与历史的对话；为提升结构耐久性和消防性能，新建河街采用铝板包覆吊顶，承重结构为钢结构外包木。新建河街从传统出发，协调建筑形式语言，结合现代审美、现代技术及场地特点，构建出兼具浓郁重庆烟火气的山城码头景观。

I-2-2   遮阳体系引入

置入遮阳体系，优化热工性能

　　现状建筑开放空间较少，并无特殊遮阳设计。现状建筑更新功能后，创造开放的观江平台空间。通过转译老重庆传统吊脚楼民居，在建筑外侧增加吊脚楼形态的出檐和格栅。通过层层叠叠的深远挑檐和格栅幕墙形成新的遮阳体系，加强遮阳和防雨效果，改善建筑热工性能。

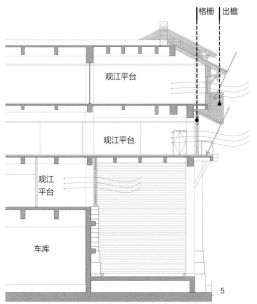

1 吊脚楼历史照片；2 嘉陵江侧吊脚楼效果图；3 吊脚楼与大梯坎历史图片；4 长江侧吊脚楼效果图；5 遮阳剖面示意图；6 挑檐效果图

I-1-2 　　　　　　　　　　　　　　　　　　　　　　植入中庭与立体庭院

重构商业河街，提升采光通风

　　现状建筑空间形态封闭单调，进深过大。设计在靠近来福士一侧的三、四层削减建筑体量，形成贯通东西的老重庆吊脚楼特色的商业河街和多个天井，增加穿堂风和热压通风，改善建筑通风和采光。

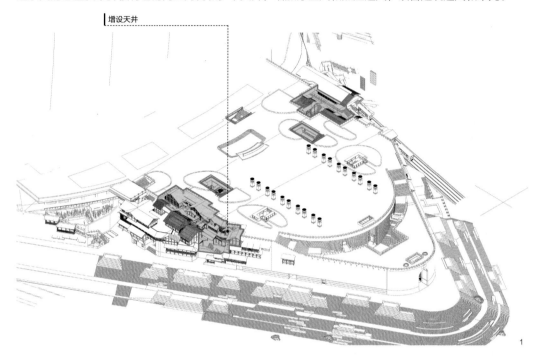

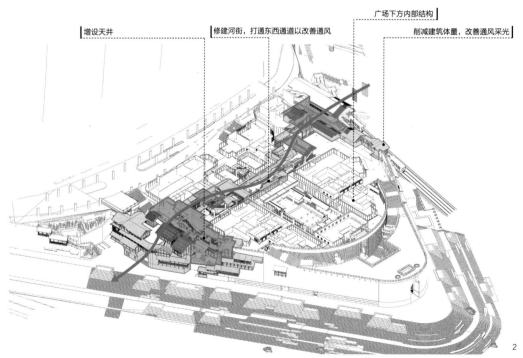

1 朝天门河街天井设计分析图；2 朝天门河街空间通风采光分析图

G-1-1 原有结构加固加强

设计荷载增加，整体加固加强

　　建筑使用功能由原设计城市规划展览馆调整为以商业为主的城市综合体，并增加了具有重庆当地特色的吊脚楼元素，这使得使用荷载增加。同时，由于新规范的执行，部分荷载设计数值增大，荷载分项系数也同步调整增大，致使原有设计结构承载力不足，需要对原结构体系进行整体加固和加强，使其满足新建筑功能下的设计使用需求。

原结构梁及粘钢加固　　　　　　　　　　　　　原结构柱加大截面

G-3-2 轻构件选用

采用轻型构件，降低老结构受力压力

　　由于建筑功能形态的需求，广场内部及两侧临江面增加了许多吊脚楼元素，吊脚楼元素采用钢木结合结构，除主承重结构体系外，次要承重及装饰型构件均采用木质构件，此举有效降低了结构自重，减小了老旧构件的荷载压力，为老结构改造的可能性提供了有力支持。

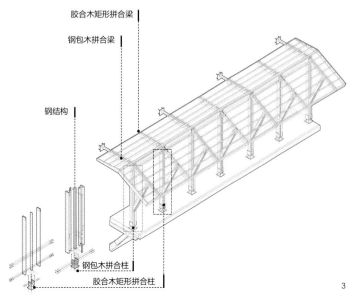

胶合木矩形拼合梁
钢包木拼合梁
钢结构
钢包木拼合柱
胶合木矩形拼合柱

1 粘钢加固；2 柱截面增大；3 吊脚楼钢木结构分析图

长垣护城河更新

项目地点：河南省长垣市
用地面积：26.7hm²
设计单位：中国建筑设计研究院有限公司
主要参与人员：景泉、李静威、刘琴博、刘祥玲瑞、贺然、司倞、杨莹、朱冰淼、王泊涵、王紫麟

项目背景与更新目标

长垣市是2017年唯一入选住房和城乡建设部全国"城市双修"试点的县级城市、河南省第一批实施百城建设提质工程市县，老城区的更新改造是其城市建设工作的重点内容。

长垣市老城区地处黄泛平原，护城河河道总长度约为4.2km，水面面积约5.7hm²。在老城建设的历史过程中，先民通过疏浚城壕或堤外低地以容蓄城内积涝，同时取土挖塘，垫高城内地面，形成了老城内部以东西、南北十字街为中心，中间高、四周低、称为"龟背形"的城市形态，城市中心与四周形成高差，城市四周坑塘湿地与护城河形成内外连通水系，不但具有排涝调蓄的生态防御与雨洪安全功能，而且是具有历史价值的理想景观人居模式。

然而近年来坑塘水系被侵占，老城历史格局中的水系连贯性受到巨大破坏，水环境污染、滨水界面凋敝、文化特色消失等问题严重。

本次更新紧扣长垣水城关系的现存问题，充分利用既有的水城格局，确定了以河兴城的技术框架体系。提出织补老城水绿格局、激活老城命脉价值的基本策略，灵活运用各项城市更新设计手法，构建物质空间载体与精神文化生活的互动路径，使城市看得见水，记得住乡愁。

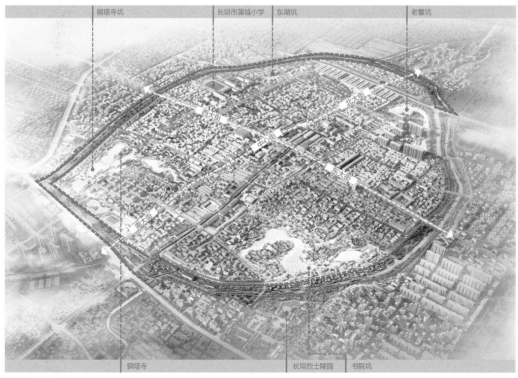

区位分析图

本土资源要素梳理

（1）土地环境资源：项目位于长垣老城，暖温带大陆性季风气候。作为黄泛平原上长期面对黄河泛滥的典型城镇，长垣形成了"水包城"这一黄泛平原适应性景观与聚落栖居模式。

（2）地域文化资源：长垣的文化特色集黄河文化、圣贤文化、官宦文化与商贸文化等于一体。护城河沿线现有遗存包括约100m长的古城墙、300m长的仿古城墙，形成了"一迹三风六韵和"（遗址古迹—历史风貌—古韵今容）的整体风貌，具有改造提升的良好基础。

（3）社会政治经济资源：护城河承载了大多数长垣居民对长垣老城最深刻的印象，是长垣人民的乡愁载体与精神寄托。

（4）城市空间脉络资源：场地内形成了"城河互融"的历史空间格局。环绕老城的护城河与周边坑塘湿地形成内外连通的水系统，利于防洪排涝；在城内形成以东西、南北十字街为中心，中间高、四周低、称为"龟背形"的地面形式，有利于城内排水组织。

1 更新前护城河周边现状；2 更新前传统民居；3 更新前文化广场；4 更新前城墙；5 更新前护城河河道；6/7 更新前护城河局部段鸟瞰

街区层面设计方法应用解析

街区层面模式语言检索表						
设计要素 ＼ 模式语言	面向既有的延续	面向问题的微增		面向目标的激活		
	A	B	C	D	E	F
	协调	织补	容错	植入	重构	演变
1 街区系统　1-1 功能布局				D-1-1		
1-2 空间布局	A-1-2					
1-3 空间肌理						
1-4 开放空间系统						
1-5 生态环境					E-1-5	
1-6 路网结构						
1-7 慢行系统		B-1-7				
1-8 天际线						
1-9 视廊与标志物						
2 景观环境　2-1 绿化		B-2-1				
2-2 广场					E-2-2	
2-3 街道界面						
2-4 设施小品				D-2-4		F-2-4
3 服务设施　3-1 交通设施						
3-2 公服设施		B-3-2				
3-3 市政设施						

A-1-2 空间格局的协调

协调环城空间格局，强化城河空间联系

　　随着护城河在城市空间格局中从城外河向城内河的变化，城市建设的粗放发展使护城河局部地段水系与坑塘被填埋，空间格局完整性遭到破坏。设计拆除现状质量较差建筑腾退为绿色空间，打通护城河与内部坑塘连接节点，内外结合形成整体水网体系，使护城河重现老城环状空间格局，强化城河联系，辐射带动整个城区发展。

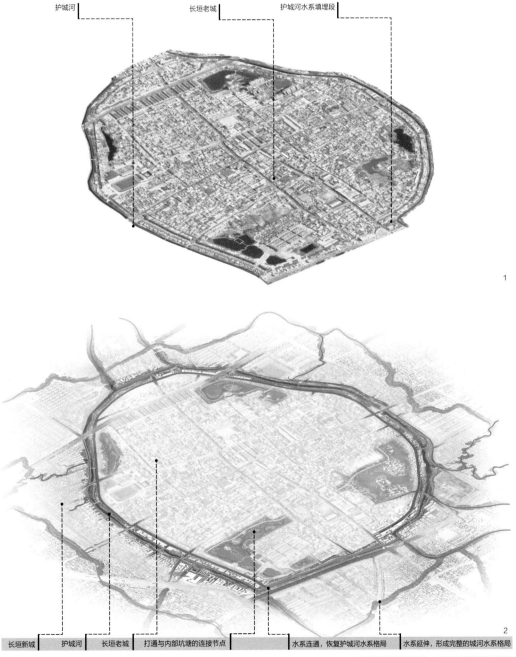

护城河　　　　长垣老城　　　　护城河水系填埋段

1

长垣新城｜护城河｜长垣老城｜打通与内部坑塘的连接节点　　　水系连通，恢复护城河水系格局｜水系延伸，形成完整的城河水系格局

2

1 更新前护城河水系分析图；2 更新后护城河水系分析图

E-1-5
重构生态岸线，激活河道生态弹性

生态系统的重构

护城河现状的硬质驳岸无法调蓄水位，生态系统单一，而且容易加剧水体污染。设计提出恢复自然生态岸线，综合提升河道生态弹性。

建立连续的滨水层级湿地净化系统，净化水质，为生物提供栖息地，形成护城河稳定健康的自然生物群落；结合竖向设计，因地制宜地应用海绵技术，就地滞蓄雨水，应对河道水位变化。

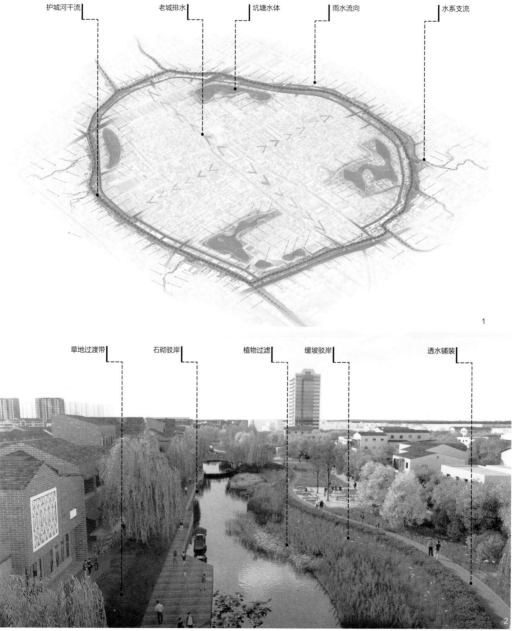

护城河干流　　老城排水　　坑塘水体　　雨水流向　　水系支流

1

草地过渡带　　石砌驳岸　　植物过滤　　缓坡驳岸　　透水铺装

2

1 长垣护城河地表水系示意图；2 生态岸线设计效果图

B-2-1 绿化空间的织补

依托当地植被创新种植模式，织补滨河绿化景观

现状植被局部连续成片、长势良好、植物意象特色较为鲜明，但可进入性较差、整体风貌较为杂乱。设计以能够适宜当地气候及环境特征的乡土树种，构建雨水花园、果园林地、生态绿岛、净水湿地等种植模式，延续基础优势，增加互动体验，激活滨河整体绿化景观。

雨水花园：在靠近城市界面的社区小空间中，结合建筑空隙打造斑块状城市雨洪海绵。

果园林地：结合微地形或滨水台地设置林地及特色雨洪果园，增加采摘体验，形成宜人林下步道和场地。

生态绿岛：在空间充足、河道弯曲的河段，沿河道一侧开挖细小水道，形成多个独立的生态岛屿。

净水湿地：在河畔空间充足、距离社区较远的区域，结合地形建设净水湿地，增强滨河绿地生态效益。全线种植结合文化节点主题，综合考虑基底乔木、点景乔木、水生植物配置，植物造景重现老城文化意象。

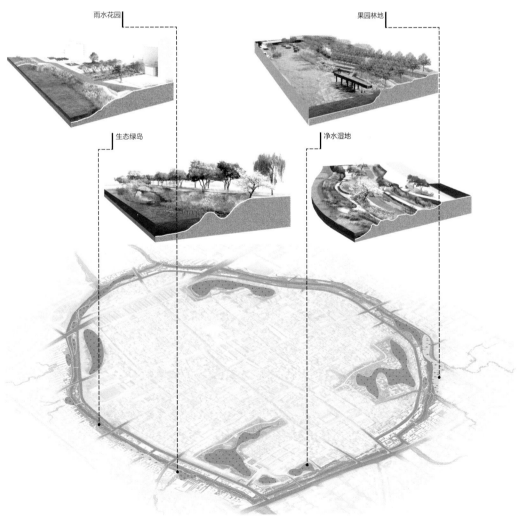

长垣护城河种植模式示意图

B-1-7 　　　　　　　　　　　　　　　　　　　　　**慢行系统的织补**

织补慢行系统，提供多维连续滨水体验

　　区域现状交通混杂，人车混行，部分建筑占道使滨水交通系统不连续，两岸连通性差。设计结合更新改造，建筑退让留出连续的环城滨河慢行系统空间，协调人车分流。布设多层次交通游线，包括紧邻城市道路的人行道、鼓励绿色出行的骑行道、靠近护城河的滨河慢行道、集合护城河驳岸设置的木栈道，以及河道内的"水上慢行"游船道，构建滨河特色的老城整体慢行系统。

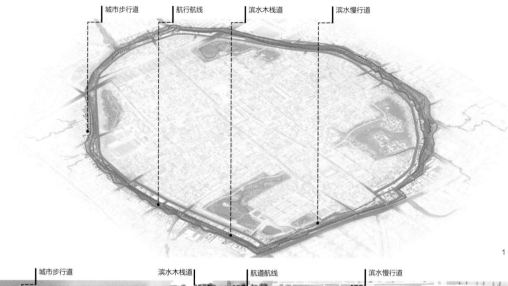

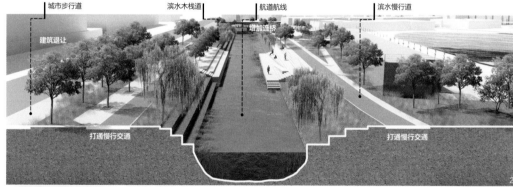

1 长垣护城河慢行系统示意图；2 多层次交通游线分析图；3 水街烟桥（北段）设计效果图

E-2-2   **广场空间的重构**

植入主题活动广场，提升城河交互性

清除两侧危旧建筑，整合现有闲置用地及可达性较差的城市绿地，结合市民闲聊、散步、种菜、运动、采买、棋牌等日常生活需求植入主题活动广场，提升滨水吸引力，加强护城河与城市的联动。

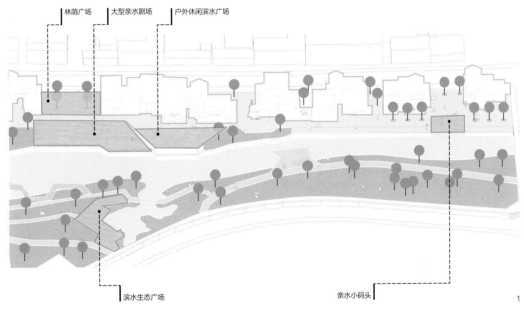

1 主题活动广场示意图；2 "承熙熙华" 集市广场设计效果图

B-3-2　　　　　　　　　　　　　　　　　　　　　　　　　　　**公服设施的织补**

织补综合服务体系，满足全龄友好需求

　　在护城河全域根据服务半径布局服务设施，基本服务设施以300m为服务半径，达成主要游览区全覆盖。结合地域特色的年节时令与周边居民的生活节律，植入有护城河特色的综合服务节点。通过休憩设施、运动服务设施、商业服务设施的差异化配置与主题化设计，打造书院坑水上商街、自然探索坑塘、护城河畔都市农园以及砖墙花园等综合服务节点，满足全龄友好需求。

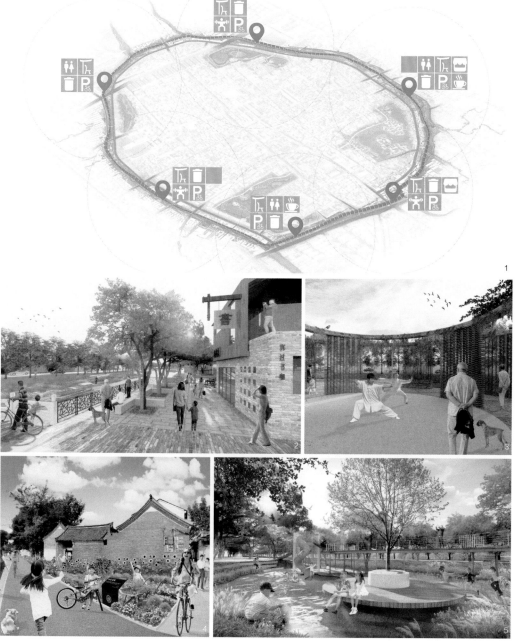

1 长垣护城河服务设施体系示意图；2 书院坑水上商街设计效果图；3 砖墙花园设计效果图；4 护城河畔都市农园设计效果图；5 自然探索坑塘设计效果图

D-2-4 景观设施的植入

植入文化性景观小品，满足风貌与功能需求

设计挖掘长垣地域特色的黄河文化、圣贤文化、官宦文化与商贸文化特质，构建泊船戏台、皮影剧场、青台夕照、故垣新岸等文化景观节点，在设施小品中植入差异化的文化要素，提供丰富多样的地域特色民俗体验，讲述连续的老城历史文化故事。在彰显文化的同时，满足当代风貌及功能需求。

1 文化景观小品植入示意图；2 游廊设计效果图

F-2-4　　　　　　　　　　　　　　　　　　　　　　　　　景观设施的演变

新老城墙演变，增补文化互动方式

　　护城河西南向现存老城墙约100m，保护利用情况不佳。为营造历史景观，当地于老城墙附近选址修建仿古新城墙，但形式呆板，难以互动。

　　设计打造滨河城墙遗址公园，依托老城墙遗址进行活化保护，使市民可以感受到老城墙的历史沧桑。结合新城墙结构设置互动设施，让游客可以体验城墙登高、墙下戏水的生活意趣。使新老城墙转变为满足当下审美与功能的设施小品，实现新旧语言的和谐混搭。

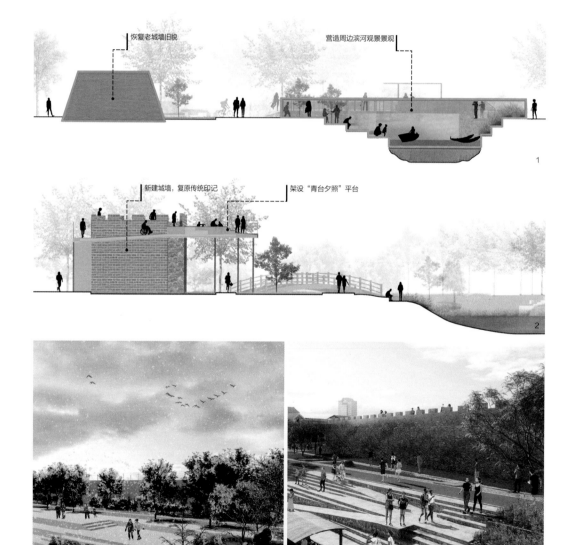

1 老城墙设计模式；2 新城墙设计模式；3 老城墙"故垣新岸"设计效果图；4 新城墙"青台夕照"设计效果图

D-1-1

植入创新业态，提振滨水商业价值

　　场地现状商铺很多但人气不旺、风貌不佳。因此方案结合现有建筑进行改造和重建，因地制宜地置入水上商街等游逛性强的功能空间，露天影院、民俗手工作坊等沉浸体验的创新业态，嬉水乐园、河畔球场等青少年的活动场地，以及茶歇、轻餐饮等休闲娱乐的消费场所，满足市民消费需求，提升滨水利用效率，激发场地活力。

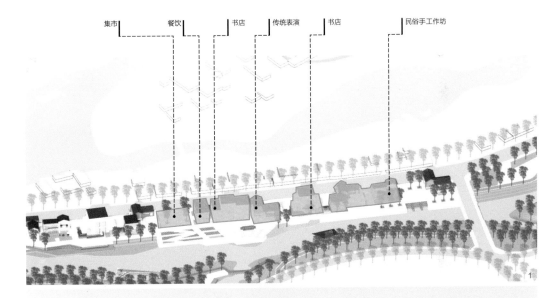

集市　　餐饮　　书店　　传统表演　　书店　　民俗手工作坊

1 创新业态植入示意图；2 "书香桥影" 水上商街设计效果图

5.5

街道空间类

- 太原迎泽大街街道整体提升规划
- 北京阜成门内大街更新

5.5

街道空间类

基础认知

城市街道空间是指在城市范围内，全路或大部分地段两侧建有各式建筑物，设有人行道和各种市政公用设施的道路；既包括道路红线范围内的人行道、非机动车道、机动车道、隔离带、绿化带等空间，也包括道路向两侧延伸到建筑等的扩展空间。街道空间是城市最基本的公共产品，除承载着交通功能外，也是与城市居民关系最为密切的公共活动场所，是城市历史、文化重要的空间载体。在新形势下，街道空间的建设与更新是满足人民群众对公共产品和公共服务需求的重要途径。

本书所研究的城市街道空间类更新对象主要是指在城市发展过程中，面临交通拥堵、沿街风貌破败、设施配套不足等问题的，急需通过更新整治进行整体提升的街道更新项目。

街道空间类的更新项目更新的重点主要包括：以道路断面、交通组织为主的交通功能设施的更新；以街边广场绿地、建筑前区、步行通行区为主的步行与活动空间的更新；以无障碍设施、照明设施为主的附属功能设施的更新；以及沿街建筑界面的更新。

关键问题

本节以街道空间类更新项目的共性特征为基础，从更新设计要素出发，总结梳理此类更新项目在更新过程中面临的关键问题。

街区层面——街区系统

功能布局：步行和非机动车空间被过度挤占，各类停车占用步行空间。

开放空间系统：缺少建筑前区开放空间，缺少对景观铺装的精细化设计。道路空间与建设地块的环境衔接方式较为粗糙。文化特色彰显不足。

道路交通：道路系统不完善，交通组织混乱且效率低下。

慢行系统：部分生活性街道空间较为狭窄，慢行空间不足；部分交通型街道空间过街间距较长，存在安全隐患。

街区层面——景观环境

绿化：道路绿化的品质、层次欠缺，行道树遮阴不足；绿化空间零星未成线成片，服务效果低效。

街道界面：界面风貌不佳，立面形式凌乱不连续，文化特色彰显不足，视觉及空间整体性较差。

景观设施：街道家具配置不足，智能化设施配置欠缺，文化特色展示不足。

街区层面——服务设施

交通设施：非机动车停车设施缺乏合理组织，乱停放现象严重；公共交通站点布局、站点形式不合理，容易造成交通拥堵；对出租车、网约车临时停车空间缺乏考虑；过街设施配置不足、使用不便。

市政设施：各类设施线杆过多过乱，市政设施占用道路空间。

模式应用

基于以上基础认知与关键问题的梳理，本节希望通过两个典型的街道空间类案例——太原迎泽大街街道整体提升规划项目、北京阜成门内大街更新项目的研究，展示案例对前文中更新模式语言的应用过程，以期为后续街道空间类城市更新项目实践提供有借鉴意义的绿色更新设计指引。

太原迎泽大街街道整体提升规划

北京阜成门内大街更新

太原迎泽大街街道整体提升规划

项目地点：山西省太原市
用地面积：298hm²；街道长度：5.4km
设计单位：中国建筑设计研究院有限公司、中国城市发展规划设计咨询有限公司
主要参与人员：崔愷、杨一帆、蒋朝晖、庞搏、方永华、王韧、乔鑫、周启暄、冯霁飞、李华跃、陈杰、操婷婷

项目背景与更新目标

迎泽大街位于太原市中心，是太原市最具标志性、交通性、景观性、生活性的主干道之一，也是太原市城市历史文化与形象的展示轴。该道路串联了城市多个中心，是新中国太原城市建设的集中展示窗口。

本次规划设计范围为该大街的核心区，全长5.4km。迎泽大街存在的主要问题包括：周边路网结构不完善、机动车空间通行效率不高、街道连续的功能界面被挤占过多、历史文化功能被遮挡、建筑前区空间封闭、公共交通设施不足等。

本次更新以建设一条文化荟萃的礼仪大街、绿色生态的景观大街、高效有序的智慧大街、安全活力的人本大街为目标，从自然环境、历史文化、时代发展三个维度出发，提出"千年锦绣城、三晋第一街"的整体定位。更新优化机动车空间、慢行空间、建筑前区三类空间、划定五段风貌段、详细设计五处重点区域，并形成项目库，制定实施计划。

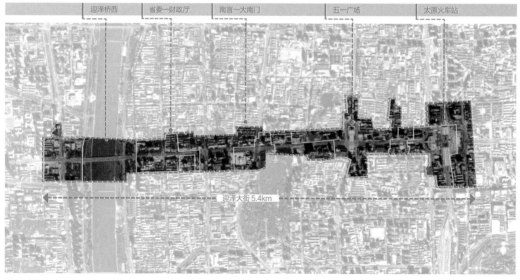

迎泽桥西　省委一财政厅　南宫一大南门　五一广场　太原火车站

迎泽大街5.4km

区位分析图

本土资源要素梳理

（1）气候资源：太原市夏季炎热多雨，冬季寒冷干燥，受地形、海拔及海洋性气候的影响，形成了温带大陆性气候。

（2）地域文化资源："迎泽"这一称呼，最早来自"迎泽门"，迎泽门出自古代歌谣《南风歌》："南风之薰兮，可以解吾民之愠兮；南风之时兮，可以阜吾民之财兮。"这首歌曲颂扬了馥郁的南风吹来了温暖和雨泽，养育了万物，使民生富裕，解除了百姓的忧愁。万物和人民都共同迎承着南风的恩泽，故名"迎泽"。

（3）城市空间脉络资源：基地内的迎泽公园始建于1954年，是太原解放后新建的第一个公园，因位于古太原城迎泽门外而得名。此外，项目还串联着包括太原工人文化宫、中国煤炭博物馆等16处近现代历史建筑，以及纯阳宫、文瀛公园等多处历史遗迹；基地从西往东坐落着省委、省人大、省政协等省直机关，是太原的政务中心、交通枢纽和对外交往的窗口。

1 更新前五一广场实景；2 更新前迎泽大街鸟瞰

设计方法应用解析

设计要素		模式语言		面向既有的延续	面向问题的微增		面向目标的激活		
				A	B	C	D	E	F
				协调	织补	容错	植入	重构	演变
1	街区系统	1-1	功能布局						
		1-2	空间格局						
		1-3	空间肌理						
		1-4	开放空间系统					E-1-4	
		1-5	生态环境						
		1-6	道路交通		B-1-6	C-1-6			
		1-7	慢行系统		B-1-7				
		1-8	天际线						
		1-9	视廊与标志物						
2	景观环境	2-1	绿化						
		2-2	广场					E-2-2	
		2-3	街道界面						
		2-4	景观设施						
3	服务设施	3-1	交通设施		B-3-1				
		3-2	公服设施						
		3-3	市政设施						

街区层面模式语言检索表

B-1-6　　　　　　　　　　　　　　　　　　　　道路交通的织补
优化道路结构，完善交通体系

　　原道路规划方案中，迎泽大街周边微循环道路未实施的有10条，机动车交通堵车现象频发，通行能力急需提升。

　　设计依据"保畅促联"的原则，从两个方面织补路网结构，优化微循环系统。一方面，将必要道路进行打通，提高路网密度；另一方面，通过立交平做、单向道路设置等交通优化措施来调整路网结构。

　　按原道路改造方案打通省委北路、水西关南二条、旧城南街、公园环路、南宫南街西段、广电西路、广电东路、新泽北巷共8条道路，在实现更新片区内部交通有序的前提下，保证片区与周边城市路网结构的顺畅衔接。

　　为了减少转弯车辆经过十字路口，减轻路口交通压力，保证交通顺畅，将桃园路、新建路、解放路进口道禁左，立交平做。为了疏解交通堵塞问题，降低车流量，将新海巷、南宫南街东段改为单向交通组织。

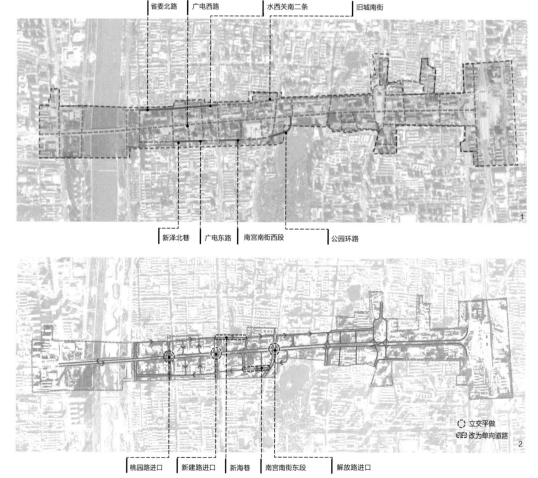

1 迎泽大街规划打通道路分析图；2 迎泽大街立交平做及单向道路规划分析图

B-1-7

优化慢行空间与设施，建立舒适步行环境

现状步行空间连续性较差，多被一些建筑前区空间所割裂，同时与周边地块的联系性较差；整条大街机动车道41m宽，行人过街距离较长，缺乏安全岛的设置，步行体验较差；交通换乘欠缺一体化设计，交通效率有很大的提升空间。

设计通过优化慢行设施布局，提升慢行交通的安全性与便利性；多手段规范非机动车停放，提升慢行环境的舒适性；串联慢行空间，对接城市重要公共空间，优化慢行功能的整体性。以此进行慢行空间的织补与提升。

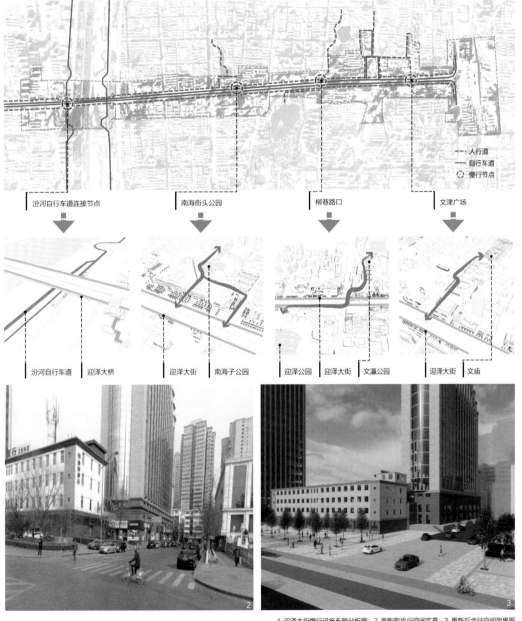

1 迎泽大街慢行设施布局分析图；2 更新前步行空间实景；3 更新后步行空间效果图

B-3-1 交通设施的织补

补足交通场站设施，建立高效的换乘

　　在迎泽大街这样一条多尺度、多元化交通覆盖下的线性空间内，需要将地铁、公交车、私家车、非机动车与人行道进行合理的归置与平衡，让各类交通群体有序和谐地存在这一空间中。在公共交通系统方面，迎泽大街存在地面公交系统班次数量冗杂、线路规划需提升等问题。

　　设计通过交通设施的织补——分析既有交通设施的现状问题，完善并落实上位地铁站点周边接驳设施设置，通过站点与地面公交站、出租车临时停靠点、自行车停车区的统筹安排，实现各类交通方式之间的便捷换乘，特别对于交通复杂的太原站地区，通过交通组织的优化、交通设施的安排，使站前地区的交通换乘更高效。

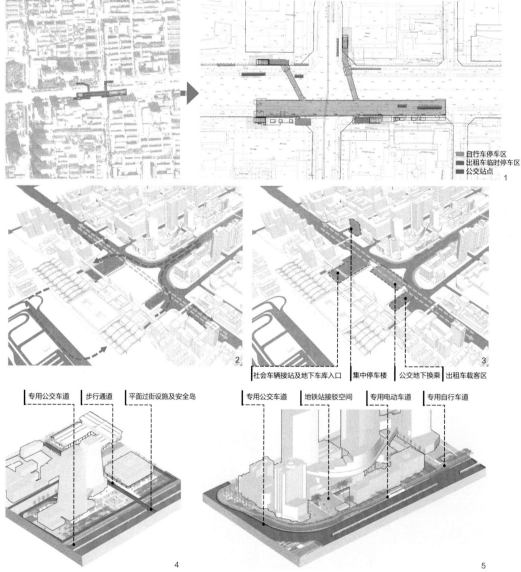

1 迎泽大街地铁站周边接驳设施布局分析图；2 太原站前机动交通组织示意图；3 太原站前接驳设施布局示意图；4/5 迎泽大街分段U形断面示意图

C-1-6 道路交通的容错

微介入优化交通空间，提升交通效率

现状迎泽大街有良好的微循环组织基础，但上位规划未完全落实，需进一步优化两侧交通组织。

方案通过保畅促联、优化微循环系统，动态管控、增设路口可变车道，公交优先、多模式组合优化，需求引导、智慧协同等四项措施对机动车空间进行梳理与提升，具体包括增设可变车道、潮汐车道来提升交通效率，核实并调整公交专用道画线，调整地面停车场出入口至背街小巷以减少对主路的交通影响等。

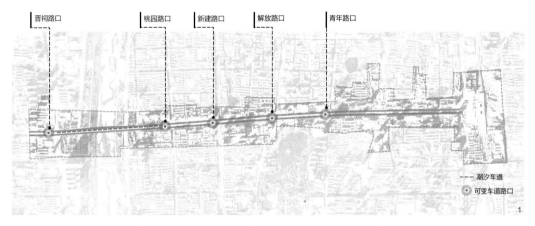

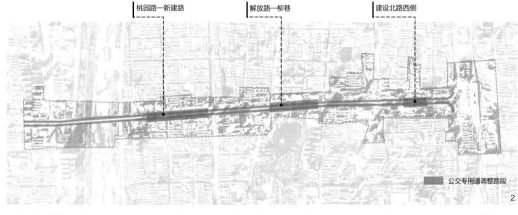

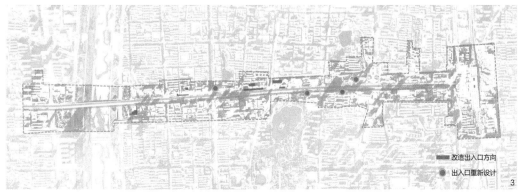

1 迎泽大街增设潮汐车道及可变车道的路口分析图；2 迎泽大街公交专用道调整分析图；3 迎泽大街地面停车场出入口更新分析图

E-2-2 广场空间的重构

建筑前区空间整治，增加释放活力空间

现状多处建筑前区空间封闭，活力不足。设计通过对建筑前区广场空间的重构来激活广场活力，以文化建筑煤炭博物馆为例，通过增加主题雕塑、商业外摆、增加林下休憩空间、去掉围栏并增加出入口等几种方式来加强公共建筑前区开放性和活力。

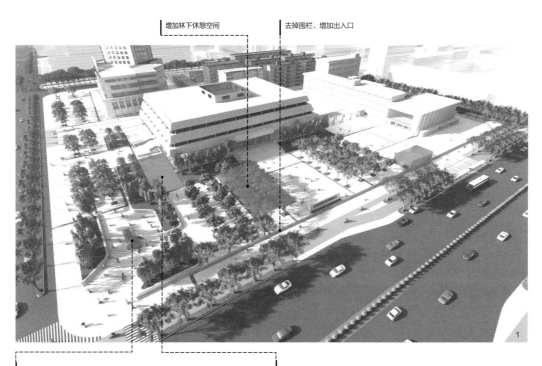

增加林下休憩空间　　去掉围栏、增加出入口

增加主题雕塑　　增加商业外摆

1 煤炭博物馆前区空间整治示意图；2 煤炭博物馆前的煤炭工人雕塑效果图；3 煤炭博物馆旁商业外摆效果图

E-1-4   开放空间系统的重构

提升核心景观资源，激活重要公共空间

　　以南宫一大南门重点区域为例。该区域企事业单位密集，是城市文化休闲活动的中心、未来地铁换乘枢纽，但该片区界面封闭，公共空间缺少联系，城市活力较弱。

　　设计对该片区开放空间进行重构，打造大南门交通景观节点，将清风阁地铁站与公园景观进行一体化设计，形成开放式地铁站厅；联通重要的公共空间，形成公共休闲带；塑造南宫文化中心标志形象，对南宫广场西侧景观进行提升。

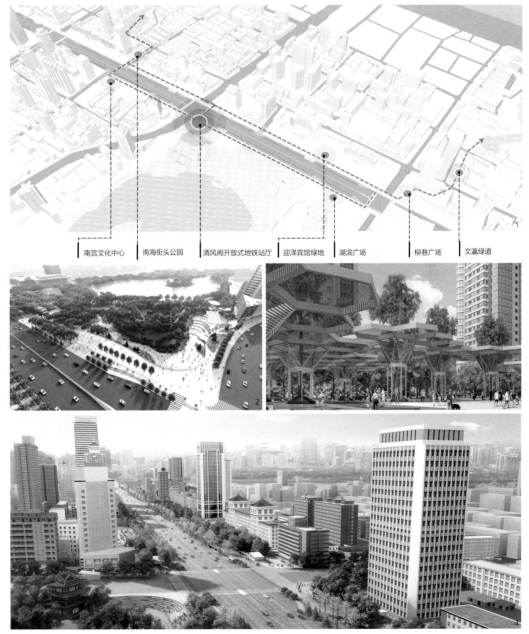

1 迎泽大街重要公共空间系统分析图；2 清风阁开放式地铁站厅效果图；3 南宫文化中心标志效果图；4 南宫－大南门地区效果图

北京阜成门内大街更新

项目地点：北京市西城区

用地面积：阜成门桥 – 赵登禹路区段全长680m

设计单位：中国建筑设计研究院有限公司

主要参与人员：史丽秀、赵文斌、刘环、贾瀛、孙文浩、孙昊、张文竹、牧泽、齐石茗月、陆柳、李甲、曹雷

项目背景与更新目标

　　阜成门内大街位于北京市核心区西城区，北邻阜成内大街历史文化保护区，南邻金融街，西邻阜成门桥，东邻赵登禹路，全长1390m。本次实施的一期工程是阜成门桥—赵登禹路区段，全长680m。经历多次拓宽改建，曾被老舍先生誉为"北京最美大街"的阜成门内大街如今面临着街道尺度失衡、功能区域混杂、交通流线较差、设施占道、公共空间不足、绿化缺失严重、建筑风貌历史形态尚存但立面元素杂乱等诸多问题。

　　北京市总体规划提出，尊重并保持老城内的街巷胡同格局和空间尺度，坚持保护优先，原则上不再拓宽老城内现有街道。本次更新以问题为导向，重点解决"屋与街、车与人、景与境"三组关系，重塑一条连续、安全、符合街道尺度、充满北京人文气息的生活老街。

1 区位分析图；2/3/4 阜成门内大街历史照片；5 更新后阜成门内大街实景

本土资源要素梳理

（1）土地环境资源：项目位于北京市西城区，温带季风气候。历代都城营建形成了北京城典型的街巷胡同肌理。

（2）地域文化资源：阜成门内大街全长1.4km，沿线文物古迹众多，分布着妙应寺白塔、历代帝王庙、广济寺、鲁迅故居等多处国家级、市级文物保护单位，素有"一街看尽七百年"的美誉。其中白塔寺位于本次实施的一期工程项目范围以内。阜成门内大街是老北京人民记忆中重要的情感要素，也是北京老城重要的人文要素。

（3）城市空间脉络资源：阜成门内大街一直承担着北京城重要的交通功能，是北京老城"一轴一线"中，"一线"的西起点。

街区层面设计方法应用解析

<table>
<tr><td colspan="9" align="center">街区层面模式语言检索表</td></tr>
<tr><td colspan="2" rowspan="3">设计要素</td><td rowspan="3">模式语言</td><td align="center">面向既有的延续</td><td colspan="2" align="center">面向问题的微增</td><td colspan="3" align="center">面向目标的激活</td></tr>
<tr><td align="center">A</td><td align="center">B</td><td align="center">C</td><td align="center">D</td><td align="center">E</td><td align="center">F</td></tr>
<tr><td align="center">协调</td><td align="center">织补</td><td align="center">容错</td><td align="center">植入</td><td align="center">重构</td><td align="center">演变</td></tr>
<tr><td rowspan="9">1</td><td rowspan="9">街区系统</td><td>1-1</td><td>功能布局</td><td></td><td></td><td></td><td></td><td>E-1-1</td><td></td></tr>
<tr><td>1-2</td><td>空间格局</td><td></td><td></td><td></td><td></td><td></td><td></td></tr>
<tr><td>1-3</td><td>空间肌理</td><td></td><td></td><td></td><td></td><td></td><td></td></tr>
<tr><td>1-4</td><td>开放空间系统</td><td></td><td></td><td></td><td></td><td></td><td></td></tr>
<tr><td>1-5</td><td>生态环境</td><td></td><td></td><td></td><td></td><td></td><td></td></tr>
<tr><td>1-6</td><td>道路交通</td><td></td><td></td><td></td><td></td><td></td><td></td></tr>
<tr><td>1-7</td><td>慢行系统</td><td></td><td></td><td></td><td></td><td></td><td></td></tr>
<tr><td>1-8</td><td>天际线</td><td></td><td></td><td></td><td></td><td></td><td></td></tr>
<tr><td>1-9</td><td>视廊与标志物</td><td></td><td></td><td></td><td></td><td></td><td></td></tr>
<tr><td rowspan="4">2</td><td rowspan="4">景观环境</td><td>2-1</td><td>绿化</td><td></td><td></td><td></td><td>D-2-1</td><td></td><td></td></tr>
<tr><td>2-2</td><td>广场</td><td></td><td></td><td></td><td></td><td>E-2-2</td><td></td></tr>
<tr><td>2-3</td><td>街道界面</td><td>A-2-3</td><td></td><td></td><td></td><td></td><td></td></tr>
<tr><td>2-4</td><td>景观设施</td><td>A-2-4</td><td></td><td></td><td></td><td></td><td></td></tr>
<tr><td rowspan="3">3</td><td rowspan="3">服务设施</td><td>3-1</td><td>交通设施</td><td></td><td></td><td></td><td></td><td>E-3-1</td><td></td></tr>
<tr><td>3-2</td><td>公服设施</td><td></td><td></td><td></td><td></td><td></td><td></td></tr>
<tr><td>3-3</td><td>市政设施</td><td></td><td></td><td></td><td></td><td>E-3-3</td><td></td></tr>
</table>

E-1-1   功能空间的重构

协调街道功能布局，释放慢行空间

此次阜成门内大街整治提升过程中，西城区率先提出了"绿行带"的概念，将步行、骑行、绿化、城市家具、非机动车临时停放、标识标牌、路灯等市政设施及市政功能整合集约到非机动车及人行步道之间约6.8m的带状空间内，释放慢行空间。

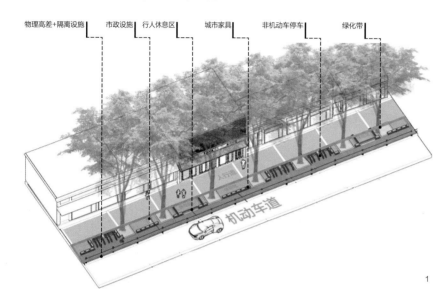

物理高差+隔离设施　市政设施　行人休息区　城市家具　非机动车停车　绿化带

机动车道

1

绿化带　　　非机动车停车　行人休憩空间　物理隔离设施

1 绿行带设计模式示意图；2 阜成门内大街人行空间分析图

E-3-1 交通设施的重构

协调置换功能空间，规范街道通行秩序

　　阜成门内大街上最大的拥堵点在丰盛医院处，就诊车辆占道停车、随意停放，患者下车后在机动车与非机动车之间穿行，交通流线混乱。设计通过机动车停车区域与非机动车区域内外空间置换，利用原非机动车道空间设置港湾式临时停车区，满足患者停车需求；同时避免动线交叉，统合出入口，规范车辆进出秩序。

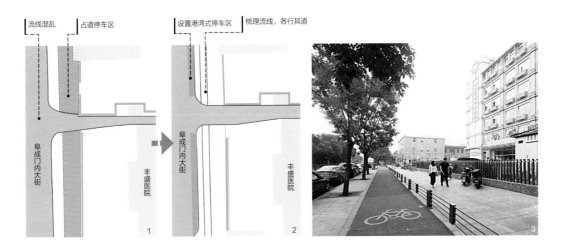

A-2-3 街道界面的协调

街道界面演变，营造和谐老街风貌

　　针对街区商业店面装饰元素与街区风貌冲突较大，店招样式多样、大小不一、随意杂乱等问题，设计保留街道原有整体形态，拆除所有现代元素装饰，改为使用传统纹样。通过创新设计的一体化店招防盗装置等方式改善立面，形成新旧和谐的老街风貌。

1 更新前丰盛医院段通行流线示意图；2 更新后丰盛医院段通行流线示意图；3 更新后丰盛医院前街道空间；4 更新前护国寺小吃店建筑风貌；5 更新后护国寺小吃店建筑风貌

E-3-1 　　　　　　　　　　　　　　　　　　　　　交通设施的重构

站点周边空间优化，提升疏散通行效率

　　整体优化地铁2号线出入口周边无序空间，拆除违章建筑，打通设备占道空间，形成地铁周边环形人流疏散通道；重新布局地铁2号线出入口周边公共空间的交通组织，与公交停车场站进行绿化软隔离，避免地铁人流与公交人流交叉。

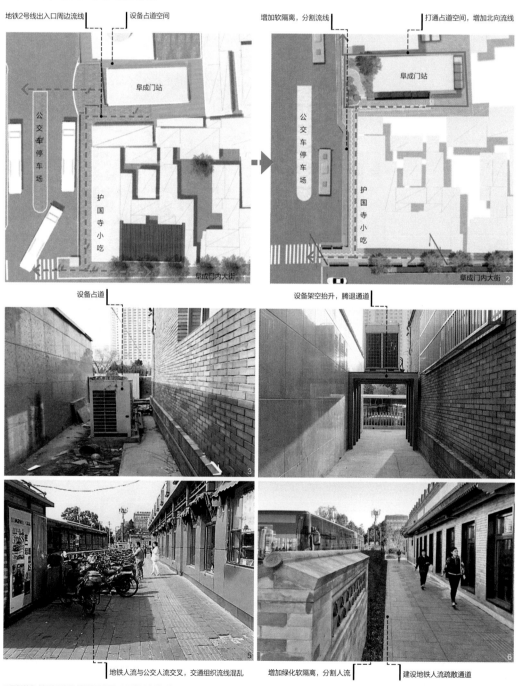

1 更新前阜成门站周边行人流线示意图；2 更新后阜成门站周边行人流线示意图；3 更新前阜成门站外空间设备占道；4 更新后阜成门站外空间；5 更新前阜成门站出入口周边公共空间；6 更新后阜成门站出入口周边公共空间

D-2-1

差异化补植增绿，提升街道绿化品质

　　街道全线补植行道树，塑造完整的林荫空间，使南北街道绿树连续、成荫成行。

　　对于建筑前区空间、交通岛与街角空间，采取差异化策略实现补植增绿。建筑前区空间合理安排公共停车区域，挤出小微绿色空间，乔灌木复层栽植，常绿、彩叶林搭配，点缀美人梅作为与街道文化契合的特色树种。交通岛利用市政线杆"多杆合一"综合减量释放的空间实现补植增绿。街角空间缩小交叉口道路抹角，外延人行路缘石，增补街角小微绿地。

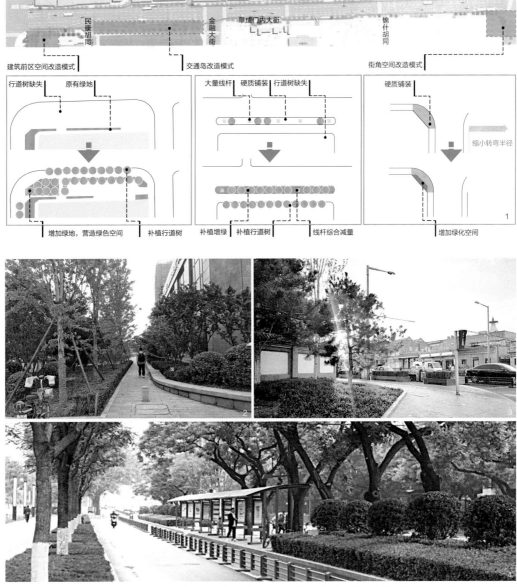

1 补植增绿模式示意图；2 东方资产大厦绿化改造后实景；3 赵禹登路西南角绿化改造后实景；4 阜成门内大街绿化改造实景

E-2-2 广场空间的重构

围合下沉广场，重构绿色邻里空间

针对建筑前区空间普遍存在的地势较低、雨季容易积水倒灌、空间界定不明、设施破旧、缺乏绿化等问题，利用高差，围合形成下沉广场，一方面拦截步道来水，另一方面形成安全的邻里休闲绿地；通过整修地面，增设坡道、扶手等便民设施，方便沿街居民日常生活；增补树池、绿篱等多种绿化形式，形成绿意盎然的邻里空间。

A-2-4 景观设施的协调

景观设施体现文化特质，融入老城历史氛围

将阜成门运煤文化、梅花元素提炼、渗透到街道设施小品中，提升小品设施的艺术性和美观性。同时充分借鉴其他传统文化元素如篆刻印章、金钱纹、罗汉床等，设计诸如篆刻印章风的车挡石、景观挡墙上的金钱纹样漏窗、融入梅花形象的树池箅子、以罗汉床为设计意象的休憩座椅等，体现街道文化特质，与北京老城历史街区的文化氛围相协调。

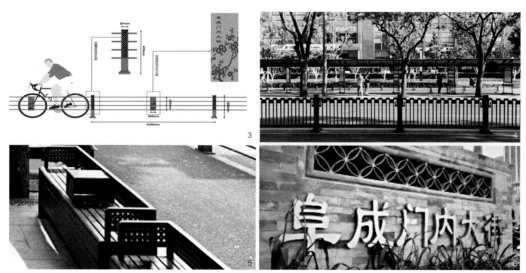

1 更新前邻里空间；2 更新后邻里空间；3 街道设施示意图；4 车挡实景；5 休息座椅；6 挡墙

E-3-3   市政设施的重构

市政多杆合一，提高环境空间风貌

　　阜成门内大街南北两侧由东到西共有电线杆、灯杆、监控线杆、交通信号灯、多种指示标识等各类线杆和标识标牌183个，设施罗列、通行受阻、景观混乱。此次整治提升提出"综合杆"的概念，将必需的交通指示功能、电车线杆功能、路灯照明功能、交通治安监控功能、旅游引导功能等统筹综合，集中布置在同一杆体设施上。整合后的各类线杆标识数量减少到55个，其中综合杆36根，多为对向布置，不仅满足相应的市政功能，综合杆本身亦将成为改造后阜成门内大街的一道特色风景。

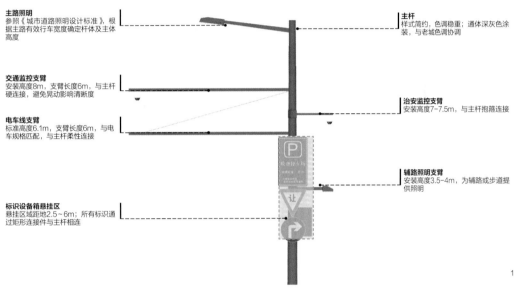

主路照明
参照《城市道路照明设计标准》，根据主路有效行车宽度确定杆体及主体高度

交通监控支臂
安装高度8m，支臂长度6m，与主杆硬连接，避免晃动影响清晰度

电车线支臂
标准高度6.1m，支臂长度6m，与电车规格匹配，与主杆柔性连接

标识设备箱悬挂区
悬挂区域距地2.5~6m；所有标识通过矩形连接件与主杆相连

主杆
样式简约，色调稳重；通体深灰色涂装，与老城色调协调

治安监控支臂
安装高度7-7.5m，与主杆抱箍连接

辅路照明支臂
安装高度3.5-4m，为辅路或步道提供照明

主路照明　　主杆　　治安监控支臂

电车线支臂　　标识设备箱悬挂区　　辅路照明支臂

1 综合杆模式示意图；2 更新前线杆；3 更新后综合杆

5.6

工业厂房类

– 景德镇陶溪川城市设计

– 绿之丘 上海杨浦区杨树浦路 1500 号改造

– "仓阁" 首钢老工业区西十冬奥广场倒班公寓改造

– 深圳华大基因中心设计

5.6

工业厂房类

基础认知

本书所研究的老旧工业厂房类更新对象是指随着城市发展，城区内的工业用地需要进行土地价值提升或产业迭代，促使工业发展转移或进行产业升级，从而带来用地内部建筑物或构筑物的遗留。从所包含物质内容来看，老旧工业厂房曾是为各种产品制造和运输存储提供生产作业的场所，不仅包括车间、仓库、办公室、宿舍等建筑物，还包括水塔、烟囱、管廊等构筑物。

我国是在20世纪90年代经过产业结构大调整后，开始面临大量的老旧厂房废弃、闲置及再利用问题。大拆大建是初期较为常见的处理方式，这种粗犷的做法缺乏对项目情况的分析判断，造成大量具有保护价值的工业遗存没有被充分认知和保留，也造成了大量的资源浪费。随着国家产业结构调整的深入，各地政府发现城市存量开发思路下老旧厂房潜力巨大，开始制定相应政策对更新活动进行规范和引导，以期实现城市综合效益最大化；与此同时，工业遗产保护逐步受到社会关注。至此，经过约 20年的发展，老旧厂房更新在我国逐渐进入了制度化和规范化阶段。

关键问题

本节以工业厂房类更新项目的共性特征为基础，从更新设计要素出发，总结梳理此类更新项目在更新过程中面临的关键问题。

街区层面——街区系统

功能布局：面对工业厂房使用性质的变革，需要策划全新的功能进行植入。

空间肌理：老旧厂房平面形体较大，与周边城市肌理不协调。

开放空间系统：以工艺流程需求形成的场地开放空间形态与以人为本的公共活动需求相矛盾；可作为开放空间场地的总量不足、分布不均。

道路交通：老旧厂房、厂区一般采用的管理方式相对封闭，其交通和城市融合性较差。厂区既有交通以货物运输为主，造成断头路较多、路网密度过低等问题。

慢行系统：道路大多数为生产和运输服务，缺乏合理组织的慢行空间。

天际线：天际线趋于扁平，缺少变化，与周围天际线难以呼应。

视廊与标志物：由于特殊的工艺流程，工业厂区内往往留存着有特色的建筑物、构筑物，需要在空间中对其进行重新组织，使其成为更新设计中重要的景观标志物。

街区层面——景观环境

绿化：厂区绿化规模不足，粗放单一，系统性较差，层次缺乏，视觉感受较差。

街道界面：街道界面尺度较大，效果单一，缺乏美学效果；界面开放度不足，与周围城市界面缺少融合；除自身工业特色之外，城市地域文化彰显不足。

景观设施：由于厂区的特殊属性，景观设施的设置普遍欠缺。

街区层面——服务设施

交通设施：停车位不足，分布位置不合理；停车效率低下，车辆充电设施配置不足，智慧化管理欠缺；缺乏交通引导标识。

市政设施：基于工业生产要求的市政设施系

统不适用于更新之后的商业或民用需求。

建筑层面

建筑空间：工业厂房自身的空间形式与待植入功能不完全匹配；建筑内部的低效空间较多。

建筑形态：工业厂房建筑形体特征较为单一，体量过大。

建筑结构：针对新的功能要求，厂房结构性能不足；厂房普遍以大层高、大跨度或单一形式为主要特征，难以适应新的功能需求；有特色的结构形式有待加以利用。

建筑界面：大部分老旧厂房围护结构的保温性能和隔热性能比较差，美观性和艺术性欠缺。

建筑设备：既有设备系统基于生产工艺要求，不能满足更新之后的使用功能。

模式应用

基于以上基础认知与关键问题的梳理，本节希望通过四个典型的工业厂房类案例——景德镇陶溪川城市设计项目、绿之丘 上海杨浦区杨树浦路1500号改造项目、"仓阁"首钢老工业区西十冬奥广场倒班公寓改造项目、深圳华大基因中心设计项目的研究，展示案例对前文中更新模式语言的应用过程，以期为后续工业厂房类城市更新项目实践提供有借鉴意义的绿色更新设计指引。

景德镇陶溪川城市设计

绿之丘 上海杨浦区杨树浦路1500号改造

"仓阁"首钢老工业区西十冬奥广场倒班公寓改造

深圳华大基因中心设计

景德镇陶溪川 城市设计

项目地点：江西省景德镇
用地面积：总面积约1.14km²
设计单位：北京华清安地建筑设计有限公司、北京清华同衡规划设计研究院有限公司
主要参与人员：张杰、刘子力、林霄、刘岩、郝阳、王子睿、岩松、张敏丽、李斯宇、解扬、赵超、魏炜嘉、曲梦琪、王晨溪、宁阳、张飏

项目背景与更新目标

景德镇隶属于江西省，别名"瓷都"，是皖、浙、赣三省重要的交通枢纽之一。民国时期曾经被称为"中国四大名镇"之一。景德镇大陶溪川片区地处景德镇河东城区的几何中心位置，是河东片区重要的门户区域，距离景德镇老城区2.6km。

大陶溪川片区于2017年展开了整体城市设计，以陶溪川示范区为核心向北、向东扩展，北至凤凰山下凤凰粮库，东达景德镇东站站场，西至童宾路，南至新厂西路，总面积约1.14 km²。

设计采取两个手段共同施力：一方面加强产业运营，另一方面则加强场景设计，以此传承景德镇艺术创意文化特征，保留景德镇人的传统记忆场景，让景德镇大陶溪川成为"年轻创客的造梦空间，景德镇人的乡愁家园"。

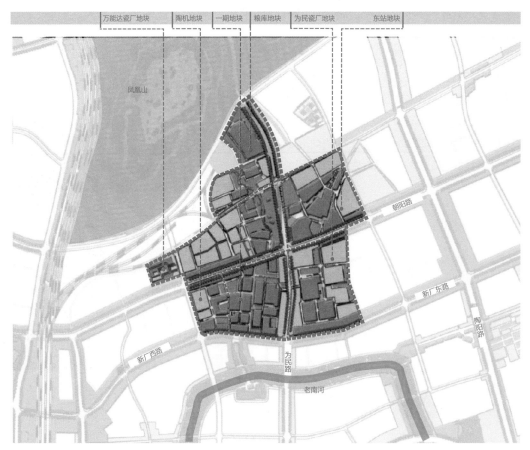

区位分析图

本土资源要素梳理

（1）土地环境资源：区域两端一山一水，北侧为凤凰山，南侧有老南河。从整个景德镇空间结构上看，大陶溪川正位于山水之间。大陶溪川片区内生态环境较好，有众多生长年限长的大树，这些大树是对大陶溪川历史很好的见证。

（2）地域文化资源：对于景德镇，陶瓷始终是它最响亮的城市名片。自古以来，景德镇以瓷为业，积蓄了丰厚的陶瓷文化底蕴，被世人称为"瓷都"。至今，陶瓷产业仍然是景德镇城市的核心功能。大陶溪川自身也是整个景德镇工业遗存最密集的区域，在整个景德镇市的142处工业遗存中，大陶溪川片区占了54处，工业遗存集中，保护价值高。大陶溪川片区内的厂房多以红砖青瓦为主，多数厂房旁边都有烟囱，高矮不一。厂房与烟囱构成了大陶溪川片区内的厂房记忆。

（3）城市空间脉络资源：景德镇大陶溪川片区是景德镇陶瓷文化展示轴与城市景观轴中的重要节点，同时也是景德镇河东片区的副中心节点。

1 更新前陶机地块航拍图；2 更新前烟囱实景；3 更新前机加工车间；4 凤凰山；5 更新前老装配车间；6 更新前铸造车间

街区层面设计方法应用解析

设计要素		模式语言		面向既有的延续	面向问题的微增		面向目标的激活		
				A	B	C	D	E	F
				协调	织补	容错	植入	重构	演变
1	街区系统	1-1	功能布局					E-1-1	
		1-2	空间格局		B-1-2				
		1-3	空间肌理		B-1-3				
		1-4	开放空间系统						
		1-5	生态环境					E-1-5	
		1-6	道路交通		B-1-6				
		1-7	慢行系统						
		1-8	天际线	A-1-8					
		1-9	视廊与标志物				D-1-9		
2	景观环境	2-1	绿化						
		2-2	广场						
		2-3	街道界面						
		2-4	景观设施						
3	服务设施	3-1	交通设施		B-3-1				
		3-2	公服设施						
		3-3	市政设施						

表头：**街区层面模式语言检索表**

建筑层面设计方法应用解析

分类		分项	具体措施	采用的模式语言		
G	安全	G-1	原有结构加固加强			
		G-2	新旧并置，各自受力		G-2-2	G-2-3
		G-3	减轻荷载			G-3-3
H	适用	H-1	空间匹配	H-1-1		
		H-2	空间改造	H-2-1	H-2-2	
		H-3	使用安全			
I	性能	I-1	空间优化			
		I-2	界面性能提升			
		I-3	设备系统引入			
		I-4	消防安全			
J	美学	J-1	原真保留			
		J-2	新旧协调	J-2-1	J-2-2	
		J-3	反映时代	J-3-1		
K	高效	K-1	便捷施工			

表头：**建筑层面模式语言检索表**

E-1-1 功能布局的重构

明确区域定位，重构片区功能

　　景德镇大陶溪川的陶瓷文化产业功能、陶瓷文化教育功能及城市活力混合功能共同构成了片区发展的三大核心动力。片区应用地理信息大数据分析手段，对功能定位、业态结构、空间落位进行充分的量化辅助决策，重构片区功能。

B-1-2 空间格局的织补

串联城市绿廊，织补空间格局

　　规划范围北侧为凤凰山、南侧为老南河，规划采用"双绿廊、两核心、多节点"的总体结构，织补片区空间格局。东西向依托铁路绿廊，南北向依托溪川绿廊与凤凰山和老南河进行连接，同时打造三级活力节点强化空间格局。

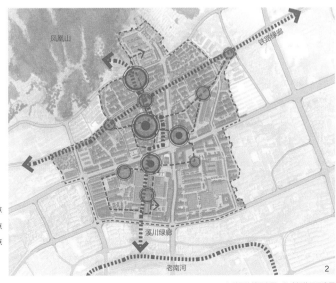

1 片区功能示意图；2 空间格局示意图

A-1-8　　　　　　　　　　　　　　　　　　　　　　　　　　　　　　　　**天际线的协调**

控制新建建筑高度，协调原有天际线

　　整个片区以低层建筑为主，高度控制在2～4层，避免出现高楼大厦，让凤凰山和景德镇的烟囱成为人们对大陶溪川的印象，以此来营造宜人的街区尺度和有温度的建筑体验。

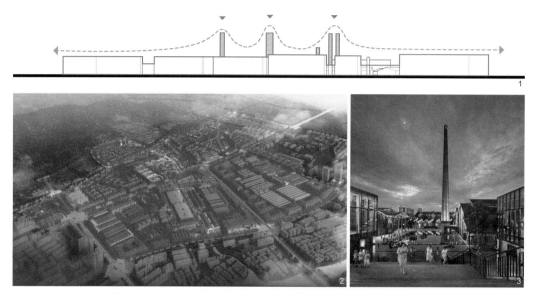

E-1-5　　　　　　　　　　　　　　　　　　　　　　　　　　　　　　　　**生态环境的重构**

生态修复串联山水，海绵公园蓄水防洪

　　规划范围内的南北向绿廊沟通凤凰山、老南河水系系统，东西向绿廊以景德镇东站原本废弃的铁路为基础，设置铁路公园，起到海绵体生态蓄水功能，对区域进行生态修复。设计借助自然地势，有效蓄水、排水、防洪，同时也是对陶溪川历史水道纵横景观的呼应。

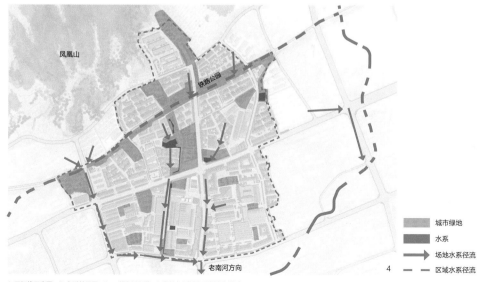

1 天际线示意图；2 鸟瞰效果图；3 一期广场实景；4 绿地与区域水系径流分析图

延续老城肌理，传承历史文脉

　　大陶溪川的城市设计延续了老城肌理。以陶机地块为例，设计分析基地现状，拆除保留价值较低的建筑，而后依据原有肌理新增建筑。

基地现状　　　　　　　　　拆除价值较低建筑　　　　　　　　增补建筑肌理

1 空间肌理织补分析图；2 陶机地块鸟瞰效果图；3 更新后陶机地块建成后航拍图

D-1-9　　　　　　　　　　　　　　　　　　　　　　　　　视廊与标志物的植入
结合现有标识物，设置景观廊道

　　场地内部将厂区烟囱进行保留，并将其作为工业特色标志物进行重点打造，周边的建筑布局、开放空间及景观廊道依托其展开。

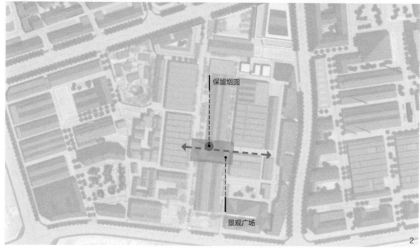

1 一期广场实景；2 景观廊道分析图

B-1-6 道路交通的织补

尊重原有路网格局，增加支路网密度

在片区现状主次干路的基础上增加支路密度，更好地集散车流；场地内部道路人车分流，不干扰城市居民及外来游客的步行体验。

↔ 城市主干路
↔ 城市次干路
↔ 城市支路
----- 内部道路

1

B-3-1 交通设施的织补

充分利用地下空间，减轻地面停车负担

充分利用地下空间，把车库和一些设备用房等尽可能地布置在地下，减轻地面停车负担，腾出的地面用于美化、绿化城市，扩大城市开敞空间，营造清新优美的宜居环境。

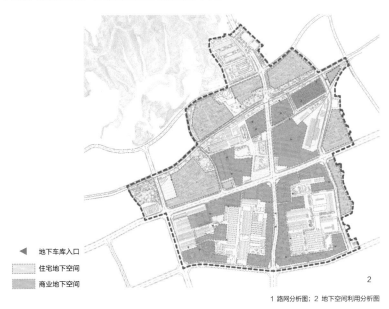

◀ 地下车库入口
住宅地下空间
商业地下空间

2

1 路网分析图；2 地下空间利用分析图

J-3-1　　　　　　　　　　　　　　　　　　　　　　　形式语言对比
新旧形式对比，形成时代对话

　　新增部分采用更加通透的柱廊形式，与原有建筑扎实的体量形成对比，强调入口区域，反映时代特征。

G-2-2 　　　　　　　　　　　　　　　　　　　　　　新旧嵌套，各自受力

新结构置于内侧，新旧结构各自受力

　　老装配车间改造后为工作坊。原厂房内部为通高大空间，改造工程在建筑内部新增二层楼板与地下室，以适应工作室的功能需求。新增部分结构嵌套于原建筑内部，与原建筑脱开。

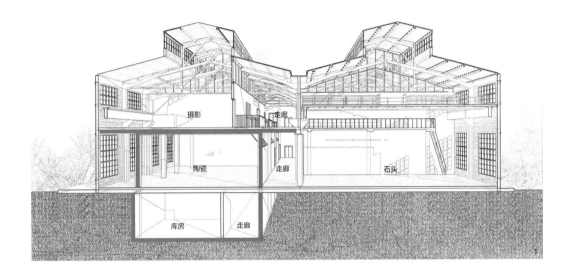

G-2-3 　　　　　　　　　　　　　　　　　　　　　　新旧并置，各自受力

新旧并置，各自受力，确保结构安全

　　原有厂房改造后为博物馆。拆除原有建筑中不适于保留的部分，在保留建筑旁新建体量。新建部分与原有建筑脱开，各自受力。

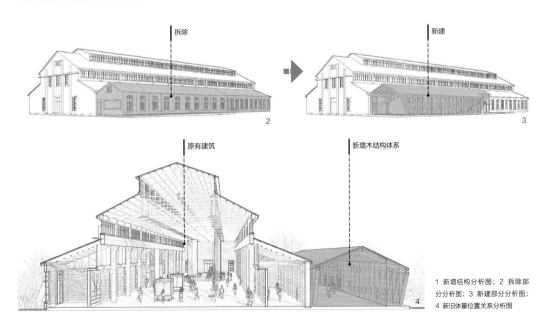

1 新增结构分析图；2 拆除部分分析图；3 新建部分分析图；4 新旧体量位置关系分析图

G-3-3 轻材料选用

选用轻质材料，减轻荷载压力

设计选用金属锈钢板作为二层书吧的外墙，减轻对原有建筑的荷载压力。

H-1-1 依据尺度匹配功能

利用原有大空间，配置比赛球场

装配车间改造为体育馆，为民众提供专用设备，能够举行球类、体操、攀岩等单项或多项室内比赛。体育馆利用原有建筑的高大空间设置篮球场，满足训练、比赛、观赛的需求。

1 更新前外墙示意图；2 更新后外墙分析图；3 更新前铸造车间实景；4 更新后博物馆书吧效果图；5 更新后内部功能分析图

H-2-1　　　　　　　　　　　　　　　　　　　　　外部增补满足新功能
空间扩容，适应剧场需求

　　机加工车间改造为玻璃工作室。主要用于玻璃工艺展示及表演、玻璃工艺研究与制作。建筑西侧拆除原有墙面，采用U形玻璃对原有空间进行扩容，使空间进深满足剧场要求。

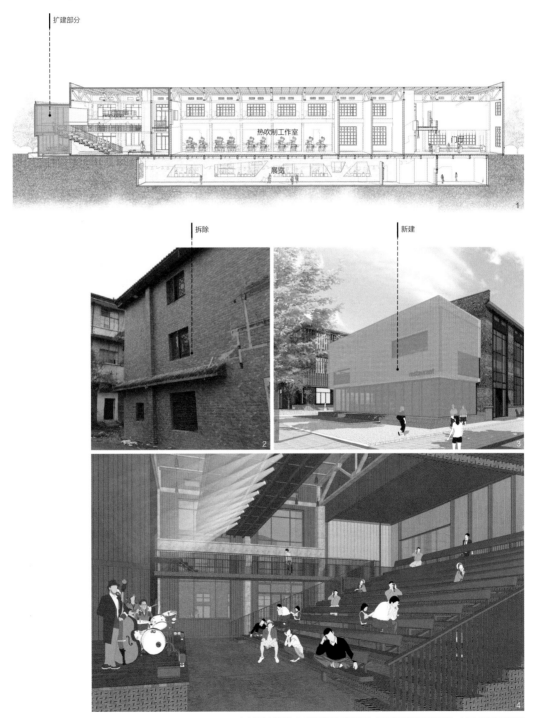

1 空间扩容分析图；2 更新前机加工车间实景；3 更新后玻璃工作室效果图；4 热力剧场室内效果图

H-2-2

内部改造适应新功能

增加夹层与地下室，适应新功能需求

　　机加工车间改造后为美术馆，用于保存和展示绘画、雕塑、摄影、插画、装置艺术，以及工艺美术等艺术作品。设计在原有大空间内两侧增加楼板，作为工作室与走廊展区；中间下挖地下一层，作为下沉展厅。

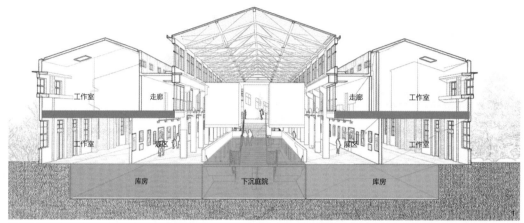

1 更新后内部功能分析图；2/3 更新后美术馆室内空间；4 更新前机加工车间室内空间实景

J-2-1 形式语言协调

延续原有形式语言，新旧建筑协调

　　热处理车间改造后为初级艺术家工作室。保留部分墙体，新建部分沿用原有建筑的坡屋顶形式，开窗延续方窗，在尺度与节奏上与原建筑立面相协调。

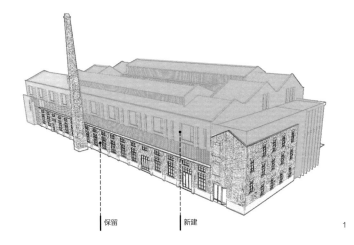

保留　　　新建

J-2-2 色彩材质协调

色彩材质协调，保留场所记忆

　　原有厂房多以红砖青瓦为主。为保留场地的历史记忆，改造项目外立面多使用红砖，以及与红砖颜色相近的陶板格栅、金属锈钢板、木材等，使改造建筑与周边建筑相协调。

金属锈钢板　　　　　　　陶板格栅　　　木材

1 建筑形式语言分析图；2 更新前热处理车间实景；3 更新后初级艺术家工作室效果图；4 美术馆色彩材质分析图；5 博物馆色彩材质分析图；6 商业多功能厅色彩材质分析图

绿之丘 上海杨浦区杨树浦路1500号改造

项目地点：上海杨浦区
项目规模：总建筑面积17500m²
设计单位：同济大学建筑设计研究院（集团）有限公司
主创建筑师：章明、张姿、秦曙
设计团队：陶妮娜、陈波、罗锐、李雪峰、孙嘉龙、李晶晶、羊青园、余点（实习生）、张奕晨（实习生）、朱承哲（实习生）

项目背景与更新目标

　　项目位于上海黄浦江畔，这里曾经是上海最重要的工业区。原建筑是一座建于1996年的烟草公司机修仓库。伴随着工业区的更新转型，这座仓库被改造成了一个功能复合的立体公园。

　　改造前的建筑高30m、长100m、宽36m，对滨水空间造成了巨大的压迫感。由于有规划道路穿越，加上其自身巨大的南北向体量横亘在城市与江岸之间，严重阻挡了滨江景观视线。

　　在盘活工业建筑和减量发展的大背景下，经过和城市规划部门和市政建设部门反复协商之后，决定保留该建筑进行改造，使之成为一个集市政基础设施、公共绿地和公共配套服务于一体的城市滨江综合体。设计通过减量处理，融合了建筑与滨水空间的关系，转化为连接城市和江岸的桥梁，保留下的建筑最终成为公共空间中独具特色的景点。

烟草公司机修库房　黄浦路　黄浦江

既有建筑与环境分析图

本土资源要素梳理

（1）气候资源：上海市属亚热带季风气候，温和湿润，四季分明，日照充分，雨量充沛。

（2）城市空间脉络资源：在空间结构上，项目用地位于杨浦区的中央活动区，是上海全球城市功能的核心承载区，不远处的江对岸是上海的CBD。在景观系统上，项目用地位于工业老区更新后的滨水公共空间中，处于滨江景观带。在交通系统上，地块横跨安浦路。改造前的绿之丘阻断了道路的连通，也阻断了滨水空间向城市延伸。

1 施工现场切割原有结构；2/3 施工现场；4 更新前的烟草公司机修库房

街区层面设计方法应用解析

街区层面模式语言检索表

设计要素		模式语言		面向既有的延续	面向问题的微增		面向目标的激活		
				A	B	C	D	E	F
				协调	织补	容错	植入	重构	演变
1	街区系统	1-1	功能布局						
		1-2	空间格局		B-1-2				
		1-3	空间肌理						
		1-4	开放空间系统						
		1-5	生态环境						
		1-6	道路交通		B-1-6				
		1-7	慢行系统					E-1-7	
		1-8	天际线						
		1-9	视廊与标志物						
2	景观环境	2-1	绿化		B-2-1				
		2-2	广场						
		2-3	街道界面						
		2-4	景观设施						
3	服务设施	3-1	交通设施						
		3-2	公服设施						
		3-3	市政设施						

建筑层面设计方法应用解析

建筑层面模式语言检索表

分类		分项	具体措施	采用的模式语言			
G	安全	G-1	原有结构加固加强				
		G-2	新旧并置，各自受力				
		G-3	减轻荷载	G-3-1			
H	适用	H-1	空间匹配				
		H-2	空间改造		H-2-2		
		H-3	使用安全				
I	性能	I-1	空间优化		I-1-2		
		I-2	界面性能提升				I-2-4
		I-3	设备系统引入				
		I-4	消防安全				
J	美学	J-1	原真保留				
		J-2	新旧协调				
		J-3	反映时代	J-3-1	J-3-2		
K	高效	K-1	便捷施工				

B-1-2   空间格局的织补

连通城市与江岸，织补空间格局

　　改造前的绿之丘阻断了滨水空间向城市延伸。设计提出"桥屋"的概念，将建筑当作一个立体的人行天桥来看待。设计首先拆除整个六层，将建筑变为多层建筑；之后拆除部分体量，使建筑面向城市道路和滨水空间的部分分别形成退台；完成拆除工作后，在既有建筑后方增设楔形体量，与保留建筑衔接。建筑由原来的烟草公司机修库房变为一个立体公园，成为连接城市和江岸的桥梁。

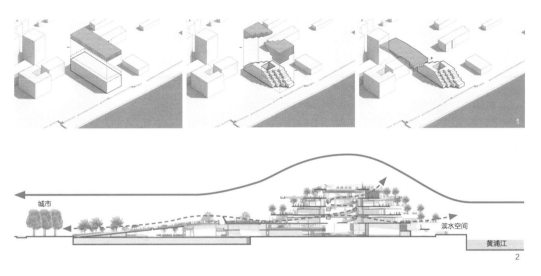

1 建筑体量生成分析图；2 空间格局织补示意图；3 鸟瞰

B-1-6　　　　　　　　　　　　　　　　　道路交通的织补
打通楼层取消隔墙，连通交通网络

改造前由于烟草公司机修库房的阻隔，滨江道路无法贯通。更新设计中，将仓库中间三跨的上下两层打通，取消所有分隔墙，以满足市政道路的净高和净宽建设要求，打造连续的滨江道路。

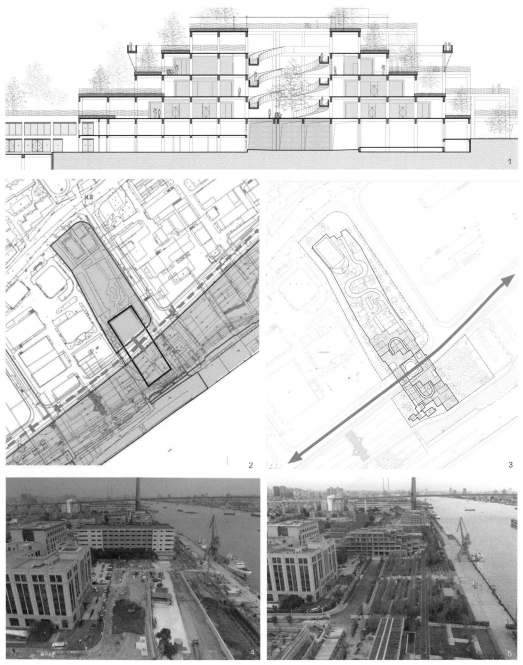

1 建筑空间改造分析图；2 更新前的建筑阻挡道路；3 更新后车道从柱跨之间穿过建筑；4 更新前实景；5 更新后实景

E-1-7

慢行系统的重构

设置漫游步道，重构慢行系统

　　利用新增的楔形体量的屋顶设置漫游步道，并将此漫游体系引入建筑内部，形成完整的慢行系统，串联起滨江空间与城市空间，使改造后的立体公园真正起到"桥屋"的作用。

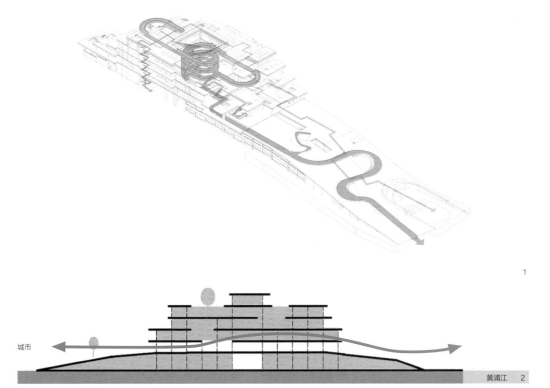

1

城市

黄浦江　2

3

1 慢行系统分析图；2 慢行系统串联滨江与城市空间示意图；3 连接滨江景观道与城市的漫游步道

B-2-1   **绿化空间的织补**

增加屋顶绿化，织补城市绿带

更新设计中，利用层叠错落的屋顶平台增加大量的绿化种植，使得整个建筑犹如一座巨大的绿桥，将滨江景观绿带与北侧的街区公园织补形成完整连续的绿化系统。

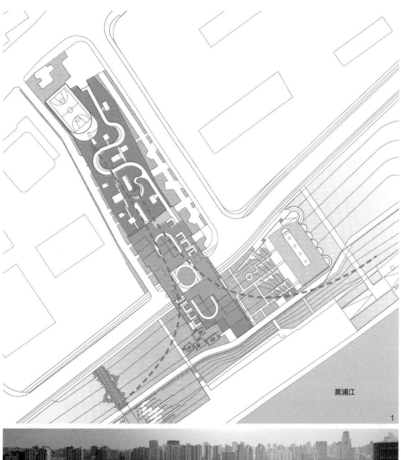

黄浦江

1 绿化系统分析图；2 从滨江绿带向城市延伸的绿化

H-2-2 内部改造适合新功能
植入交通体系，满足立体公园功能需求

　　建筑功能从烟草公司机修库房变为立体公园。设计在建筑中植入新的交通体系，通过包括双螺旋楼梯在内的竖向交通连通各层空间，提升可达性，为人们打造可以在立体公园中漫步游走的空间体验，以满足新的功能要求。

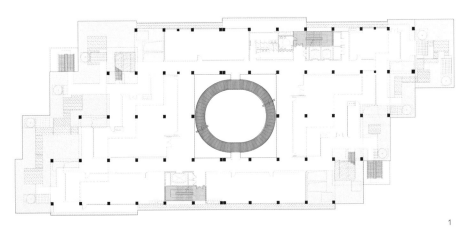

1 交通体系分析图；2 俯视照片；3 中庭的双螺旋楼梯；4 出挑环廊和退台楼梯

G-3-1　　　　　　　　　　　　　　　　　　　　　　轻结构选用

环廊梁与扶手一体设计，减轻荷载

　　新增的环廊附着于原结构之上，为减轻结构荷载，环廊整体采用钢结构。同时，环廊的梁与扶手采用一体化设计，减少用材。

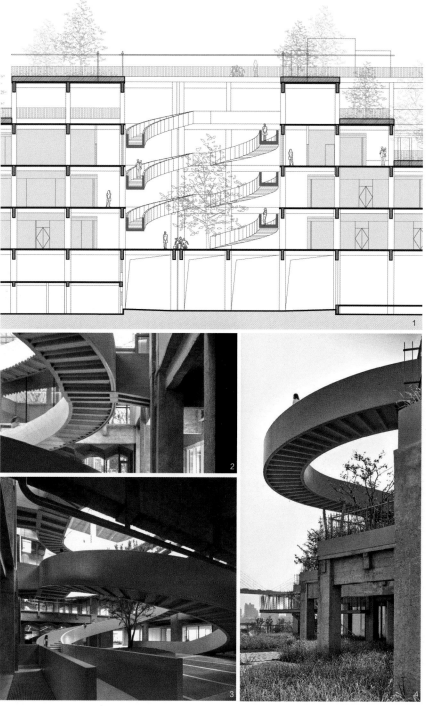

1 结构分析图；2/3 钢结构双螺旋楼梯；4 出挑的钢结构环廊

打造中庭与退台，优化采光与漫游体系

原库房建筑进深较大，为了使改造后的复合立体公园获得更好的采光条件，提升空间品质，设计主要从两方面入手。一方面，削减体量，在建筑两侧形成层层退台，减少建筑进深；另一方面，拆除位于原有建筑中心的楼板，形成一个采光的中庭空间，将自然光引入建筑内部。

1 中庭与退台采光分析图；2 采光中庭；3 中庭的光线照亮了从建筑中穿过的道路；4 退台

I-2-4　　　　　　　　　　　　　　　　　　　立体绿化与蓄水屋面
屋顶平台绿化，立面垂直绿化

　　结合层叠的景观平台设置屋顶绿化，着重对乔木种植和排水系统进行技术处理，通过降板处理获得了乔木种植深度，通过雨水链和导水明沟的设计将排水的过程设计成为一个可观赏的系统，并且进行有效收集。在建筑的东西立面增加垂直绿化系统，结合钢绞索种植爬藤植物。

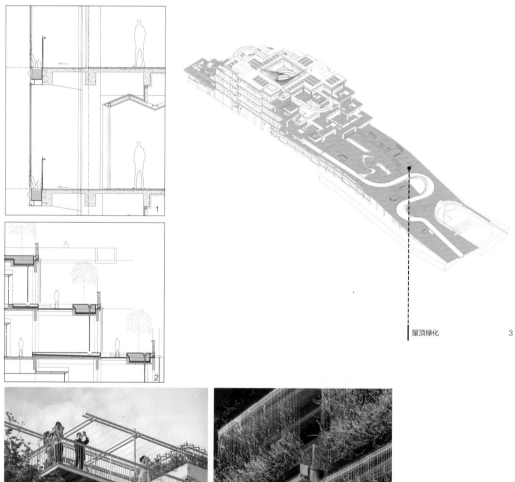

屋顶绿化　　　　　　　　　　3

1 垂直绿化分析图；2 平台绿化分析图；3 立体绿化分析图；4 平台绿化；5 垂直绿化

J-3-1 形式语言对比
曲线与直线的碰撞，形成形式语言对比

改造后的建筑沿用原有柱网，在整体造型上自然而然地延续了原有建筑方正规整的建筑形式。为了给建筑注入新的活力，设计引入曲线造型，通过植入双螺旋楼梯与弧形出挑外廊，与有规律的方正体量形成对比，突破原有形式。

J-3-2 色彩材质对比
色彩材质对比，反映时代特点

新建的部分轻巧细腻，原本的混凝土部分粗犷厚重，新老建筑之间保持着清晰的对峙关系，形成具有时间厚度的叠合。

1 形式语言对比分析图；2/3 弧形出挑环廊；4/5 原有结构与新增单元

"仓阁"首钢老工业区西十冬奥广场倒班公寓改造

项目地点：北京市石景山区
建筑面积：9890.03m²，基地面积 0.28hm²
设计单位：中国建筑设计研究院有限公司
主要参与人员：李兴钢、景泉、黎靓、郑旭航、涂嘉欢、王树乐、郭俊杰、申静、郝洁、祝秀娟、张祎琦、高学文、王旭、钱薇、谭泽阳、曹阳、马萌雪、徐松月、李秀萍、徐华宇

项目背景与更新目标

　　"仓阁"首钢老工业区西十冬奥广场倒班公寓项目位于北京市石景山区首钢老工业区北部、北京2022冬奥组委办公区东侧，原为空压机站、返矿仓、低压配电室、N3-18转运站四座废弃的工业建筑，改造后成为冬奥组委的员工倒班公寓（首钢工舍），同时可作为经济型酒店对外经营。

　　设计最大限度地保留了原来废弃和预备拆除的工业建筑及其空间、结构和外部形态特征，将新结构见缝插针地植入其中并叠加数层，以容纳未来的使用功能：下部的大跨度厂房——"仓"作为公共活动空间，上部的客房层——"阁"漂浮在厂房之上。被保留的"仓"与叠加其上的"阁"并置，形成强烈的新旧对比。

三高炉　　滑雪大跳台　　秀池　　冬奥组委办公区　　石景山

西十冬奥广场　　首钢工舍　　能源楼

更新后建筑与环境分析图

本土资源要素梳理

（1）地域文化资源：西十筒仓区自民国时期始就一直是炼铁厂的原料堆场，是首钢工业遗产保护区的重要组成部分，中国炼铁工艺发展历史及工业技术水平的重要代表。西十筒仓是首钢生产流程的重要一环、工艺流程的起始，记录了无数普通劳动者的人生，成为社会认同感和归属感的基础。

（2）工艺材料资源：西十筒仓区比较完整地保留了原有高炉上煤系统全部的工业设施设备和工艺流程，体现出炼铁过程中对燃料的系统处理以及和其他相关生产流程的关系。

（3）社会政治经济资源：经过近百年的发展和扩张再到整体搬迁至曹妃甸，首钢从一个炼铁厂逐渐成长为世界一流的钢铁企业。在这个过程中无论工厂如何发展，西十筒仓区始终是作为炼铁厂的原料堆场见证着一个世界500强钢铁企业的兴衰成败。

（4）城市空间脉络资源：空压机站和返矿仓都是10m以上的通高空间，具有改造和再利用的价值。同时由于空压机基础、料斗等的存在，其内部的空间有着鲜明的工业特征和独特魅力。由于需要承受煤炭巨大的荷载和压力，其特殊的材料及几何形态形成了具有强烈视觉冲击力的工业景观。同时筒仓与料仓、转运站通过皮带运输通廊连成整体，工业风貌特征非常鲜明，独特性和标志性突出。

街区层面设计方法应用解析

建筑层面模式语言检索表					
分类		分项	具体措施	采用的模式语言	
G	安全	G-1	原有结构加固加强	G-1-1			
		G-2	新旧并置，各自受力		G-2-2		
		G-3	减轻荷载		G-3-2		
H	适用	H-1	空间匹配		H-1-2		
		H-2	空间改造	H-2-1			
		H-3	使用安全				
I	性能	I-1	空间优化		I-1-2		
		I-2	界面性能提升				
		I-3	设备系统引入				
		I-4	消防安全	I-4-1			
J	美学	J-1	原真保留				
		J-2	新旧协调	J-2-1			
		J-3	反映时代		J-3-2		
K	高效	K-1	便捷施工				

H-2-1 外部增补满足新功能
原有建筑上方增加客房层，满足新的功能要求

在原有大跨厂房上方新增体量——"阁"，以容纳新的使用功能。"阁"作为客房层，共有客房129间，包括大床房、标准房、套房与无障碍客房，可容纳254人同时入住。

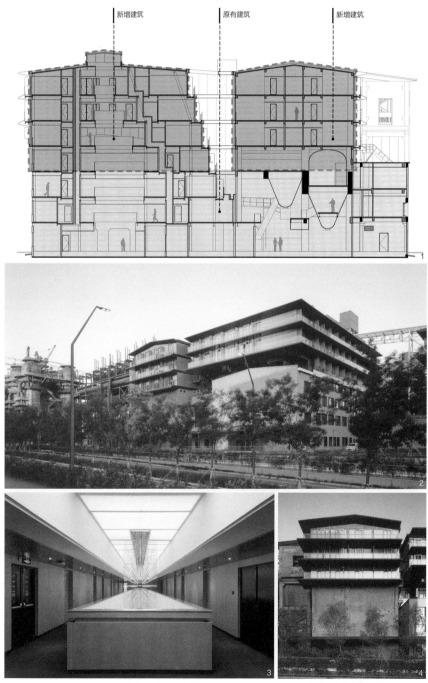

1 新增功能分析图；2 东侧沿街实景；3 客房层公共空间；4 南区东立面

G-2-2 新旧嵌套，各自受力

新做内钢框架，新旧各自受力

　　"仓阁"北区由一高炉空压机站改造而成。设计保留空压机站东西两侧的单榀框架，新建内部钢框架。新建结构在原建筑屋面以上向东西两侧悬挑，支撑客房层的出挑部分，不增加原有结构的荷载，新旧结构各自受力。南区将原N3-18转运站改造为楼梯间，在原建筑内部嵌套钢楼梯，钢楼梯与原有结构脱开。

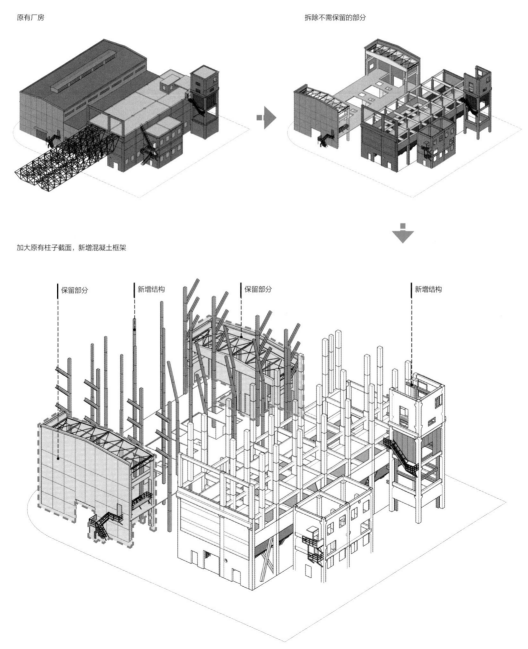

原有厂房

拆除不需保留的部分

加大原有柱子截面，新增混凝土框架

保留部分　　新增结构　　保留部分　　新增结构

建筑结构更新过程分析图

G-1-1 原有结构加固加强

增大原有柱子截面，上方新增混凝土框架

　　对原建筑进行结构检测和抗震鉴定，在此基础上确定了"拆除、加固、保护"相结合的结构处理方案。设计尽可能地保留了南区原有返矿仓的结构，利用荷载余量，在返矿仓原结构上新加3层混凝土框架，原有柱子用增大截面法进行加固。

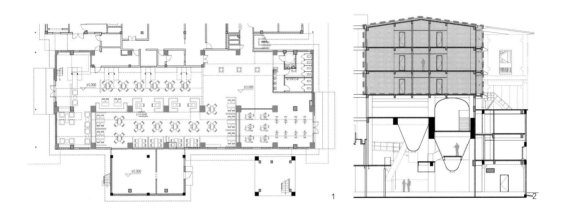

G-3-2 轻构件选用

选用轻质构件，减少荷载压力

　　"仓"的局部增加了金属雨篷、室外楼梯等轻质构件，减少对原有建筑的荷载压力。

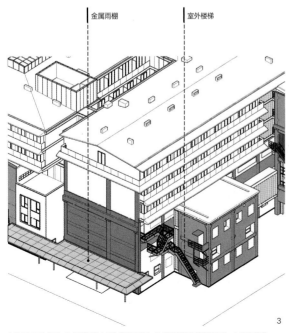

1 柱子加固分析图；2 新增混凝土结构位置示意图；3 新增雨篷与楼梯分析图；4 室外楼梯

H-1-2 利用特色匹配功能
利用工业构件改造酒吧餐厅，打造独特空间体验

　　三组巨大的返矿仓金属料斗与检修楼梯被完整保留在全日餐厅内部，料斗下部出料口改造为就餐空间的空调风口与照明光源，上方料斗的内部被别出心裁地改造为酒吧廊，客人穿行其间，获得独一无二的空间体验。

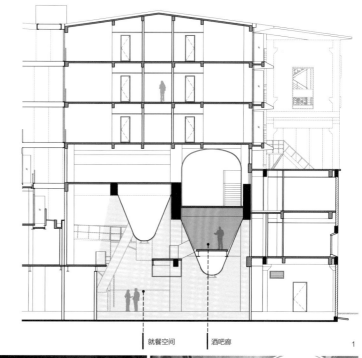

就餐空间　　酒吧廊

1

1 特色空间功能分析图；2 更新前的返矿仓料斗；3 更新后酒吧廊；4 更新后就餐空间

I-1-2 | 植入中庭与立体庭院

植入天井与中庭，优化采光通风

　　北区新结构由下至上层层缩小，形成高耸的塔状中庭，中庭顶部天光均匀漫射进室内。北区和南区之间设有天井，天井一侧客房层层后退，以获得更好的采光与通风条件。多数客房拥有专属阳台，可一览西十冬奥广场和石景山的自然风光。

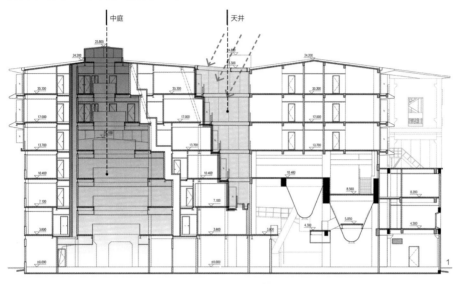

1 更新后中庭天井采光分析图；2 中庭；3 南北区之间的天井；4 中庭首层空间

I-4-1   防火分区与疏散路径
增加连廊与楼梯，满足疏散要求

　　设计利用连廊将四层及以上南北两区的建筑连通，并设置三组疏散楼梯，解决了尽端走廊的问题，满足疏散要求。

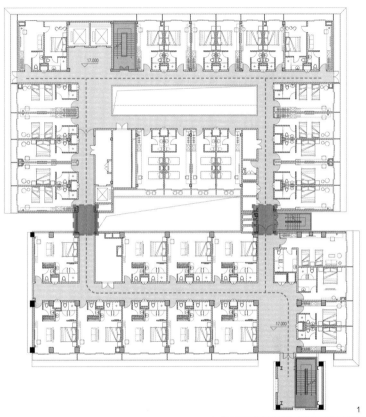

1

2

J-2-1　　　　　　　　　　　　　　　　　　　　　　　　　　　形式语言协调

延续坡屋顶形制，新旧建筑协调统一

　　原有空压机站建筑为坡屋顶，设计保留了原有建筑立面，新增部分同样采用坡屋顶，与原有建筑相互呼应，在新时代下延续原有工业建筑的历史记忆。

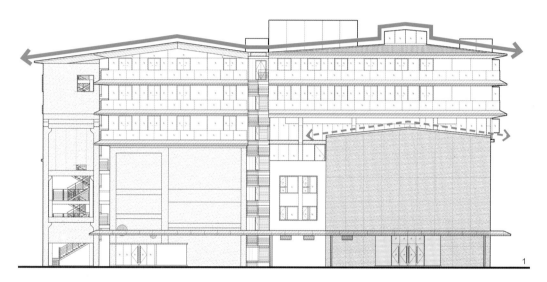

1 形式语言分析图；2 南区东立面；3 北区东立面

J-3-2 色彩材质对比

选用金属玻璃与木材

下方的"仓"延续了原有建筑的涂料外立面，引入国内以往在古建筑修复领域使用过的"粒子喷射技术"，对1200m²的涂料外墙进行清洗，在清除污垢的同时成功保留了数十年形成的岁月痕迹和历史信息。

上方的"阁"在玻璃和金属的基础上局部使用木材等具有温暖感和生活气息的材料，二者形成鲜明的新旧对比，又使"仓阁"在人工与自然、工业与居住、历史与未来之间实现一种复杂微妙的平衡。

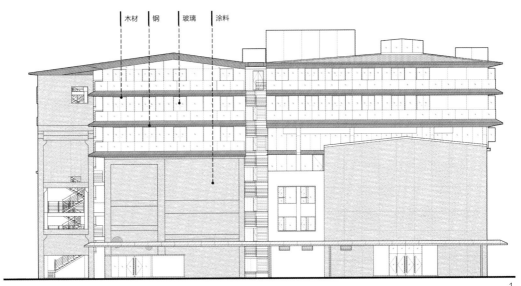

深圳华大基因中心设计

项目地点：广东省深圳市
用地面积：10.29hm^2，建筑面积458300m^2
设计单位：深圳华森建筑与工程设计顾问有限公司
主要参与人员：文亮、白威、曾明理、丁斌斌、白建永、梁为圳、李百公、李仁兵、林瑾、夏梓婷、李丛、张伟、张艳、贾宗梁

项目背景与更新目标

项目基地位于深圳市盐田区，南邻盐坝高速公路，东、西、北三面环山，距大梅沙海岸线仅约600m，背山面海，风景优美。

基地用地面积10.29hm^2，用地红线呈不规则形，且场地内现有较大高差，其最大现状高差约为30m。规划总建筑面积458300m^2。本项目更新规划设计为生物科技研发B、C、E、F栋，宿舍A1~A3栋，以及各类配套设施，地下一层为停车库和设备用房。

由于场地原有高差较大，并有零星临时建筑，周边原始生态环境很好，因此更新设计中，首先对场地进行整理，拆除零星临时建筑，基本保留原有生态地形及部分绿化植被，场地形成了分别位于38m和48m高程的两个平整台地。交通组织上，尽量保持原有地形生态环境，利用未来规划道路及隧道组织流线。为了让整体建筑融于场地自然环境，严格控制建筑高度，由山向海、北高南低依次布置了宿舍A、生物科技研发用房B、F、C、E栋。

本项目更新后满足国家绿色建筑三星级标准。

| 生物研发用房E栋 | 生物研发用房C栋 | 生物研发用房B、F栋 | 宿舍A1~A3栋 |

建筑与环境分析图

本土资源要素梳理

（1）气候资源：项目位于深圳市盐田区，亚热带季风气候，夏季高温多雨，冬季温和少雨，风清宜人，降雨丰富。

（2）土地环境资源：场地南邻盐坝高速公路，东、西、北三面环山，距海岸线仅约600m，背山面海，风景优美。

（3）社会政治经济资源：华大基因公司是世界领先的生命科学前沿机构。华大秉承"健康美丽、引领生活时代"的愿景，秉承"基因技术造福人类"的使命，引领基因组学的创新发展，以"产学研"的集成开发模式，通过遍布全球100多个国家和地区的分支机构，建立广泛合作。其总部建成也会对整个社会进步产生深远影响。

（4）科学技术资源：场地内南高北低，山海空间是重要的城市空间资源，设计中需处理好建筑与山、海的轴线对应。

1 华大基因中心北侧鸟瞰；2 华大基因中心南侧鸟瞰；3 华大基因中心西侧鸟瞰

街区层面设计方法应用解析

街区层面模式语言检索表

设计要素 \ 模式语言		面向既有的延续	面向问题的微增		面向目标的激活		
		A	B	C	D	E	F
		协调	织补	容错	植入	重构	演变
1 街区系统	1-1 功能布局						
	1-2 空间格局	A-1-2					
	1-3 空间肌理						
	1-4 开放空间系统					E-1-4	
	1-5 生态环境	A-1-5					
	1-6 道路交通						
	1-7 慢行系统					E-1-7	
	1-8 天际线						
	1-9 视廊与标志物						
2 景观环境	2-1 绿化				D-2-1		
	2-2 广场						
	2-3 街道界面						
	2-4 景观设施						
3 服务设施	3-1 交通设施						
	3-2 公服设施						
	3-3 市政设施						

建筑层面设计方法应用解析

建筑层面模式语言检索表

分类	分项	分项	具体措施	采用的模式语言				
G	安全	G-1	原有结构加固加强					
		G-2	新旧并置，各自受力					
		G-3	减轻荷载					
H	适用	H-1	空间匹配		H-1-2			
		H-2	空间改造		H-2-2			
		H-3	使用安全					
I	性能	I-1	空间优化		I-1-2	I-1-3		
		I-2	界面性能提升	I-2-1	I-2-2	I-2-3	I-2-4	
		I-3	设备系统引入					
		I-4	消防安全					
J	美学	J-1	原真保留					
		J-2	新旧协调					
		J-3	反映时代			J-3-3		
K	高效	K-1	便捷施工	K-1-1				

A-1-2　　　空间格局的协调

协调场地空间轴线，重塑山海廊道空间格局

　　设计首先拆除场地杂乱建筑，将场地原有空间轴线整理清晰。新建建筑置于原有场地轴线关系中，在轴线交会处设立华大基因中心，整体布局北高南低，由山向海，形成生命方舟，打造容纳生产、生活、工作的生命园区，整体园区与场地空间格局协调统一。

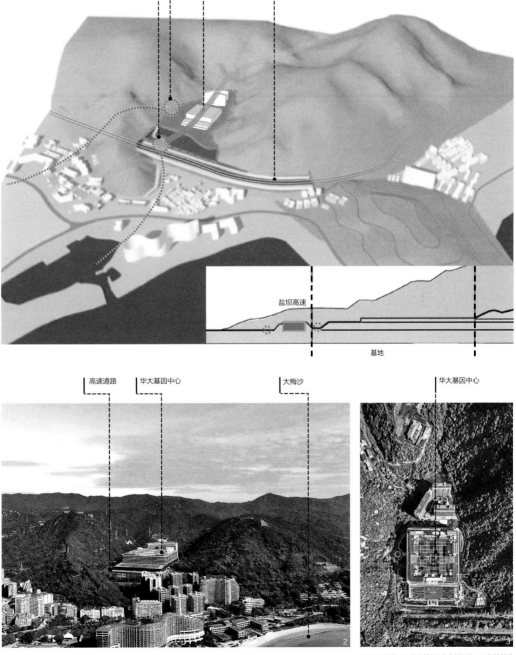

1 场地分析图；2 华大基因中心南侧远观；3 场地俯视

A-1-5 生态环境的协调

结合场地生态要素，维持原有生态平衡

建筑在形体上适应原有山地布局，结合当地亚热带季风气候及场地生态因素，采用屋顶及立体绿化、光伏板、雨水回收、再生能源利用等"36+2"项绿色技术应用，保证建造过程及后期运维全阶段绿色低碳环保，维持原有场地的生态平衡，也很好地协调了场地周边的生态环境。

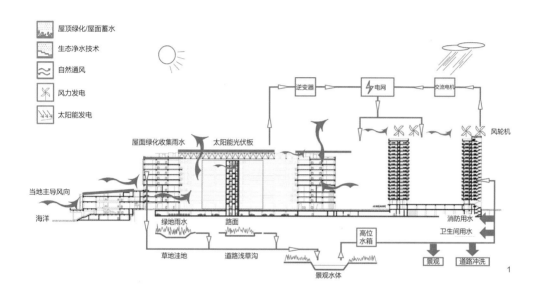

1 绿色技术应用分析图；2 绿建措施示意图

植入多元公共开放空间，面向社会开放共享

　　建筑中间连接市政道路，中庭空间和建筑首层作为室外空间可完全面向社会开放，内部的体育馆、多功能报告厅、华大基因植物馆也同时对市民开放共享。建筑尽量减少功能空间的设置，达到有效节能减排。

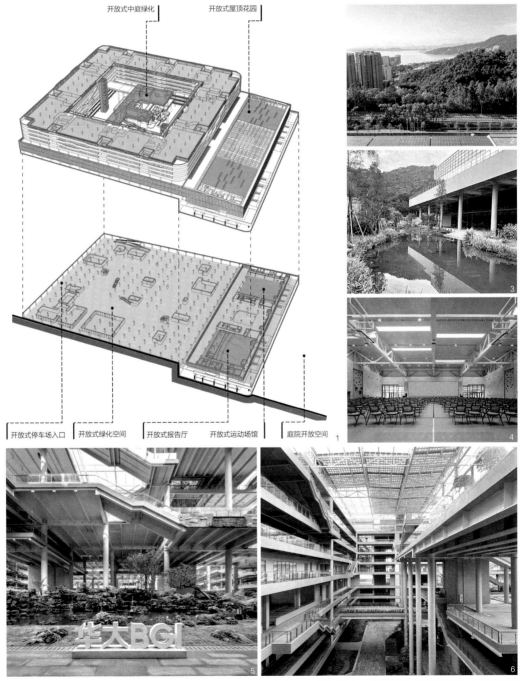

1 开放式中庭分析图；2 屋顶开放平台视野；3 室外开放庭院；4 多功能报告厅；5 首层开放植物园；6 中庭开放空间

E-1-7　　　　　　　　　　　　　　　　　　　　慢行系统的重构

交通慢行系统植入，打造绿色健康生活

　　项目设计中减少电梯数量，增加公共楼梯，园区内鼓励步行交通，营造丰富的室内外运动场所，倡导健康工作生活。微型马拉松流线在首层设置起点和终点，将平台、挑廊串联起来，还可以根据上下坡、平地分为不同的赛段，增加识别度和趣味性。

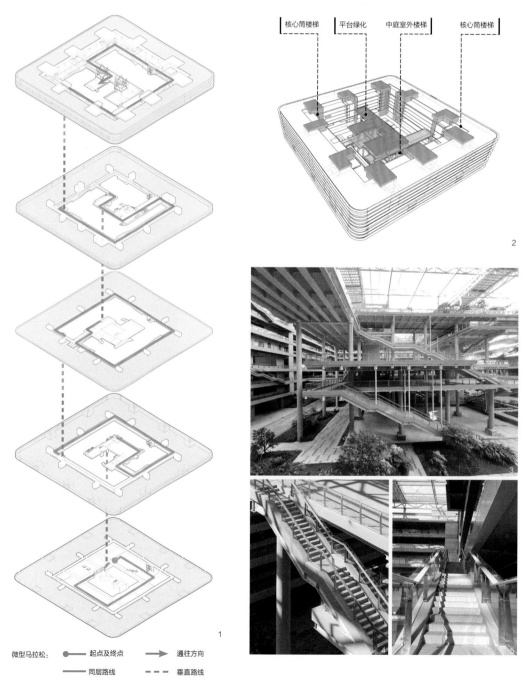

核心筒楼梯　　平台绿化　　中庭室外楼梯　　核心筒楼梯

微型马拉松：　●━━ 起点及终点　　━━▶ 通往方向
　　　　　　　━━━ 同层路线　　- - - 垂直路线

1 微型马拉松路线示意图；2 空间分析图；3/4/5 中庭室外楼梯

D-2-1 绿化空间的植入

景观绿化的植入，优化整体室内空间舒适性

在建筑平面布局中植入多个不同层次的空中立体花园，中庭、外廊及屋顶设置景观绿化，室内设置立体绿化，激活整体厂房研发空间的单一性，提高整体室内空间舒适性，增强空间活力。

空中花园及立体绿化　　　　开放式中庭绿化　　　　空中花园及立体绿化

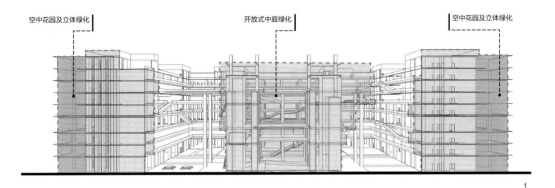

1

空中花园　　开放式中庭绿化　　垂直绿化　　屋顶绿化

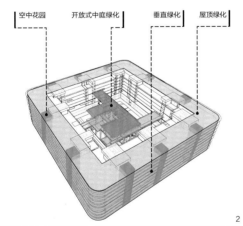

2

3

4

5

1 剖面绿化示意图；2 立体绿化示意图；3 室外花园；4 中庭花园；5 室内立体绿化

H-1-2 利用特色匹配功能

利用原有场地空间特色，匹配绿色生态需求

　　延续原有场地的自然生态环境，利用建筑空间特点，引入自然元素，本着可持续发展理念，将中庭及首层大厅打造为多种植物的基因植物馆，提供共享、交流、展示的空间，让市民更好地了解企业文化，同时在办公和厂房引入绿植，设置跑道等满足员工健康生活需求。

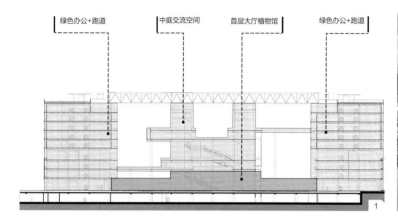

绿色办公+跑道　　中庭交流空间　　首层大厅植物馆　　绿色办公+跑道

H-2-2 内部改造适合新功能

平面标准柱网，适合不同时期功能需求

　　建筑平面为标准柱网，可以在不同时期适应不同需求，进行多重功能转化和重构，以满足建筑使用需求。

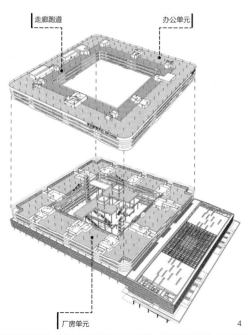

走廊跑道　　办公单元

厂房单元

1 剖面功能示意图；2 首层中庭共享空间；3 走廊跑道；4 柱网体系示意图；5 开放式办公单元；6 厂房单元

I-1-2 植入中庭与立体庭院

通过引入中庭和立体庭院，改善通风和采光

项目位于海边，整体体量巨大，通过中庭和立体庭院的引入，有效引入"穿堂风"，改善通风和采光，减少空调及人工照明。

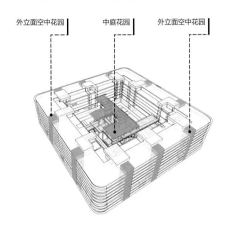

I-1-3 过渡空间引入

引入灰空间等改造措施，改善建筑热工性能

针对亚热带气候，建筑设置了各种通风外廊、中庭花园、底层架空等空间，增加了很多过渡空间，模糊建筑与自然的边界，体现出内外融合的特点。

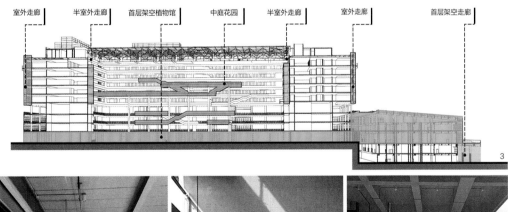

1 立体花园示意图；2 中庭空间；3 剖面走廊示意图；4 各层开敞外廊；5 挑出庭院；6 首层架空外廊

I-2-1 双层幕墙设计
双层幕墙及架空屋面，改善建筑热工性能

　　生物研发厂房部分外立面采用双层幕墙，屋顶采用架空屋面设计，此措施能有效组织通风，降低室内温度，改善建筑热工性能。

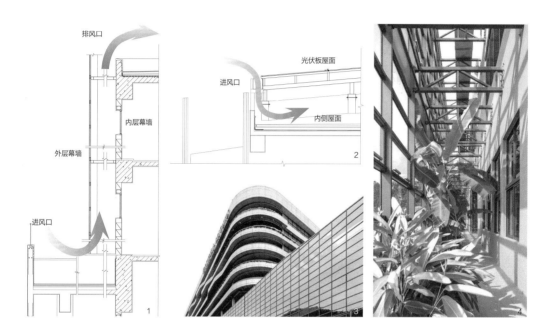

I-2-2 遮阳体系引入
外遮阳体系，改善建筑热工性能

　　生物研发厂房部分楼层设置悬挑外廊，宿舍楼在阳台外也设置遮阳百叶，形成有效外遮阳体系，适应亚热带地区气候特点，有利于降低建筑设备能耗，达到节能减排。

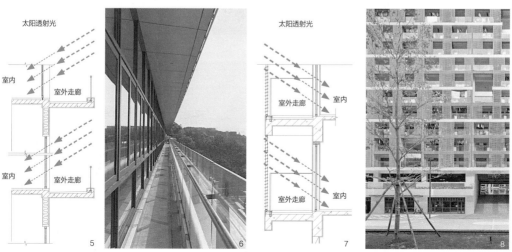

1 幕墙体系分析图；2 屋顶体系分析图；3 外立面幕墙；4 双层通风幕墙体系；5/7 遮阳体系分析图；6 建筑外廊遮阳；8 建筑外立面百叶遮阳

I-2-3 建筑光伏一体化

建筑光伏一体化及天窗、光导管技术的应用

　　屋顶采用了太阳能光伏发电系统，形成遮阳体系，所储电能用于实验室不间断电源UPS供电需求，太阳能板结合天窗布置，同时采用光导管等绿色技术，提高建筑的经济性和舒适性，也达到可持续发展的目标。

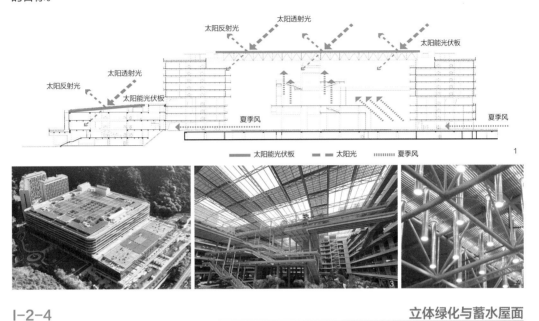

I-2-4 立体绿化与蓄水屋面

覆土屋面与立体绿化，改善屋面热工性能

　　根据亚热带气候特点，建筑屋顶采用覆土屋面，可以有效保温、隔热、降噪，改善屋面的热工性能，并且在室内大量引入立体绿化，形成舒适宜人的室内环境。

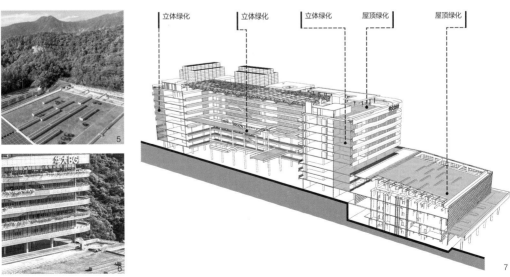

1 屋顶太阳能光伏发电系统分析图；2 屋顶太阳能光伏板；3 中庭太阳能光伏板室内效果；4 光导管；5 屋顶绿化；6 外廊立体绿化；7 立体绿化分析图

J-3-3 新建风格为主

新建风格为主，反映时代特点

　　建筑外观形态从"华大方舟"理念出发，承载着生产、生活、生态"三生一体"的生命园区；建筑采取模数化设计，形象完整，立面精致且富有变化，与内部空间相呼应，现代的设计手法满足企业的定位需求，展现全新的时代风貌。

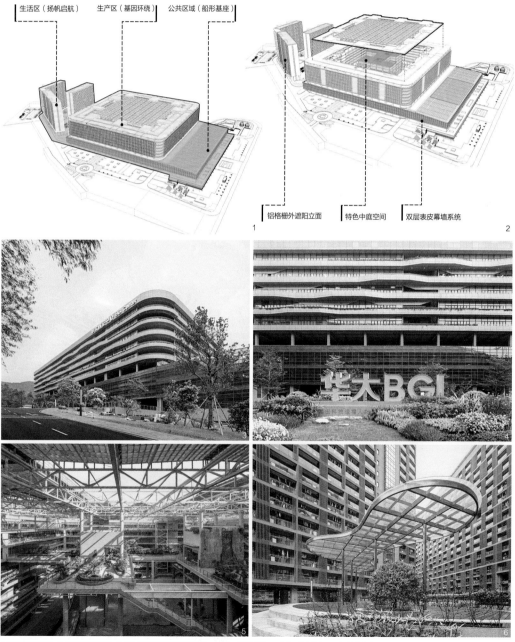

1 功能分区示意图；2 绿建措施示意图；3 主体厂房铝板及玻璃幕墙立面；4 主入口外墙立面；5 室内开放式中庭；6 宿舍楼铝格栅立面及玻璃顶棚造型

K-1-1 选用装配式设计加快施工进度

轻结构及轻构件的选用，打造绿色建筑

　　主体建筑B采用钢结构，屋面采用桁架及钢拉杆，楼板及外墙采用装配式构件；研发用房F主体采用五条连桥与研发用房B连接；研发用房C主体采用混凝土结构，屋面采用两个独立的桁架及钢拉杆结构。整体建筑荷载减轻，构件可循环使用，满足绿色建筑要求。

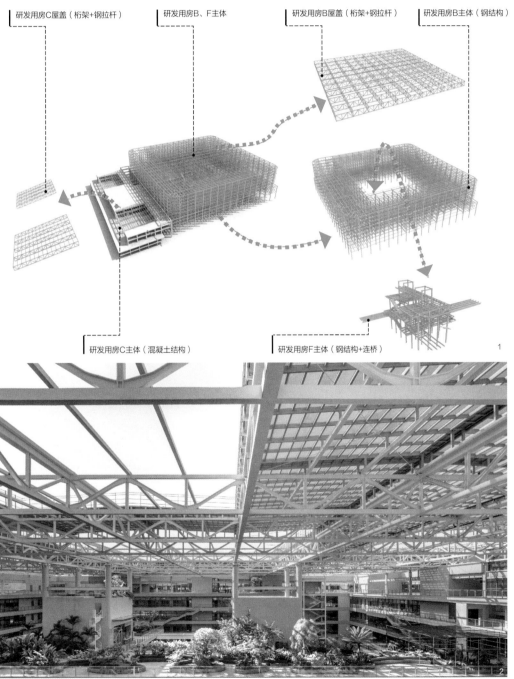

研发用房C屋盖（桁架+钢拉杆）　　研发用房B、F主体　　研发用房B屋盖（桁架+钢拉杆）　　研发用房B主体（钢结构）

研发用房C主体（混凝土结构）　　研发用房F主体（钢结构+连桥）

1 主体钢结构分析图；2 中庭钢结构

5.7

文体设施类

– 深圳国际低碳城会展中心升级改造

– 重庆市规划展览馆迁建

– 太原市滨河体育中心改造扩建

– 合肥园博会骆岗机场航站楼更新

5.7
文体设施类

基础认知

文体设施类更新对象主要是指于 20 世纪七八十年代至 21 世纪初期建成的文化类及体育类公共建筑。这类建筑具有不同时代特征，同时兼具技术与艺术价值，构成特定历史时期的文化象征。但是由于长时间的使用，目前往往面临着设计陈旧、设施老化、容量不足、风貌破旧等问题，并严重影响了使用体验。

本书研究的文体设施类更新对象既包括原有功能为面向公众文化体育生活相关的设施及片区，也包括在城市发展过程中由其他功能转化为文化体育服务相关功能的设施及片区。文体设施多位于城市核心地段，交通便捷、人流集中、形象鲜明，承载了市民的城市记忆，具有一定的城市影响力和示范效应。

关键问题

本节以文体设施类更新项目的共性特征为基础，从更新设计要素出发，总结梳理此类更新项目在更新过程中面临的关键问题。

街区层面——街区系统

功能布局：容量不足、功能单一、设施陈旧、活力缺失，无法适应新的城市发展需求。

空间格局：随着周边城市空间的建设发展，既有文体设施在片区的标志性减弱，缺乏与周边城市空间形态的融合性。

开放空间系统：开放空间的公共性不强，缺乏功能内涵及地域文化；部分空间低效闲置。

道路交通：由于受到设计规范及使用功能的限制，无法适应当下复杂的功能需求，对观众流线、运动员流线、竞赛管理流线、新闻媒体流线等缺乏科学、合理的空间组织。

慢行系统：人车流线混行，存在安全隐患；重大活动期间，交通强度较大，造成人群拥挤，疏散效率低下等问题。

天际线：作为城市重要的公共建筑，其天际线是城市天际线的主要构成元素，部分文体设施与周边城市天际线协调性不足。

视廊与标志物：建筑自身的标志性不强，与周边城市视廊的协调性不足。

街区层面——景观环境

绿化：缺少多样化、多层次、本土特色的植被搭配；绿化养护不足。

广场：广场尺度不当，使用功能单一，活力欠缺；文化特色缺失。

街道界面：开放性较差，文化性、美观性不足。

景观设施：景观设施缺失，标识性、文化性不足，科技性、智慧性欠缺。

街区层面——服务设施

交通设施：停车位不足，空间布局无序，且车智慧化管理欠缺；交通引导标识及相关设施配置不足。

市政设施：市政设施陈旧，承载能力不能满足新的使用需求。

建筑层面

建筑功能：规模不足，功能缺失，缺乏服务配套功能。

建筑形态：既有建筑形体与周边城市空间和自然地貌协调性不足。

建筑界面：建筑界面材料由于使用年限过长，不再符合安全标准；既有界面采光、通风、节能等性能不足；建筑界面破旧，美观性及文化性不足，缺乏夜景照明设计。

建筑结构：既有建筑结构年代久远，存在结构安全隐患；部分既有建筑由于受结构空间尺度的限制，不满足改造扩建要求和新功能的植入。

建筑设备：建筑设备老旧、缺失、性能落后，信息化、智慧化不足。

模式应用

基于以上基础认知与关键问题的梳理，本节希望通过四个典型的文体设施类案例——深圳国际低碳城会展中心升级改造项目、重庆市规划展览馆迁建项目、太原市滨河体育中心改造扩建项目、合肥园博会骆岗机场航站楼更新项目的研究，展示案例对前文中更新模式语言的应用过程，以期为后续文体设施类城市更新项目实践提供有借鉴意义的绿色更新设计指引。

深圳国际低碳城会展中心升级改造

重庆市规划展览馆迁建

太原市滨河体育中心改造扩建

合肥园博会骆岗机场航站楼更新

深圳国际低碳城会展中心升级改造

项目地点：深圳市龙岗区
项目规模：总用地面积86707m²，总建筑面积24400m²
设计单位：同济大学建筑设计研究院（集团）有限公司
主创建筑师：章明、张姿
设计团队：丁阔、丁纯、刘炳瑞、张林琦、郭璐炜、张祥麟、张雯珺、吴炎阳（实习）、韩佳秩（实习）

项目背景与更新目标

深圳国际低碳城会展中心始建于2013年，曾作为两届低碳论坛的主会场使用。这里交通便利，坐拥绿色能源产业与良好的自然景观资源。

改造更新前的三座场馆主体为钢结构框架，分别为低碳交易馆（A馆）、低碳会议馆（B馆）、低碳展示馆（C馆）。原建筑与周边环境关系生硬，缺少融合；设备陈旧老化；建筑空间封闭，体验不佳。已无法满足大会对于会务组织和低碳技术理念展示的要求。

改造延续原有功能，在既有条件的制约下，采用有限介入的设计策略，打开封闭的外部界面，化解场馆本身的巨大尺度，并通过对场地的软化和尺度重塑，与丁山河的自然生态岸线衔接。以呼吸之馆、活力之廊、生态之盒、生长之丘为整体规划架构，创造一座"可自由呼吸的，自然生长于环境中的，真正将绿色融于日常"的"低碳之城"。

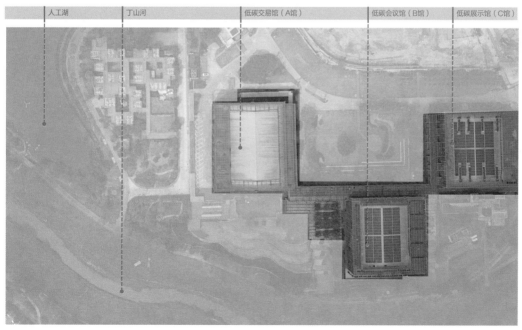

| 人工湖 | 丁山河 | 低碳交易馆（A馆） | 低碳会议馆（B馆） | 低碳展示馆（C馆） |

场地分析图

本土资源要素梳理

（1）气候资源：深圳所处纬度较低，属南亚热带季风气候，长夏短冬，日照充足，雨量充沛。夏季高温多雨，其余季节气候温和。

（2）土地环境资源：场地三面环山，河谷穿流。场地周边被植被覆盖，东侧为丁山河，南侧有人工湖，生态本底优越。

（3）社会政治经济资源：深圳国际低碳城是国家八大低碳城试点城市项目之一，作为试点区，将为全国新型城镇化和低碳发展提供实践经验，发挥引领和示范作用。53km²全域示范区，有5km²的拓展区，1km²的启动区。本项目位于深圳国际低碳城核心启动区。

1 更新前实景；2 C馆更新前；3 活力之廊更新前

街区层面设计方法应用解析

街区层面模式语言检索表

设计要素		模式语言	面向既有的延续	面向问题的微增		面向目标的激活		
			A	B	C	D	E	F
			协调	织补	容错	植入	重构	演变
1	街区系统	1-1 功能布局		B-1-1				
		1-2 空间格局		B-1-2				
		1-3 空间肌理						
		1-4 开放空间系统						
		1-5 生态环境					E-1-5	
		1-6 道路交通						
		1-7 慢行系统						
		1-8 天际线						
		1-9 视廊与标志物						
2	景观环境	2-1 绿化						
		2-2 广场						
		2-3 街道界面						
		2-4 景观设施						
3	服务设施	3-1 交通设施						
		3-2 公服设施						
		3-3 市政设施						

建筑层面设计方法应用解析

建筑层面模式语言检索表

分类	分项		具体措施	采用的模式语言			
G	安全	G-1	原有结构加固加强				
		G-2	新旧并置，各自受力				
		G-3	减轻荷载		G-3-2		
H	适用	H-1	空间匹配				
		H-2	空间改造				
		H-3	使用安全				
I	性能	I-1	空间优化				
		I-2	界面性能提升	I-1-2	I-2-2	I-2-3	I-2-4
		I-3	设备系统引入	I-3-1			
		I-4	消防安全				
J	美学	J-1	原真保留				
		J-2	新旧协调				
		J-3	反映时代				
K	高效	K-1	便捷施工	K-1-1			

B-1-2   空间格局的织补

打造活力之廊，场地脉络串联延伸

由原建筑外廊改造的活力之廊如立体森林般在场地中延展，串接场馆，连接外部环境，起到织补空间格局的作用。活力之廊串联、渗透三大主场馆的室内外空间，向湖边展开为集装箱改造的低碳食集。向丁山河一侧，跨越河流建成生态之桥，延续场地脉络。

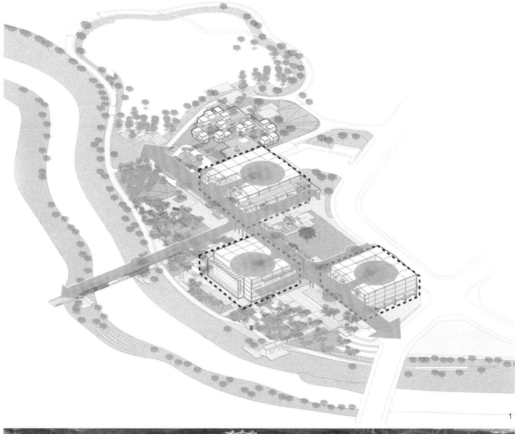

1 空间格局分析图；2 更新后鸟瞰

E-1-5　　　　　　　　　　　　　　　　　　生态环境的重构
采用多项海绵技术，重构生态环境

　　设计采用多项海绵技术，对雨水进行含蓄回收，结合中水技术，对非传统水源进行再利用。提高透水率和植物多样性，增加环境友好度，重构生态环境。

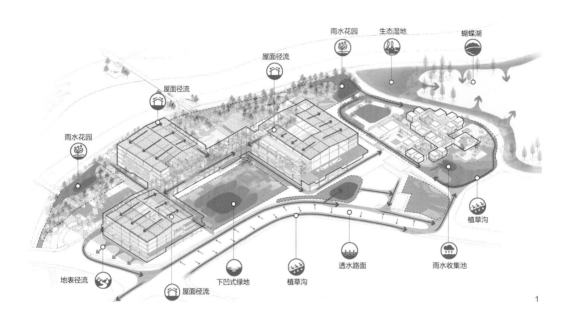

1

1 海绵技术应用示意图；2 下凹式绿地；3 雨水收集池；4 植草沟

织补功能盒体，满足多样化需求

　　将承载一定功能的绿色盒体单元错落布置于场地和建筑之中，盒体堆叠于活力之廊上成为人们茶歇交谈的场所；穿插进建筑室内成为嵌入办公会议空间的空中生态庭院；错落于景观系统中成为室外凉亭与休息空间。生态之盒提供了室内外多样化的停留和交往空间，在提升使用者体验的同时，具有固碳和提升环境质量的示范作用。

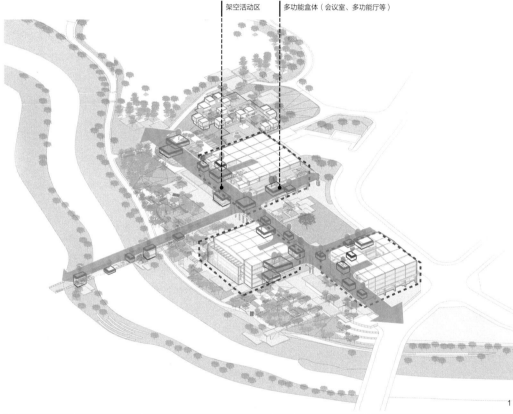

1 功能分析图；2 生态之盒

G-3-2　　　　　　　　　　　　　　　　　　　　　　　　　**轻构件选用**

钢构生态之盒，减轻结构荷载

建筑外部新增的生态之盒采用钢构件，减轻对于原有结构的荷载压力。

I-1-2　　　　　　　　　　　　　　　　　　　　　　**植入中庭与立体庭院**

设置中庭空间，优化采光通风

三个主要场馆中均设置了中庭空间，并在中庭上部设置可自动开启的通风窗扇，在夏季加强建筑内部的空气对流。

1 生态之盒结构分析图；2 生态之盒局部；3 立面上高低错落的生态之盒；4 采光通风分析图

光伏板垂直绿化与外廊，共同构建外遮阳体系

　　原有建筑外立面后退后，形成的出挑外廊自然起到水平遮阳的作用。保留的钢框架成为光伏板和垂直绿化单元的结构载体，在充分利用原有结构的基础上，将建筑的外遮阳体系与减碳固碳的技术措施相结合，将技术手段与建筑形式有机结合。A馆西立面设置碲化镉光电百叶，在提供清洁能源的同时，也提供了外立面遮阳系统。

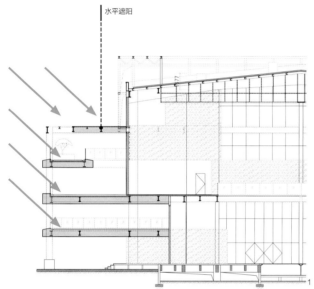

水平遮阳

1 遮阳体系分析图；2 垂直绿化；3 起到水平遮阳作用的外廊

I-2-3　　　　　　　　　　　　　　　　　　　　　　　　　　　　　　　**建筑光伏一体化**

光伏屋面与光电幕墙，有效降低能耗

　　除A馆西立面的光电幕墙外，A、B、C三馆的屋顶均采用单晶硅光伏屋面。三馆光伏板年发电总量达127.3万度，相比未安装光伏板的建筑，年减碳574吨。

　　此外，通过设置高转换率光伏逆变器、优化器，有效实现对光伏系统的实时监控与智能感知，系统发电提升5%～30%，智能化、免维护的特性将运维效率提升50%。

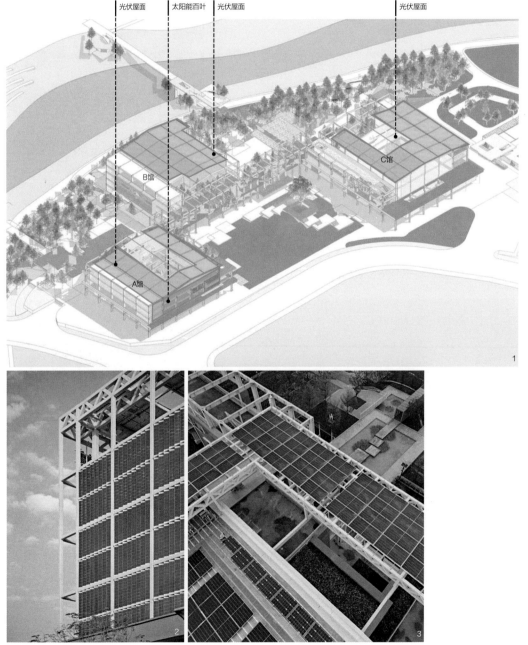

1 建筑光伏分析图；2 太阳能百叶；3 光伏屋面

I-2-4 　　　　　　　　　　　　　　　　　　　　　　　　　　　　**立体绿化与蓄水屋面**

多层次立体绿化，实现生态固碳

　　本项目在建筑的楼层廊道外侧多处设置层间绿化，形成空中绿廊。生态之盒单元体顶部与绿化种植槽结合，通过自身的布局将绿化自然蔓延至整个景观体系、室外连廊及室内空间中，大大提高了建筑的绿视率。更新通过空中绿廊、场地绿化等多层次立体绿化，实现生态固碳。

垂直绿化　　　空中绿廊　　　草坪绿地　　　复合种植　　　湿地碳循环

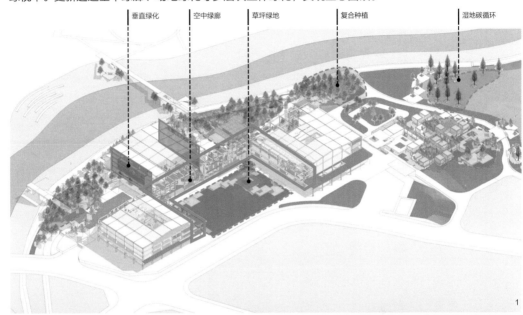

1 立体绿化分析图；2 生态之盒的顶部种植；3 柔软之丘；4 记忆之丘；5 垂直绿化

I-3-1　　　　　　　　　　　　　　　　　　　　**机电升级提升建筑性能**

核心低碳技术集成，有效降低能耗

　　改造对机电系统进行了升级提升，采用磁悬浮空调系统、空调开启预约光感电动窗帘、光储充电桩系统、高效能水源热泵等多套系统，提升建筑性能，降低能耗。

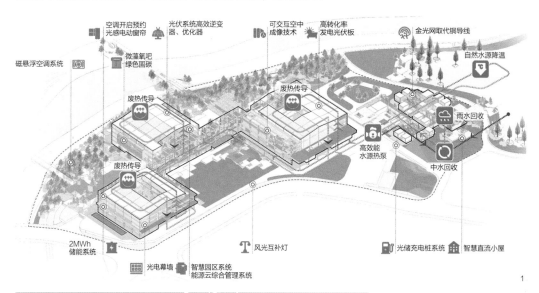

1 核心低碳技术集成示意图；2 光储充电桩系统；3 风光互补灯具；4 光电幕墙

K-1-1　　　　　　　　　　　　　　　　　　　　选用装配式设计加快施工进度
标准化节点设计，钢结构装配化施工

更新设计中，80%以上既有主体结构保留，通过模数化设计完成标准节点，钢结构采用装配化施工，实现现场整体快速拼装。

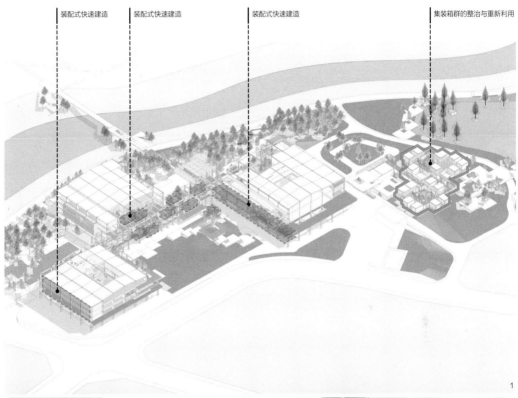

装配式快速建造　　　装配式快速建造　　　装配式快速建造　　　集装箱群的整治与重新利用

1

1 工业化建造分析图；2 装配式快速建造；3 集装箱群的整治与重新利用

重庆市规划展览馆迁建

项目地点：重庆市
建筑面积：17900m²
设计单位：中国建筑设计研究院有限公司
主要参与人员：崔愷、景泉、徐元卿、李健爽、张翼南、李静威、施泓、马玉虎、朱燕辉

项目背景与更新目标

　　重庆，是同时享有"山城""江城"双重美誉的山水之地，长江、嘉陵江形成两江汇流的独特景色，两江四岸地区是重庆城市发展的主轴。在南岸区，以弹子石广场为起点，经由市民文化中心，直达慈云寺老街，沿南滨路形成了1.3km的城市会客厅，是两江四岸核心区重要的观景区域。

　　重庆市规划展览馆迁建项目选址于重庆市南岸区南滨路弹子石广场上，利用弹子石车库改造而成，周边环境要素复杂多元。原有车库由于年久失修，可达性较差、风貌凌乱，难以适应现代城市功能发展和滨江风貌要求，在两江四岸核心区整治中被列为重点项目。将原重庆市规划展览馆迁移至此，以补全周边文化设施，并形成南岸区滨江风貌、城市会客厅的标志性节点。此外，南滨路地区滨江地势较为复杂，原有城市车行、步行体系被等高线切割，分离较严重，不同标高难以衔接，生态景观绿地破碎，公共活动空间丧失，拟通过重庆市规划展览馆迁建项目对周围环境进行整合，织补交通体系，协调生态绿地，补全城市公共活动空间，以点带线、以线带面，引领周边城市活力及文化活力发展。

| 嘉陵江 | 长江 | 弹子石 | 规划展览馆 | 慈云寺 |

区位分析图

本土资源要素梳理

（1）土地环境资源：场地位于两江四岸核心区重要节点，地形地貌与水文环境复杂，项目既要形成滨水标志性节点，又要与周边城市、山体、滨水环境相协调。

（2）地域文化资源：山地步道是重庆传统文化的重要组成部分，它缝合了陡峭的山地环境，联通了滨江沿线，是本次设计的重要借鉴。

（3）城市空间脉络资源：场地位于两江交汇景观核心区，与朝天门广场、江北嘴隔江相望；南滨路滨江地区地势高差较大，不同标高的衔接成为更新设计关注的重点。

1 朝天门码头老照片；2 1942年菜贩和苦力通过重庆的南纪门；3 原弹子石车库屋顶平台；4 原弹子石车库周边环境；5 原弹子石车库屋顶望向朝天门及江北嘴视角

街区层面设计方法应用解析

设计要素		模式语言		面向既有的延续	面向问题的微增		面向目标的激活		
				A	B	C	D	E	F
				协调	织补	容错	植入	重构	演变
1	街区系统	1-1	功能布局						
		1-2	空间格局						
		1-3	空间肌理						
		1-4	开放空间系统						
		1-5	生态环境	A-1-5					
		1-6	道路交通		B-1-6				
		1-7	慢行系统		B-1-7				
		1-8	天际线						
		1-9	视廊与标志物						
2	景观环境	2-1	绿化						
		2-2	广场				D-2-2		
		2-3	街道界面						
		2-4	景观设施						
3	服务设施	3-1	交通设施						
		3-2	公服设施						
		3-3	市政设施						

街区层面模式语言检索表

建筑层面设计方法应用解析

分类		分项	具体措施	采用的模式语言		
G	安全	G-1	原有结构加固加强		G-1-2	
		G-2	新旧并置，各自受力			
		G-3	减轻荷载		G-3-2	
H	适用	H-1	空间匹配	H-1-1		
		H-2	空间改造		H-2-2	
		H-3	使用安全			
I	性能	I-1	空间优化			
		I-2	界面性能提升		I-2-2	
		I-3	设备系统引入			
		I-4	消防安全			
J	美学	J-1	原真保留			
		J-2	新旧协调			
		J-3	反映时代			
K	高效	K-1	便捷施工			

建筑层面模式语言检索表

A-1-5

协调生态坡地，顺应滨江地势

　　原弹子石车库占用自然公园坡地建成，且立面垂直，在自然生态地貌中造成了断崖式切割，两侧剩余坡地尺度均较小，无法承担原有的城市公园功能。设计顺应自然山体，将两侧城市公园绿地连为一体，恢复滨江生态活力，遵循山势地貌，顺应两侧坡地逐级退台，并辅以倾斜表皮，融入滨江山地环境之中，避免突兀的建筑形体破坏山水形态格局，形成连贯的城市界面。

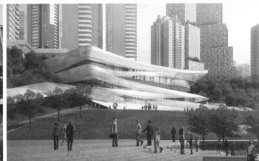

1 坡地及水岸关系分析图；2 原弹子石车库立面；3 滨江效果图；4 滨江实景

B-1-7 　　　　　　　　　　　　　　　　　　　　　　　　**慢行系统的织补**

织补慢行体系，优化山体步行体验

　　重庆依山而建，山路连接山、水、城，以独具特色的方式联系着山城人的生活。原场地慢行系统割裂严重，横向、纵向均互不连通，可达性较差。设计加入山城步道缝补山水，纵向打通弹子石广场的上山动线，横向串联滨江多标高慢行系统，使重庆市规划展览馆及周边场地成为滨江步道的重要组成部分。

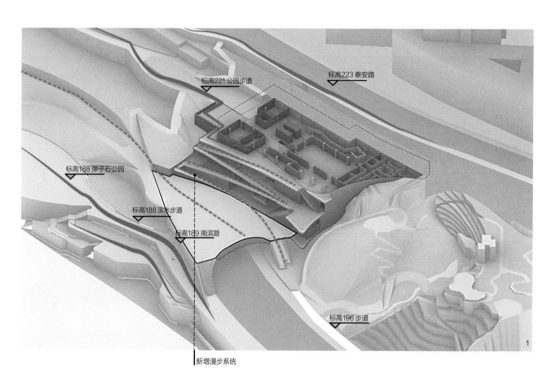

1 山地慢行系统分析图；2 建筑周边慢行系统实景

B-1-6 道路交通的织补

织补路网结构，优化车行交通

选址周边地形高差较大，形成了189m、195m、223m等若干互不连通的主要标高，车行道割裂严重。设计结合建筑形体及周边公共空间，在弹子石广场草坡处增加一条硬质铺装道路，通过内部道路打通车行体系，增强了项目的可达性及路网合理性，也为建筑提供应急消防道路。

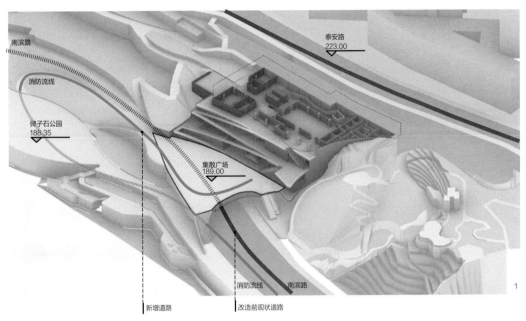

D-2-2 广场空间的植入

植入多层平台，统合标高集散

原有场地广场空间较为局促，集散空间与坡地高程难以整合。设计通过建筑人流分析，在不同标高尤其是建筑入口层级植入集散广场，有助于人流汇集与建筑形象展示，同时作为串联在慢行系统中的节点，也作为紧急消防道路和应急疏散空间。

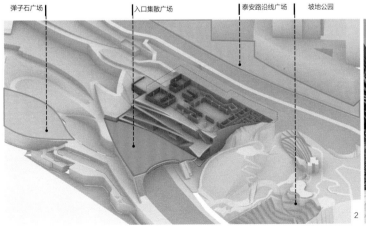

1 柱网分析图；2 周边平台分析图；3 建筑平台实景

G-1-2   轻型结构构件加入
合理拆改梁柱，轻型结构补强

　　通过对老结构和新功能的细致分析，立足既有空间特征，采用较小的动作合理拆改。拆除对新功能及造型需求影响较大的局部临江结构，并适当增加轻钢结构梁、柱，为观景平台等提供支撑。新增结构顺应原柱网并与原结构构件合理连接，成为新功能、新形体的基本依托。

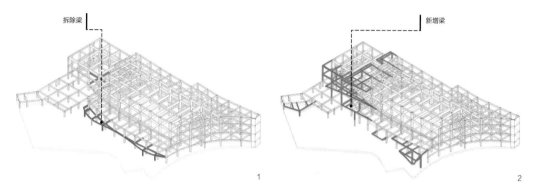

1   2

G-3-2   轻构件选用
选取轻钢构件，减轻支撑压力

　　在原有结构体系中加入轻型人行坡道及建筑表皮，降低新增结构对原有结构体系的扰动，形成主体建筑 – 交通坡道 – 立面幕墙一体化结构体系，并适应建筑空间形态及主要访客人流集散的需求。

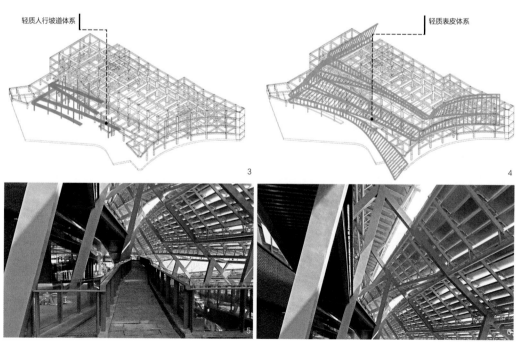

1 拆除构件示意图；2 新增构件示意图；3 轻质人行坡道示意图；4 轻质表皮示意图；5人行坡道；6 表皮体系

H-2-2 内部改造适合新功能
合理拆改楼板，适配使用需求

原有车库空间各层楼板大部分为连续整体，层高较低，交通核分布也不适用于新功能需求，需进一步扩充展陈空间。通过对内部功能的细致排布，确定需获得大空间及新增交通核的区域，拆除局部室内楼板并对周边结构进行加固处理，获得若干2～3层大空间，有助于展陈功能布局。此外，结合室外集散及观景活动需要，并对不需要的原建筑洞口进行封闭，局部补充楼板。

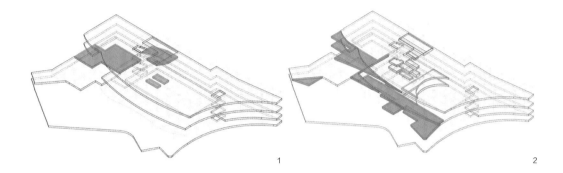

1   2

3

1 根据大空间需求拆除局部楼板；2 根据集散、观景需求补充局部楼板；3 由建筑内部望向江景

I-2-2　　　　　　　　　　　　　　　　　　　遮阳体系引入
植入立面构件，提升被动性能

　　外立面格栅设计体现气候适应性，通过角度设计产生良好的遮阳通风效果，为观众提供舒适的观景空间。在过渡季可以局部开启，引入江风，结合中庭烟囱效应，有效节约建筑耗能。格栅下端采用凹槽式的集水处理，引导水流回收至蓄水池，收集雨水，节约水源。

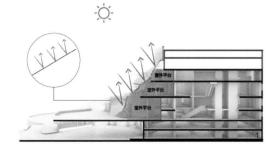
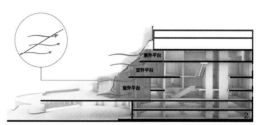

1 根据太阳高度角控制阳光直射；2 表皮缝隙引入江风；3 外立面格栅遮阳实景；4 外立面格栅通风实景

H-1-1 依据尺度匹配功能
依据原有尺度，嵌入展陈空间

在更新过程中，原有车库部分特色空间可根据展陈空间特点进行转换激活：原建筑周边的观景平台，改造后被纳入建筑室内展陈区域；原建筑局部存在二层至三层通高空间，可结合楼板拆改纳入展陈流线；原有建筑最大的一处一层至三层通高空间作为核心沙盘展示区。

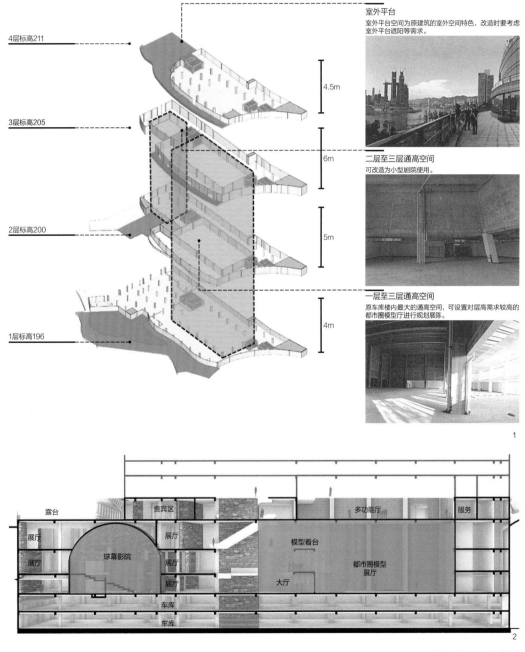

室外平台
室外平台空间为原建筑的室外空间特色，改造时要考虑室外平台遮阳等需求。

二层至三层通高空间
可改造为小型剧院使用。

一层至三层通高空间
原车库楼内最大的通高空间，可设置对层高需求较高的都市圈模型厅进行规划展陈。

1 空间嵌入分析图；2 剖面分析图

太原市滨河体育中心改造扩建

项目地点：山西省太原市
用地面积：73000m²，建筑面积：49000m²
设计单位：中国建筑设计研究院有限公司
主要参与人员：崔愷、景泉、徐元卿、张翼南、施泓、陈越、徐征、常立强、段进兆、邓雪映、刘炜、关午军

项目背景与更新目标

太原市滨河体育中心老馆建成于1998年，占地面积10万m²，建筑面积约2万m²，是山西省早期修建的大型综合性体育场馆之一，也是太原河西地区的地标性建筑。过去，滨河体育中心是太原市民日常健身锻炼、观看大型赛事和商业演出的地方，曾见证过太原国际马拉松赛的起跑以及山西男篮的辉煌，承载了太原人的城市记忆。

经过十余年的使用，老馆面临着容量不足、风貌落后、配套不齐全、周边场地功能凌乱、与城市关系紧张等问题，导致区域活力降低，难以继续承担市民集会观演及日常体育休闲的功能。作为山西省迎接"青运会"的最大建设工程的主体，太原市滨河体育中心借此契机完成改造升级，延续既有城市记忆，提升区域活力，成为新时期太原人文体活动的重要场所。

北区网球中心用地　｜项目用地　｜太原电视台　｜太原图书馆　｜汾河　　1

2

1 场地分析图；2 改造后汾河对面远观滨河体育中心

本土资源要素梳理

（1）地域文化资源：老体育馆长时间作为区域标志性节点，体量特征鲜明，改造设计要充分回应其形象特征，利用新材料、新技术实现城市记忆的现代转译。此外，太原地区风沙较大，对室外建筑材料的耐久性、自洁性提出了较高要求。

（2）社会政治经济资源：作为赛事主场馆及区域内唯一的大体量建筑，体育中心承担着标识区域节点、统领外部空间、延续城市记忆的作用，需要在新老传承方面多做研究。

（3）城市空间脉络资源：场地位于区域核心，邻近城市主干道及水体，周边景观资源丰富，有成为建筑、景观一体化城市体育公园的潜质。

1 更新前南侧外观；2 更新前西侧外观；3 更新前东侧外观；4 更新前汾河对面实景

街区层面设计方法应用解析

设计要素		模式语言		面向既有的延续	面向问题的微增		面向目标的激活		
				A	B	C	D	E	F
				协调	织补	容错	植入	重构	演变
1	街区系统	1-1	功能布局					E-1-1	
		1-2	空间格局						
		1-3	空间肌理						
		1-4	开放空间系统					E-1-4	
		1-5	生态环境						
		1-6	道路交通		B-1-6				
		1-7	慢行系统		B-1-7				
		1-8	天际线						
		1-9	视廊与标志物		B-1-9				
2	景观环境	2-1	绿化				D-2-1		
		2-2	广场						
		2-3	街道界面					E-2-3	
		2-4	景观设施						
3	服务设施	3-1	交通设施						
		3-2	公服设施						
		3-3	市政设施						

表名：街区层面模式语言检索表

建筑层面设计方法应用解析

分类		分项	具体措施	采用的模式语言		
G	安全	G-1	原有结构加固加强	G-1-1		
		G-2	新旧并置，各自受力		G-2-2	
		G-3	减轻荷载	G-3-1		
H	适用	H-1	空间匹配			
		H-2	空间改造			
		H-3	使用安全			
I	性能	I-1	空间优化			
		I-2	界面性能提升	I-2-1	I-2-2	
		I-3	设备系统引入			
		I-4	消防安全			
J	美学	J-1	原真保留			
		J-2	新旧协调	J-2-1		
		J-3	反映时代	J-3-1		
K	高效	K-1	便捷施工			

表名：建筑层面模式语言检索表

E-1-1

清理无关业态，释放场地活力

　　滨河体育中心原有场馆主要包括主馆和训练馆两部分。城市功能的需求让原本的体育用地被最大限度再开发，沿道路一圈的地块在不同时期建设了快捷酒店、银行、KTV、游艺中心、办公楼等多栋建筑物。由于周边住宅区停车位不足，体育中心场地内大部分广场被停车位挤占；南侧望景路路面也常年有大量停车。设计清退、腾挪与体育主题无关功能，将与体育相关的零售等功能与体育馆主体整合，释放外部场地，优化建筑与场所的主次关系。

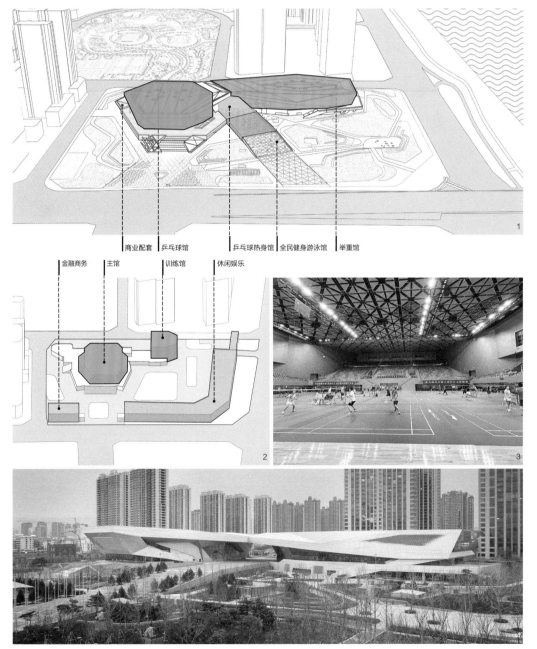

1 更新后功能分析图；2 更新前功能分析图；3 更新后乒乓球馆内景；4 更新后建筑实景

E-1-4

开放空间系统的重构

腾退无关设施，重构外部空间

　　更新过程中，将场地原有的建筑及停车设施进行清退，对开放空间进行重新整理，规划喷泉广场、健身步道、体育公园等，使其成为居民日常休闲活动的重要场所，重新激发开放空间活力。

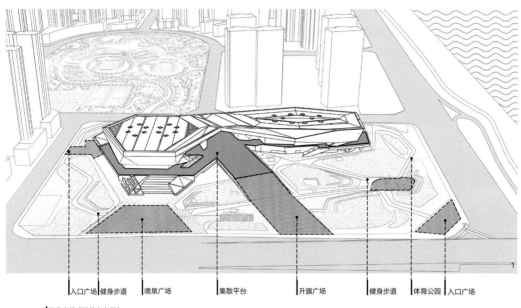

入口广场　健身步道　喷泉广场　　集散平台　　　升旗广场　　　健身步道　　体育公园　入口广场

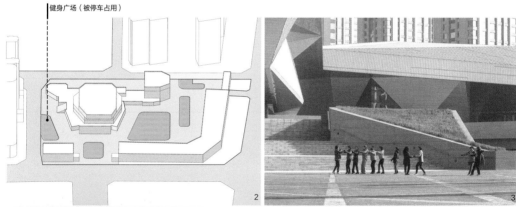

健身广场（被停车占用）

1 更新后开放系统分析图；2 更新前开放系统分析图；3 广场市民活动；4 集散平台市民活动

B-1-6   道路交通的织补

织补场地交通，实现人车分流

原有建筑周边均为车行道，停车场被割裂且车位数不足，管理较为困难，人车混行严重，缺乏必要的步行空间，未区分不同人流及车流，无法满足赛事需求及赛后市民日常使用。设计重新梳理交通体系，规划入口功能，区分运动员、媒体贵宾及公众入口，并形成互不干扰的场地流线，同时通过集散平台实现人车分流。

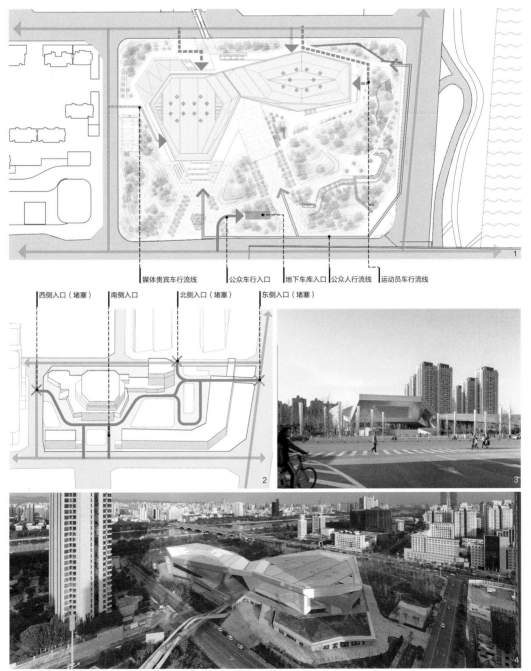

1 更新后道路交通分析图；2 更新前道路交通分析图；3 更新后南入口城市界面效果图；4 西北方向建筑鸟瞰

B-1-7 **慢行系统的织补**

织补慢行系统，连通南北地块

　　体育中心北侧为室外运动场地及景观区，设置天桥将南北地块连通，将城市活力引入北侧，使其形成了区域性的市民户外健身中心；同时在场地内部构建立体化的慢行系统，倡导多样化的慢行活动。

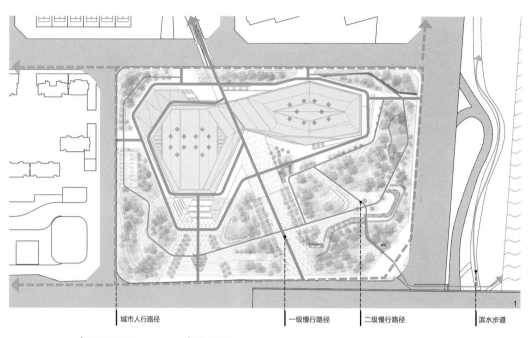

城市人行路径　　　一级慢行路径　　二级慢行路径　　滨水步道

原主要慢行路径　　城市人行步道

1 更新后慢行系统分析图；2 更新前慢行系统分析图；3 场地南向鸟瞰效果图；4 从天桥上望向建筑

B-1-9

植入观景平台，建构视觉廊道

老馆周边观景界面局促，缺少必要的平台广场。新馆朝向汾河设置观景平台，形成体育中心对城市的景观界面形象，强化整个规划区域作为"青运会"场馆的城市标志性。老馆在朝向南侧原主入口位置补充观景平台，形成朝向城市中轴的视野连续性。

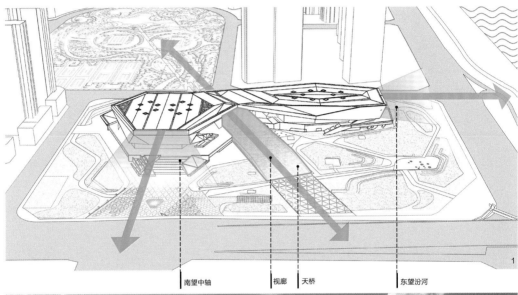

南望中轴　　视廊　天桥　　东望汾河

1 更新后视线标志物分析图；2 更新后建筑视廊；3 更新后南向轴线效果图；4 更新后东向轴线效果图

D-2-1 绿化空间的植入

植入景观绿地，优化微气候

依托体育中心建设，利用腾退后充足的室外场地，进行景观与建筑一体化设计，打造城市级体育公园，整合林地树阵、集中草坪、口袋花园、灌木花丛、行道树等景观要素，充分利用建筑周边边角空间设置花池、树篱、种植覆土，设置生态停车场及生态球场，绿化率达到40%以上。

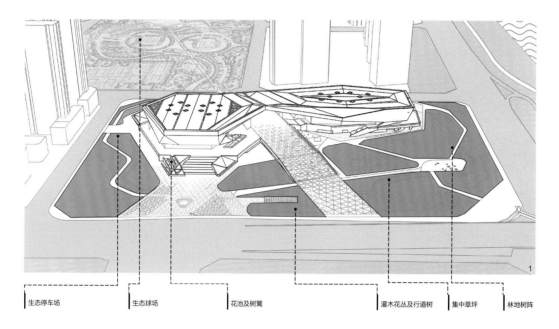

生态停车场　　　生态球场　　　花池及树篱　　　　　灌木花丛及行道树　集中草坪　林地树阵

1 更新后绿地系统分析图；2 更新后绿地实景

E-2-3 街道界面的重构

转化体量特征，重构城市形态

原有建筑沿汾河及南侧城市道路均形成了识别性很强的街道界面，但由于立面材质老化及沿街房屋遮挡，其视觉活力逐步降低，被淹没在无序生长的周边城市环境中。改造设计通过对原有建筑气质及体量关系的抽象转译，打造体育公园标志性节点，建筑表皮沿城市主干道及汾河舒展起伏，重构了全新的街道界面。

G-1-1 原有结构加固加强

保留主体结构，加强抗震性能

为释放更多的用地、更好地融入场地，将建筑形象较混乱的体育馆平台部分和场地较小的训练馆进行整体拆除。结构检测结果显示，主馆钢结构网架部分已有一定量变形，从经济角度考量，加固成本较高，故采取整体拆除更换；主馆混凝土部分基本可满足结构要求，但抗震性能需加强，采取阻尼器、粘结钢板、钢筋网片等对保留结构框架进行加固。

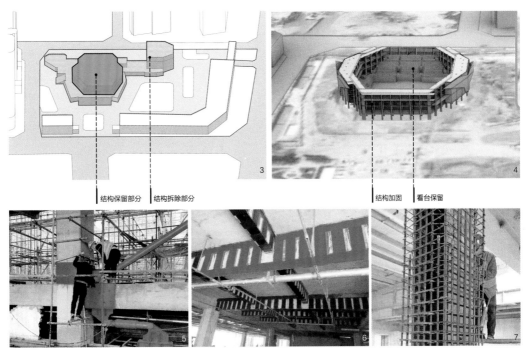

1 更新前场地南向城市界面；2 更新后场地南向城市界面；3 原有场馆结构分析图；4 拆除后结构分析图；5 斜撑式阻尼器；6 梁粘结钢板加固；7 柱子外包钢筋加固

G-2-2　　　　　　　　　　　　　　　　　　　　　新旧嵌套，各自受力

并置新旧结构，协调新旧荷载

　　受限于设计使用年限及材料耐久性，保留结构仅承载原有空间相关荷载，由于赛会需求而新增的看台层、服务层等功能性荷载较多，其由额外的支撑体系单独受力，确保项目改造的安全性及受力分布的合理性，通过局部拉结将新旧结构"捏合"为协调的受力整体。

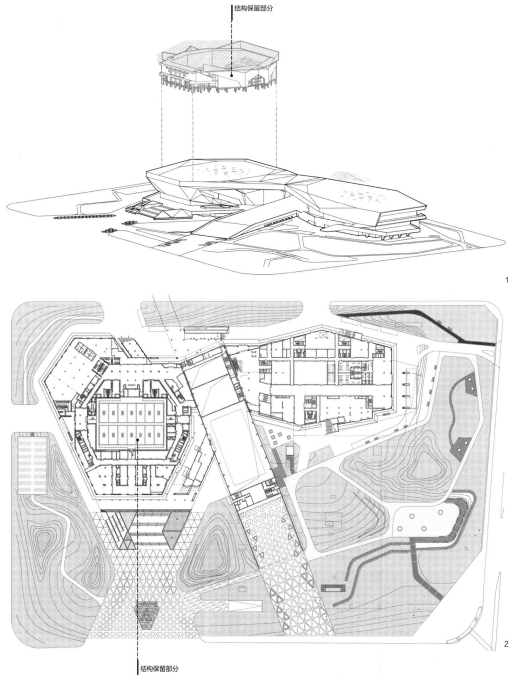

1 结构保留分析图；2 结构保留平面分析图

G-3-1 轻结构选用

植入轻型结构，降低改造扰动

在旧结构体系中植入轻钢屋面、轻钢装配式楼板、轻型竖向构件等轻结构，通过减少构件截面、优化受力分布等措施，降低对原有结构基础及构件的扰动。

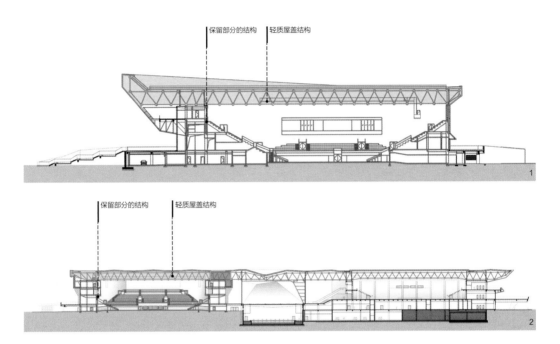

J-2-1 形式语言协调

提炼构成要素，协调整体形态

原有建筑基于自身角色及城市环境的定位，形成了具有一定各向同性但仍主从有别的六边形"钻石"形态，改造过程中延续这一处理方法，将两个主要建筑形体均处理成六边形并灵活连接，同时将相关要素向室内及景观延伸，形成表里如一、内外贯穿的形式语言。

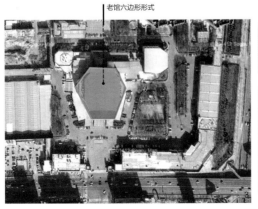
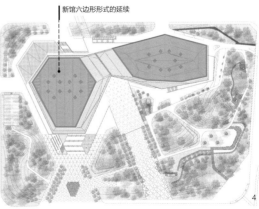

1/2 保留结构及轻型屋盖分析图；3 更新前老馆主体形态分析图；4 更新后新馆主体形态分析图

J-3-1 形式语言对比

抽象场所记忆，演绎时代特征

　　原建筑立面的Y形混凝土巨柱成为一代人的场所记忆，改造设计通过金属材质的当代演绎保留了这一标志性元素，与新建筑表皮协调一致，使传统城市形象在新时代换发活力。

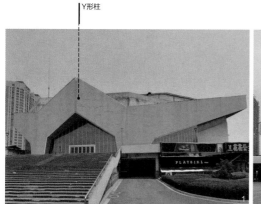

I-2-2 遮阳体系引入

设置屋顶天窗，自动匹配需求

　　新旧两个主场馆顶部设天窗，平时可自然采光；设电动遮阳帘，赛期可关闭，满足场地均匀照度要求。

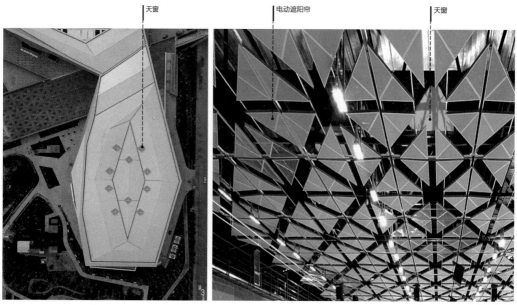

1 更新前老馆标志性形态分析图；2 更新后老馆标志性形态分析图；3 屋顶天窗俯视；4 屋顶天窗内部

提升材质性能，适应地域气候

    表皮不仅实现了建筑历史记忆的传承，更通过节点及涂层配比提升了建筑的耐久性。幕墙平板段标准尺寸为200mm×6000mm，1：30的非常规比例需要具有创新性的幕墙节点设计。同时，为应对当地沙尘较大的气候特点，测试了多种配比的铝板表面涂层，以到达光亮、不眩光、自洁的效果。

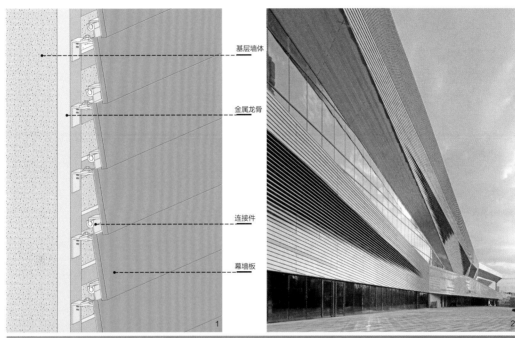

基层墙体

金属龙骨

连接件

幕墙板

1 建筑幕墙分析图；2/3 建筑幕墙外观

合肥园博会骆岗机场航站楼更新

项目地点：安徽省合肥市
建筑面积：22400m²
设计单位：中国城市建设研究院有限公司
主要参与人员：刘玉军、刘琳、徐力、李哲、张黎曼、张胜焰、李姗姗、刘培强、刘靖明、王维凤、毛培水、杨娜、刑海龙

项目背景与更新目标

　　废弃的合肥骆岗机场位于合肥市东南部，毗邻合肥滨湖新区，交通便捷，周边环境优美。骆岗机场航站楼从1977~2013年运行36年，先后于1996年、2002年和2008年进行三次扩建，航站楼与合肥共同成长，承载着合肥人的无数情感和记忆。合肥园博会选址骆岗机场，原机场航站楼需更新为城市建设馆的功能。

　　本次更新尊重原建筑空间特征，匹配新功能，重新组织空间布局，不干扰原结构逻辑，整体保护延续记忆，实现航站楼向园博会主场馆的功能转换目标。

中心绿地 | 水上停车库 | 北广场 | 骆岗机场航站楼 | 古宅博物馆区 | 海棠湾景区

生态公园 | 机场副跑道 | 机场主跑道 | 航站楼停机坪 | 园博小镇

场地分析图

本土资源要素梳理

（1）土地环境资源：停机坪为园博会最大硬质场地，具有构建弹性多元空间的潜质，永续利用，为百姓服务。

（2）地域文化资源：骆岗机场航站楼历经三次扩建，以解决空间容量问题，拥有高大的特色空间，适合转型为其他功能。南侧立面具有典型航站楼连续长窗的特征，景观视野良好。骆岗机场承载着合肥人无数情感和记忆。

（3）城市空间脉络资源：原骆岗机场位于合肥东南部，多条道路会聚于此，交通较为便利。骆岗机场位于园博会中轴线，处于园区重要的核心节点，与北入口形成呼应。

1 更新前南向实景；2/3 更新前南向入口实景；4 更新前北向实景；5/6 更新前鸟瞰

街区层面设计方法应用解析

街区层面模式语言检索表

设计要素		模式语言		面向既有的延续	面向问题的微增		面向目标的激活		
				A	B	C	D	E	F
				协调	织补	容错	植入	重构	演变
1	街区系统	1-1	功能布局						
		1-2	空间格局						
		1-3	空间肌理						
		1-4	开放空间系统						
		1-5	生态环境						
		1-6	道路交通						
		1-7	慢行系统						
		1-8	天际线						
		1-9	视廊与标志物						
2	景观环境	2-1	绿化						
		2-2	广场		B-2-2				
		2-3	街道界面						
		2-4	景观设施						
3	服务设施	3-1	交通设施						
		3-2	公服设施						
		3-3	市政设施						

建筑层面设计方法应用解析

建筑层面模式语言检索表

分类		分项	具体措施	采用的模式语言				
G	安全	G-1	原有结构加固加强					
		G-2	新旧并置，各自受力					
		G-3	减轻荷载	G-3-1				
H	适用	H-1	空间匹配		H-1-2			
		H-2	空间改造		H-2-2			
		H-3	使用安全					
I	性能	I-1	空间优化		I-1-2			I-1-4
		I-2	界面性能提升					
		I-3	设备系统引入					
		I-4	消防安全	I-4-1				
J	美学	J-1	原真保留					
		J-2	新旧协调		J-2-2			
		J-3	反映时代					
K	高效	K-1	便捷施工					

B-2-2 　　　　　　　　　　　　　　　　　　　　　　　　　　　　　　**广场空间的织补**

依托场地现状，织补广场空间

　　依托场地现状，对原停机坪区域广场空间进行织补。将停机位作为主题展陈区，利用原停机位编号作为展区编号，结合地面夜景灯光设计保留原始地面航线，恢复原始的场地记忆。园博会展时作为开幕式、闭幕式的园博广场使用，采用移动式绿化、装配式活动展房可以保证展后场地的完整复原。

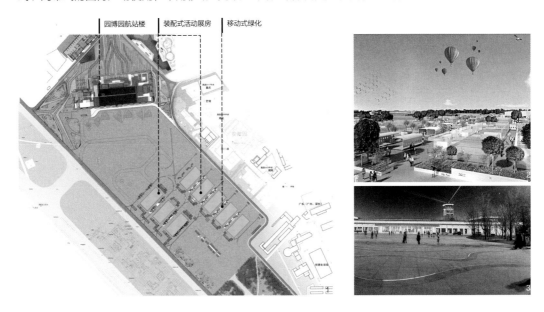

J-2-2 　　　　　　　　　　　　　　　　　　　　　　　　　　　　　　**色彩材质协调**

形式语言对比，反应时代特征

　　骆岗机场航站楼具有典型航站楼连续长窗时代特点，本次更新留存场所记忆，延续横向连续长窗；整体延用原航站楼白色色调，立面上增加竖向遮阳，形成形式语言对比，在提升建筑性能的同时反应时代特征。

1 更新后广场空间分析图；2 更新后广场空间效果图；3 更新后广场空间实景；4 更新前色彩材质分析；5 更新后色彩材质分析；6/7 更新后实景

G-3-1　　　　　　　　　　　　　　　　　　　　　轻结构选用

采用轻型结构，减少荷载压力

骆岗机场航站楼原屋面多采用预制空心板，本次更新过程中替换为轻型金属屋面板，减轻屋面荷载，减少对主体结构及基础的影响。对局部屋面梁、楼板、柱子进行加固，满足建筑新的使用功能要求，建筑后续使用年限不低于30年。

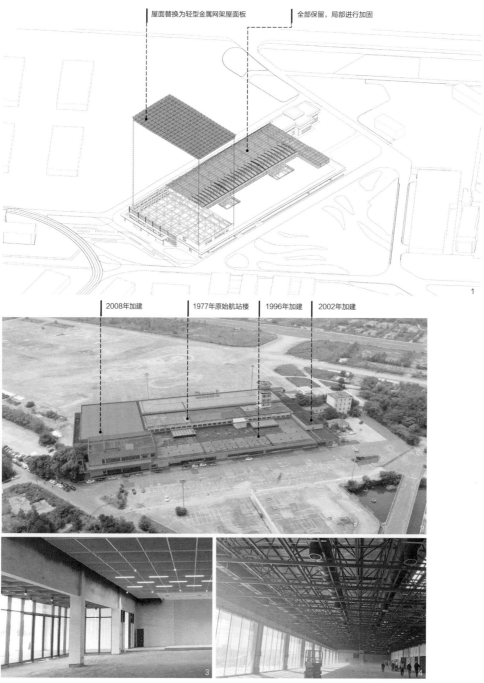

1 更新后轻结构运用分析图；2 原建筑改扩建历史沿革；3 更新后室内实景；4更新后轻型网架室内实景

H-1-2 利用特色匹配功能

空间匹配功能，发挥原有特色

    骆岗机场航站楼经过三次扩建，拥有了高大的特色空间，展览功能可与之匹配。利用原航站楼中部通高空间匹配展览建筑主入口大厅空间；结合原首层东侧和二层连续大空间匹配园博会综合展览空间。通过利用原有特色空间匹配新功能，重新激发建筑功能活力，使得原有空间的特色发挥最大化。

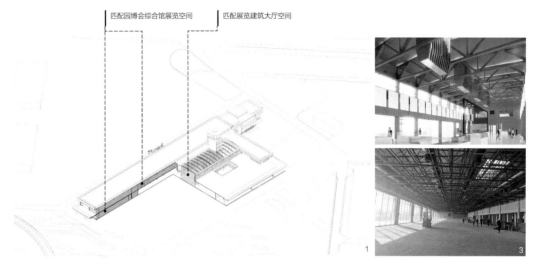

匹配园博会综合馆展览空间　匹配展览建筑大厅空间

H-2-2 内部改造适合新功能

重新划分空间，适合新建功能

    改造前主要功能是机场到达和出发的综合功能场所，改造后作为园博会及周边生态公园的综合服务配套区，通过重新划分内部空间，满足新建功能要求，从而提升建筑功能业态，形成满足参展游客文化体验、专题展示、休憩简餐、多样消费的全域功能版块。

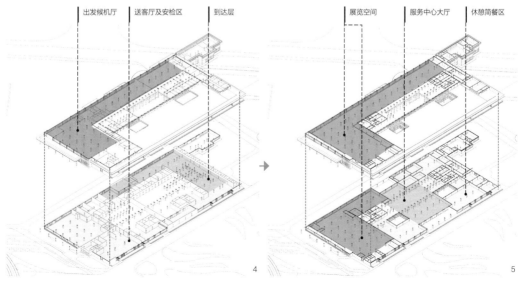

出发候机厅　送客厅及安检区　到达层　　　展览空间　服务中心大厅　休憩简餐区

1 更新前室内特色空间分析图；2 更新后一层室内效果图；3 更新后二层展览空间室内实景；4 更新前室内功能空间分析图；5 更新后室内功能空间分析图

I-1-2   **植入中庭与立体庭院**

延续中庭空间，改善室内条件

利用原有航站楼部分中庭空间，植入内部庭院，形成绿色中庭，在庭院附近布置休憩空间，营造展览建筑舒适的休息空间。同时改善骆岗机场航站楼内部通风采光条件，降低空调能耗，提高室内舒适度，节约能源。

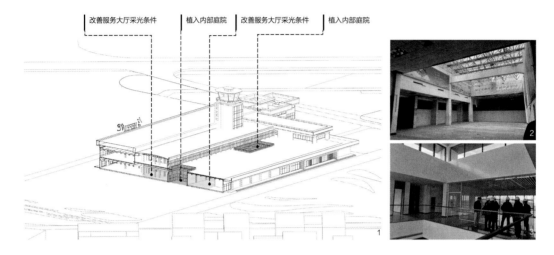

I-1-4   **空间形态改变**

优化建筑体量，满足性能需求

园博会航站楼经过不同年代的三次扩建，建筑形体布局散乱。在本次更新过程中，保留中部航站楼与塔台原建筑体块，对南北出入口进行建筑体量的削减，建立庐州大道与停机坪的直接联系，出入口内移；对内部墙体进行拆除，满足展览建筑的空间需求，改善通风采光条件，满足性能需求。

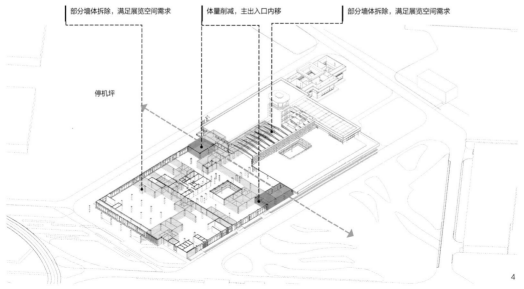

1 更新后室内中庭空间分析图；2 更新前中庭空间室内；3 更新后中庭空间室内；4 更新后建筑空间形态改变分析图

梳理完善安全，满足使用要求

　　原有航站楼楼梯为开敞楼梯且数量不足，部分楼梯距室外安全出口的距离不符合展览建筑防火规范。在更新过程中，将航站楼原有电梯、扶梯拆除，对部分楼梯进行改造，新增楼梯、电梯满足疏散要求；主要出入口向内后退，并在首层增加疏散出入口，满足建筑使用需求。

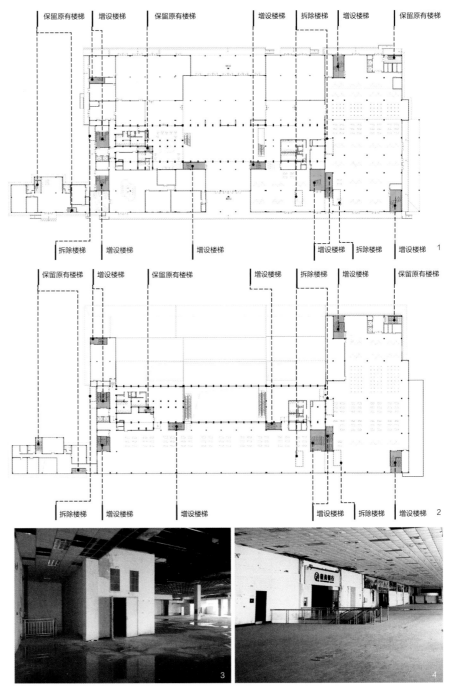

1 一层拆除、增设楼梯分析图；2 二层拆除、增设楼梯分析图；3/4 更新前室内楼梯实景

5.8

历史地段类

- 南京老城南小西湖街区保护与再生
- 榆林梅花楼片区更新
- 长垣西街更新
- 龙岩连城四角井更新

5.8

历史地段类

基础认知

历史地段是指能够真实地反映一定历史时期传统风貌和民族、地方特色的地区。历史地段是国际通用概念，可以是文物古迹比较集中连片的地段，也可以是能较完整体现历史风貌或地方特色的区域。历史文化街区是历史地段的一种类型。历史地段内可以有文物保护单位，也可以没有文物保护单位。

本书所研究的历史地段类更新对象是指在城市发展过程中，面临着历史风貌缺失、空间肌理破坏、建筑存在安全隐患等问题的具有传统风貌和民族、地方特色的区域。在保证原有风貌和生活品质优化的基础上，适应现代需求，延续历史地段内邻里关系网络、解决民生诉求是历史地段发展的根本动力。

关键问题

本节以历史地段类更新项目的共性特征为基础，从更新设计要素出发，总结梳理此类更新项目在更新过程中面临的关键问题。

街区层面——街区系统

功能布局：面临着功能单一、业态陈旧、文化及商业体验不足等问题，造成了历史地段活力降低；同时也存在着商住混杂、相互干扰等问题。

空间格局：部分地段由于商业开发及使用者的保护意识缺失，使历史空间格局逐渐模糊或遭到破坏，难以复原。

空间肌理：随着城市进程的快速发展，历史地段空间肌理的原真性遭到了不同程度的破坏。

开放空间系统：低效闲置空间较多，且呈碎片化分布，层次性、系统性不足。

生态环境：缺少成规模的生态空间，且有限的生态空间分散割裂，不成系统。部分历史地段存在污水、垃圾污染等破坏生态环境的问题。

道路交通：道路较窄，交通拥堵严重，部分区域可达性较差；消防通道不畅，存在安全隐患。

慢行系统：慢行系统不完善，人车混行。

街区层面——景观环境

绿化：绿化用地面积狭小不成系统，总体绿容量不足；古树名木缺乏保护，既有绿地缺乏养护。

广场：广场规模较小，空间利用率不高，文化属性有待提升。

街道界面：传统风貌遭到破坏，街道界面风格混杂，特色文化彰显不足。

景观设施：景观设施缺失，且标识性、文化性不足。

街区层面——服务设施

交通设施：停车位严重不足；车辆充电设施配置不足、智慧化管理欠缺；无障碍设施缺失。

公服设施：配套公服设施存在系统性短板，各类设施配置普遍不足。

市政设施：市政设施占用公共空间，且对整体风貌影响较大；各类市政管线配置不足，且铺设难度较大。

建筑层面

建筑形态：历史地段内的建筑大多陈旧残破；存在部分违章建筑及低质量建筑，其建筑形体与街区风貌不相协调。

建筑结构：危旧房数量众多，存在安全隐患；

历史地段内存在的私搭乱建及不合理改造对原始的结构造成了破坏。

建筑界面：历史地段内建筑的热工性能、隔声性能等已经无法满足现代生产生活需求；不同时期的新老建筑材料的混杂应用及形式的混搭，使建筑风貌遭到破坏。

建筑设备：建筑设备缺失、性能不足，信息化、智慧化欠缺。

模式应用

基于以上基础认知与关键问题的梳理，本节希望通过四个典型的历史地段类案例——南京老城南小西湖街区保护与再生项目、榆林梅花楼片区更新项目、长垣西街更新项目、龙岩连城四角井历史文化街区更新项目的研究，展示案例对前文中更新模式语言的应用过程，以期为后续历史地段类城市更新项目实践提供有借鉴意义的绿色更新设计指引。

南京老城南小西湖街区保护与再生

榆林梅花楼片区更新

长垣西街更新

龙岩连城四角井更新

南京老城南小西湖街区保护与再生

项目地点：江苏省南京市
用地面积：4.69hm²
设计单位：东南大学建筑设计研究院有限公司、东南大学建筑学院
项目主持：韩冬青
设计团队（按姓氏拼音排序）：鲍莉、陈薇、邓浩、董亦楠、李新建、穆勇、沈旸、唐斌、唐军、俞海洋、张旭等及研究生团队

项目背景与更新目标

南京小西湖街区地处老城南东部，占地面积4.69hm²，是南京市22处历史风貌区之一。街区留存历史街巷7条、文保单位2处、历史建筑7处、传统院落30余处，被认为是南京为数不多、比较完整保留明清风貌特征的居住型街区之一。

项目依托区域资源优势对南京小西湖街区进行更新改造，采取"小尺度、渐进式、逐院落"的微更新思路，保护历史文化和老城特色风貌，梳理空间格局、城市肌理，优化设施配套，活化公共空间。同时，通过盘活、利用部分居民搬迁腾退的房屋空间，积极引入新业态，丰富完善社区服务等功能，实现了小西湖街区整体保护、公共设施改造、活力激发、持续更新、合作共赢的多元目标。项目既兼顾了城市建设与居民生活需求，又守护了老城区的烟火气与文化味，实现了保护与发展的和谐共生。

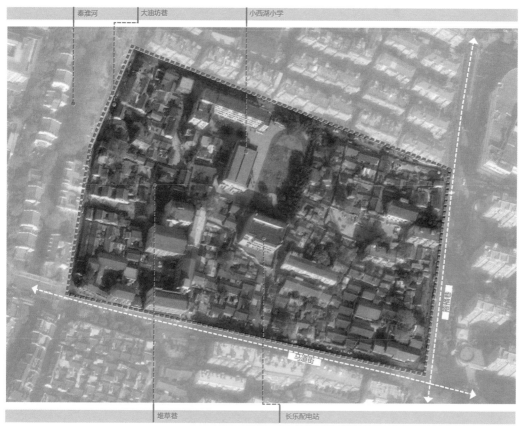

场地分析图

本土资源要素梳理

（1）土地环境资源：小西湖历史风貌区位于南京市秦淮区，地处南京老城南历史城区东部，南接马道街，北接小油坊巷，西面紧邻秦淮河。

（2）地域文化资源：小西湖街区是南京老城南地区为数不多的、较为完整保留了明清风貌特征的地段，承载了深厚的"南京记忆"。有徐霖（快园）、姚元白（市隐园）、沈万三（故居）、傅尧成（故居）等名人在此居住。

（3）社会政治经济资源：小西湖街区是现存为数不多的保留了传统街区空间形态和社会结构的居住型街区，不到5hm^{2}的地块内容纳了810户居民、25家工企单位，居住人口超过3000人，是一个老龄人口多、居民收入低、人均居住面积小、房屋年久失修、基础设施陈旧落后的棚户区。

（4）城市空间脉络资源：以居住功能为主，保留着明清时期的传统肌理，只在局部地段建起高楼。

1 更新前马道街39号徐宅实景；2 更新前共享院实景；3 更新前回迁房实景；4 更新前三官堂实景；5 更新前私家宅院实景；6 更新前综合控制中心实景；7 更新前小西湖街区鸟瞰

街区层面设计方法应用解析

街区层面模式语言检索表							
设计要素 \ 模式语言			面向既有的延续	面向问题的微增		面向目标的激活		
			A	B	C	D	E	F
			协调	织补	容错	植入	重构	演变
1	街区系统	1-1 功能布局				D-1-1		
		1-2 空间格局						
		1-3 空间肌理		B-1-3				
		1-4 开放空间系统		B-1-4				
		1-5 生态环境						
		1-6 道路交通						
		1-7 慢行系统						
		1-8 天际线						
		1-9 视廊与标志物						
2	景观环境	2-1 绿化						
		2-2 广场		B-2-2				
		2-3 街道界面						F-2-3
		2-4 景观设施						
3	服务设施	3-1 交通设施						
		3-2 公服设施						
		3-3 市政设施		B-3-3			E-3-3	

建筑层面设计方法应用解析

建筑层面模式语言检索表				采用的模式语言				
分类		分项	具体措施					
G	安全	G-1	原有结构加固加强					
		G-2	新旧并置，各自受力					
		G-3	减轻荷载	G-3-1				
H	适用	H-1	空间匹配					
		H-2	空间改造	H-2-1	H-2-2			
		H-3	使用安全					
I	性能	I-1	空间优化					
		I-2	界面性能提升					
		I-3	设备系统引入					
		I-4	消防安全					
J	美学	J-1	原真保留					
		J-2	新旧协调					
		J-3	反映时代					
K	高效	K-1	便捷施工					

延续空间形态，织补老城肌理

　　以片区内明清时期的传统肌理作为重要的基础本底，通过推敲环境空间与建筑肌理的关系，见缝插针，通过修复历史建筑、保护文物建筑、新建建筑等手法，织补空间肌理，强化历史街区肌理形态。

1 更新后小西湖街区空间肌理分析图；2 更新后小西湖街区鸟瞰

D-1-1　　　　　　　　　　　　　　　　　　　　　　　　　　　　功能业态的植入
植入功能业态，激发片区活力

　　保护和整治历史街巷、修缮文保和历史建筑，并通过引进适合片区的新业态，激发小西湖历史街区活力。更新设计中，打造多处共享、共生院落和特色民宿，以及24小时书屋、虫文馆、动漫博物馆、欢乐茶馆等休闲文化业态，满足百姓精神文化需求。

1 小西湖街区新增功能业态分析图；2 腾讯茶室外摆空间；3 更新后的虫文馆；4 更新后的翔鸾广场

基于共享理念，营造开放空间

　　以街巷为骨架的开放空间是小西湖街区居民日常公共生活的基本依托，设计在有限的土地资源条件下，通过公共服务设施与街道的互通共享，充分挖掘街区的低效闲置用地，对开放空间系统进行织补，满足街区公共生活的需求。

1 更新后小西湖街区开放空间系统分析图；2 更新后的共享院；3 更新后的虫文台；4 更新后的歌子书店后院；5 更新后的马道街入口

400

城市更新绿色指引
规划 / 建筑专业

5 场景指引

历史地段类

南京老城南小西湖街区保护与再生

F-2-3
街道界面的演变

新建与历史相融合，保持街道界面延续

更新设计中，通过历史印记的保留、既有建筑再利用及新建建筑的融合，实现新老风貌元素的对话，展现三官堂地块的风貌演进历程。

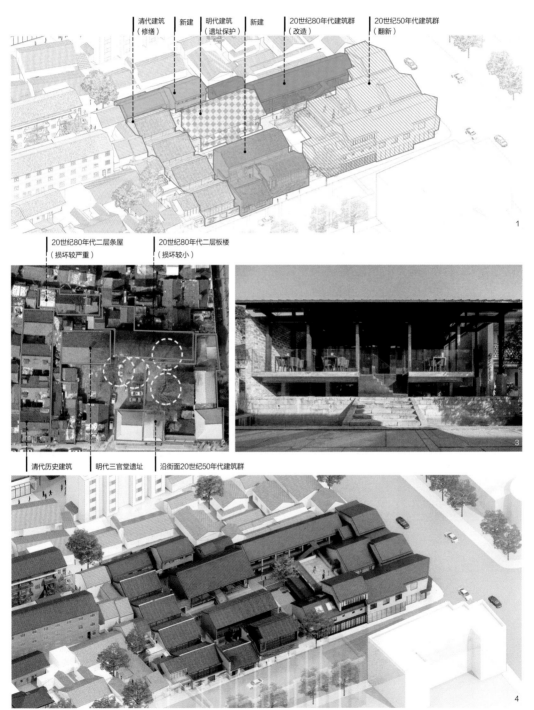

1 三官堂地块街道界面演变分析图；2 三官堂地块原建筑风貌分析图；3 更新后的三官堂；4 三官堂地块鸟瞰效果图

B-3-3 市政设施的织补

植入微型综合管廊，提升基础设施服务水平

　　小西湖历史街区内建筑密度高、空间狭窄，更新设计中尝试敷设地下微型综合管廊，探索了老城历史文化风貌区市政基础设施微改造的"新模式"。微型综合管廊将七、八种市政管线有序入地，把水、气、电这些管道都集中在一个很小的、人能够弯腰下去的管廊，分为干网和支网，避免主网地面建成后临时开挖的状况。

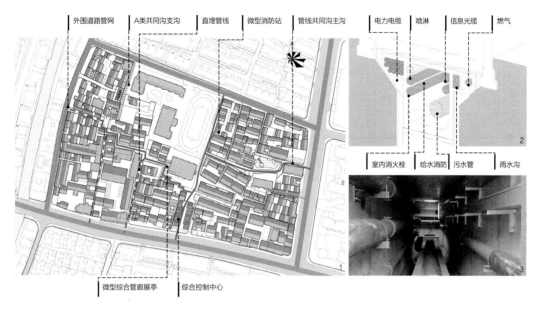

B-2-2 广场空间的织补

拆除封闭围墙，重塑广场空间

　　拆除现状围墙，将原建筑内院空间打造成为共享的广场空间，并沿该广场空间布置小型商业，使其成为居民休闲交流的重要场所。

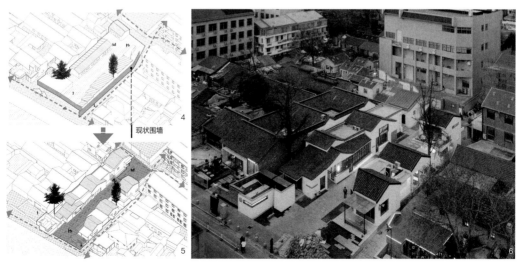

1 更新后市政设施规划分析图；2 微型综合管廊管道分析图；3 微型综合管廊；4 更新前综合控制中心原地块分析图；5 更新后综合控制中心广场空间分析图；6 更新后综合控制中心鸟瞰

E-3-3　　　　　　　　　　　　　　　　　　　　　市政设施的重构
重新划分功能，提高使用效率

　　对现状建筑进行更新改造，将其打造成为片区内的综合控制中心，同时新增小型的商业功能空间，建筑一层包括控制室、变电所及商业，地下一层包括消防水泵房、消防水池。

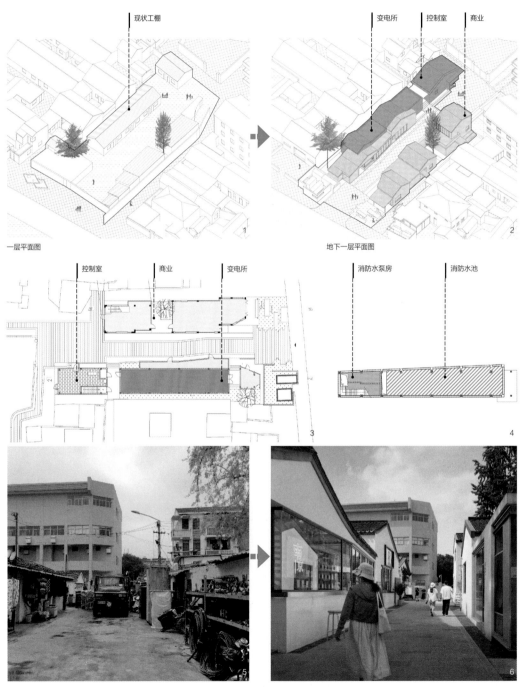

1 更新前综合控制中心地块功能分析图；2 更新后综合控制中心地块功能分析图；3 更新后综合控制中心一层功能分析图；4 更新后综合控制中心地下一层功能分析图；5 更新前工棚实景；6 更新后综合控制中心实景

H-2-2 内部改造适合新功能

改造内部空间，实现院落共享

　　小西湖街区更新项目中打造了多处产权明晰、空间共享的"共生院"。通过对内部空间进行改造，增加功能性设施，让原本封闭的院落成为交流空间，由原住居民、社区规划师与文创工作室共享建筑空间。

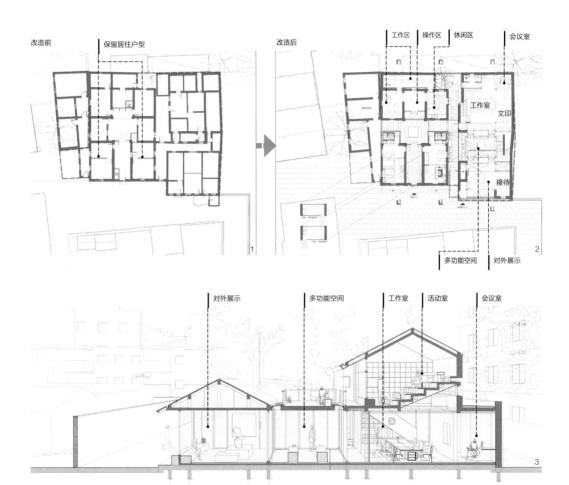

1 更新前居住空间分析图；2 更新后"共生院"内部空间分析图；3 更新后"共生院"功能剖切示意图；4 更新前居住实景；5 更新后的共享办公室

H-2-1 外部增补满足新功能

增补建筑模块，满足居住需求

"平移安置房"由原有的三层老旧公房加固改造而成，用于居民原地平移安置。通过四层加建居住模块，增加了住宅面积，建筑总面积由884m²增至1145m²。

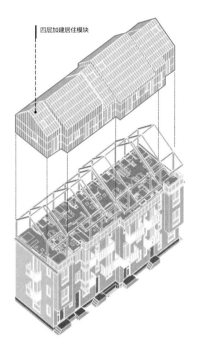

G-3-1 轻结构选用

采用轻钢结构，减轻荷载压力

"平移安置房"四层加建的居住模块采用轻型钢结构系统，减轻老旧公房原有结构的承载压力。

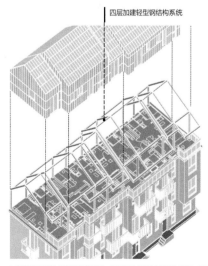

1 "平移安置房"外部增补分析图；2 更新后"平移安置房"实景；3/4 新增部分室内；5 "平移安置房"加建轻型钢结构分析图；6 轻型钢结构

H-2-2

内部空间改造，满足户型需求

在现状建筑的基础上，对安置房内部空间进行改造，由原来的单一户型更新至多需求户型，改善居住条件，扩大居住面积，提升生活品质。改造前共18户，改造后共23户。

1 更新前"平移安置房"内部结构分析图；2 更新后"平移安置房"内部结构分析图；3 更新前房间内部实景；4 更新后房间内部实景；5 更新后的"平移安置房"

榆林梅花楼片区更新

项目地点：陕西省榆林市
用地面积：4.2hm²，建筑面积33500m²
设计单位：中国建筑设计研究院有限公司
主要参与人员：崔愷、任祖华、梁丰、周力坦、陈谋朦、于方、邸衍

项目背景与更新目标

榆林卫城位于陕西省榆林市，是我国第二批历史文化名城，明朝九边重镇"延绥镇"驻地。历史上的榆林卫城曾是我国重要的交通和贸易枢纽，更是以长城为核心的边疆防御体系发展历史的重要见证。

梅花楼片区位于卫城东北角，占地约4.2hm²，位于驼峰山下，因地形原因形成东高西低的围合之势，中间最低处为一眼泉水，名为普惠泉。随着城市数十年粗放式发展，如今梅花楼片区面临着历史风貌杂乱、城市生活品质降低等诸多问题。

本次更新以尊重历史特色建筑、地形地貌特点与文化价值保护为设计取向，在方案中以古泉为中心重新组织空间，将城市、地貌、古泉、楼阁和窑洞有机统一，形成了既满足居民生活及游客需求，又凸显榆林独特文化的特色景观，进一步助力榆林古城文旅产业提升。

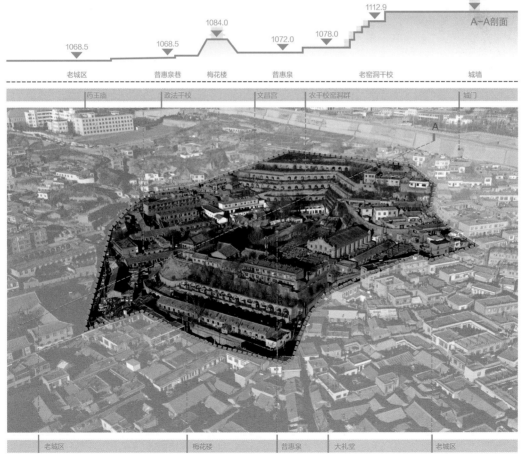

场地分析图

本土资源要素梳理

（1）土地环境资源：场地位于榆林卫城，属温带季风气候；因水建城，市内有大小53条河流汇入黄河；基地内有一口普惠泉，曾是榆林八景之一。

（2）地域文化资源：场地内现有文昌宫、药王庙、梅花楼、农干校礼堂等历史建筑，富有特色，具有较高历史价值。场地内的农干校窑洞群，依山而建，保存状况较好。

（3）工艺材料资源：场地内窑洞建筑大多使用砖、土等乡土材料进行建造，窑洞多为靠山窑形式，并添加拱形门窗、坡屋顶等建筑形式。

（4）社会政治经济资源：梅花楼与普惠泉是老榆林人记忆中重要的情感要素，是榆林重要的人文要素。

（5）城市空间脉络资源：场地总体高程东高西低，窑洞区域顺应自然山势，形成层层台地，普惠泉位于场地低洼处。场地内重要的轴线关系包括：农干校礼堂与老城门的轴线对应关系，以及梅花楼自身的空间轴线关系。

1 窑洞历史照片；2 文昌宫历史照片；3 梅花楼实景照片；4 大礼堂历史照片；5 窑洞门窗历史照片

街区层面设计方法应用解析

街区层面模式语言检索表

设计要素		模式语言		面向既有的延续	面向问题的微增		面向目标的激活		
				A	B	C	D	E	F
				协调	织补	容错	植入	重构	演变
1	街区系统	1-1	功能布局				D-1-1		
		1-2	空间格局	A-1-2					
		1-3	空间肌理		B-1-3				
		1-4	开放空间系统					E-1-4	
		1-5	生态环境					E-1-5	
		1-6	道路交通						
		1-7	慢行系统		B-1-7				
		1-8	天际线						
		1-9	视廊与标志物		B-1-9				
2	景观环境	2-1	绿化						
		2-2	广场				D-2-2		
		2-3	街道界面						
		2-4	景观设施						
3	服务设施	3-1	交通设施						
		3-2	公服设施						
		3-3	市政设施						

建筑层面设计方法应用解析

建筑层面模式语言检索表

分类		分项	具体措施	采用的模式语言			
G	安全	G-1	原有结构加固加强		G-1-2		
		G-2	新旧并置，各自受力				
		G-3	减轻荷载				
H	适用	H-1	空间匹配				
		H-2	空间改造		H-2-2		
		H-3	使用安全				
I	性能	I-1	空间优化			I-1-3	
		I-2	界面性能提升				
		I-3	设备系统引入	I-3-1			
		I-4	消防安全				
J	美学	J-1	原真保留	J-1-1			
		J-2	新旧协调	J-2-1	J-2-2		
		J-3	反映时代				
K	高效	K-1	便捷施工				

A-1-2

协调场地空间轴线，重塑场地空间格局

　　设计首先拆除场地杂乱建筑，将场地原有空间轴线整理清晰。新建建筑协调于原有场地轴线关系中，在轴线交会处设立开放城市广场，北侧台地延续礼堂轴线，统一打造"文化广场－礼堂－城门轴线"与"梅花楼－文化广场轴线"，以历史建筑为核心，塑造场地空间格局。

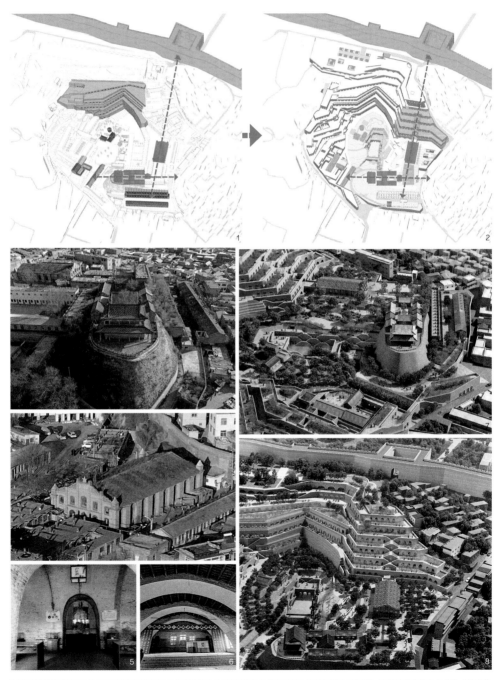

1 更新前场地轴线分析图；2 更新后空间格局分析图；3 梅花楼实景；4 大礼堂实景；5 梅花楼室内；6 礼堂室内；7 梅花楼—文化广场轴线鸟瞰；8 礼堂—城门轴线鸟瞰

B-1-3   空间肌理的织补

织补场地肌理，建立空间联系

　　现状农干校窑洞群呈阶梯状分布，与自然地形结合融洽，肌理特色鲜明，两侧区域现状建筑与地形地貌结合不佳，肌理混乱。设计以农干校窑洞群为基准，通过将原有场地肌理向东、向西延伸，对空间肌理进行织补，形成特色鲜明的台地空间。

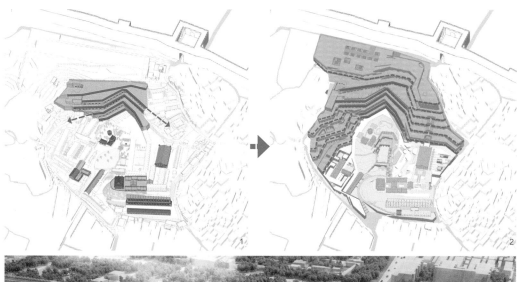

1 更新前空间肌理分析图；2 更新后空间肌理分析图；3 梅花楼片区更新鸟瞰效果图

结合核心资源，激活开放空间

　　榆林因泉建城，历史上普惠泉的"寒泉冬蒸"曾是榆林八景之一，是城市重要的景观资源。而今被一处仿古建筑包围，与城市关系割裂。设计拆除这一仿古建筑，以普惠泉为中心形成开放空间，向公众开放，打造普惠泉生态公园，并围绕普惠泉生态公园设置休闲服务功能，恢复普惠泉的城市公共空间属性。

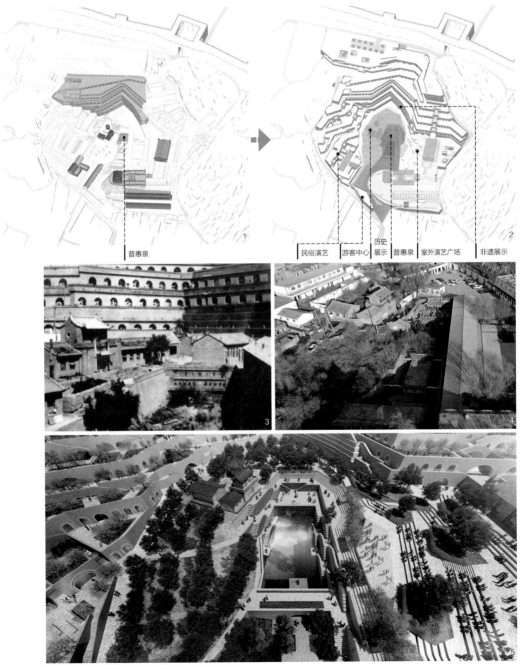

1 更新前景观资源分析图；2 更新后开放空间分析图；3 普惠泉历史照片；4 普惠泉实景；5 普惠泉广场鸟瞰效果图

E-1-5　　　　　　　　　　　　　　　　　　　生态环境的重构

激活场地生态，再现榆林盛景

　　现状的普惠泉位于寺院地下，空间幽暗闭塞，水源枯竭。设计将普惠泉置于半开放空间内，以天光与侧面采光，打造面向下沉广场的、开敞明亮的泉眼空间。同时利用台地建筑和高差，布设雨水收集系统，补给地下水和普惠泉，重塑良好的水循环，再现榆林历史盛景。

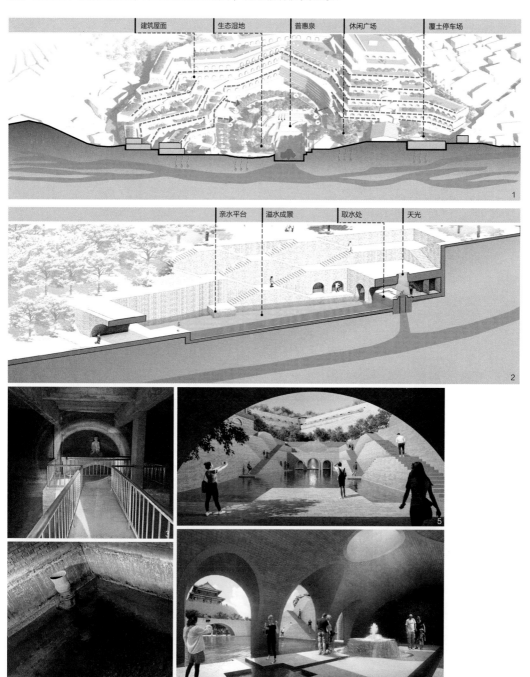

1 雨水收集系统分析图；2 水循环分析图；3 普惠泉现状；4 普惠泉现状水位；5 普惠泉广场效果图；6 普惠泉室内效果图

B-1-7 慢行系统的织补

依托台地特色，织补场地慢行

结合城市道路与地形，塑造高密度街巷空间，织补场地慢行系统；不同台地通过跌落的台阶与坡道联系，方便行人到达各个空间组团。

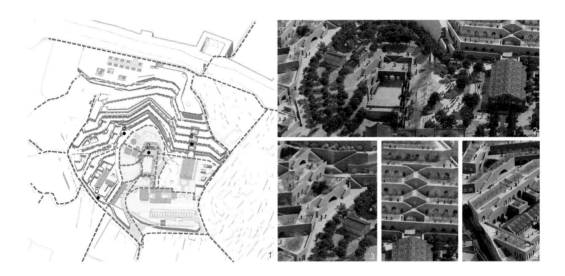

D-2-2 广场空间的植入

植入立体舞台空间，打造市民活动广场

利用台地肌理，植入立体舞台，将舞台和观众席融入环境，打造富有地域特色的节庆室外演出场所。

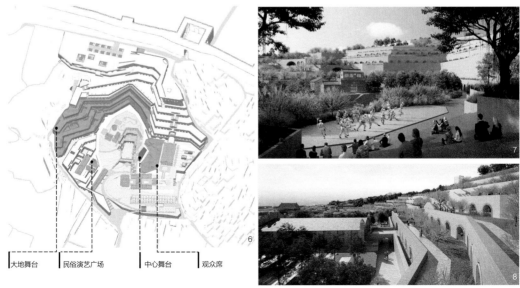

1 慢行系统分析图；2 广场空间效果图；3 街巷空间效果图；4 跌落台阶效果图；5 街巷空间效果图；6 广场空间分析图；7 室外大舞台效果图；8 立体室外舞台效果图

B-1-9　　　　　　　　　　　　　　　　　　　　　视廊与标志物的织补
结合历史建筑，织补空间视廊

　　通过织补视觉通廊，使得新建建筑与历史建筑形成对景，将历史建筑融入场地景观，移步异景、步步借景，打造场地独特景观。

1 更新前历史建筑分析图；2 更新后视觉通廊分析图；3 民宿看梅花楼效果图；4 民宿内部门厅效果图；5 商业街看梅花楼效果图；6 商业街看文昌宫效果图；7 商业街看梅花楼片效果图

D-1-1 功能业态的植入

植入多元业态，满足功能需求

　　场地东侧结合空间轴线和历史建筑，植入窑洞特色酒店。场地西侧结合场地肌理与周边功能，植入特色商街和民宿功能。停车则结合场地高差，采用覆土形式隐藏于场地内。

J-1-1 修旧如旧

保留历史建筑，提升空间品质

　　改造中保留经典的历史建筑，对其进行微干预：维持其原有空间体系、色彩比例关系不变，并在细部做法上提升建筑品质，力求达到修旧如旧的效果。

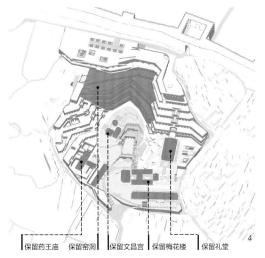

保留药王庙　保留窑洞　保留文昌宫　保留梅花楼　保留礼堂

1 场地功能业态分析图；2 窑洞酒店鸟瞰效果图；3 商业街鸟瞰效果图；4 历史建筑保留分析图；5 大礼堂鸟瞰；6 梅花楼鸟瞰

I-1-3   过渡空间引入

引入阳光门斗，提高保温性能

设计保留现状接口窑外观，在窑洞南侧增加阳光门斗、连廊，形成过渡缓冲空间，提高窑体保温性能，满足使用者需求。

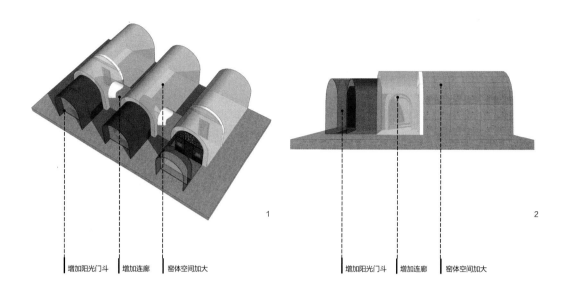

| 增加阳光门斗 | 增加连廊 | 窑体空间加大 | 1 |
| 增加阳光门斗 | 增加连廊 | 窑体空间加大 | 2 |

I-3-1   机电升级提升建筑性能

升级改造机电，优化建筑性能

设计扩大窑洞内部空间，并采用装配式一体化内加固体系，将空调、新风、给水排水等体系预留其中，满足使用者舒适性需求。

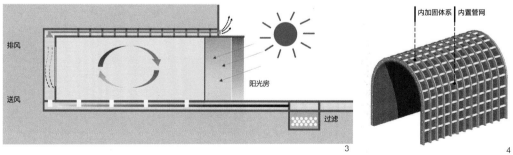

1/2 窑洞缓冲空间分析图；3 机电升级分析图；4 内置管网示意图

提取周边建筑语汇，协调新旧建筑形式

　　改造中保留既有窑洞部分，提取其形式语汇，运用至两侧新建民宿、酒店及商业建筑内，仍选择窑洞建筑形式，与原有窑洞连接并延续，塑造整体风貌。

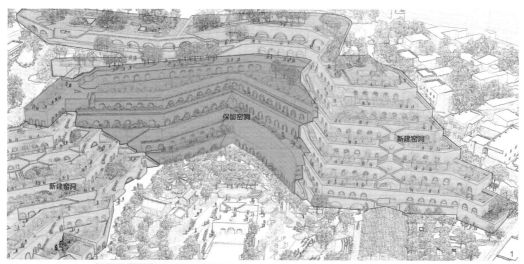

1 形式语言分析图；2 特色商业街区效果图；3 特色酒店客房效果图

J-2-2　　　　　　　　　　　　　　　　　　　　　　　　　　**色彩材质协调**

提取周边色彩材质，实现片区风貌协调

　　设计充分考虑历史街区的风貌与特点，提取原有场地内常用的砖、土材质，在材质与色彩上与原有建筑相统一，实现梅花楼片区风貌协调。

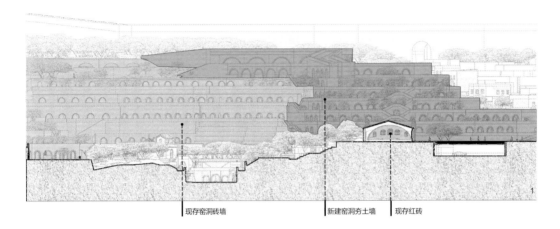

现存窑洞砖墙　　　　新建窑洞夯土墙　现存红砖

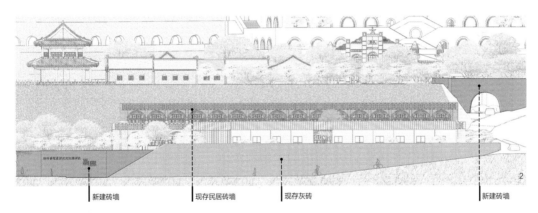

新建砖墙　　　　现存民居砖墙　　　现存灰砖　　　　　　　新建砖墙

1/2色彩材质分析图；3/4 梅花楼西侧办公楼鸟瞰效果图；5 民宿大厅空间透视图

G-1-2 轻型结构构件加入
加入轻型钢结构，满足荷载要求

设计依据现存功能的使用需求，将窑洞内部空间扩大，并采用轻钢结构进行整体加固，使其满足使用年限内的荷载要求。

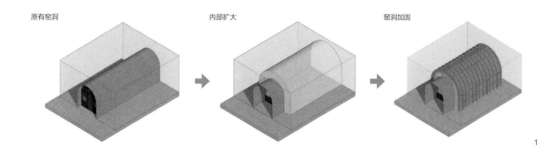

原有窑洞　　　内部扩大　　　窑洞加固

1

H-2-2 内部改造适合新功能
窑洞升级改造，激活建筑功能

保留现状接口窑外观，通过扩大窑洞内部空间尺寸、将窑洞进行串联、增加门斗等措施，对窑体内部空间进行改造升级，以满足使用功能需求。

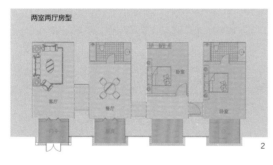

两室两厅房型

2

两室一厅房型

3

4

5

1 扩大空间加固结构分析图；2/3 内部空间改造分析图；4/5 民宿门厅空间透视效果图

长垣西街更新

项目地点：河南省长垣市
用地面积：54.92hm²，街道长度 853m
设计单位：中国建筑设计研究院有限公司
主要参与人员：景泉、李静威、徐元卿、贾濛、刘琴博、尹安刚、马靖宇、刘畅、李如婷、廖望、王梓淳、杨莹、王紫麟、周晔、任腾飞、刘赫、杜书明、李俐爽、贺然、邢阳阳

项目背景与更新目标

　　长垣市位于河南省东北部，拥有6000年历史，据传孔子曾在此讲学，孔子弟子子路曾任首任县令，尊师重教文化底蕴深厚。长垣老城建于明初，具有典型的"龟背城"特征，是长垣城市发展的起点与焦点。

　　长垣西街是老城改造的先行项目，位于老城区西部，西连护城河，东接兴顺街，是老城"大"字形结构的西轴线，西街在明清时期是老城商贸繁盛的血脉与灵魂所在，店铺牌坊林立、人马川流不息，一派繁荣景象。如今西街以零售、服装为主要业态，满足片区内日常百货的低端商业街，俗称"女人街"，存在街区风貌失控、公共空间被侵占、交通拥堵严重、城市家具凌乱、商业业态杂乱等问题。

　　更新以提升西街活力、改善人居环境为总目标，以讲述长垣故事、体现时代精神为主要内容，通过"先外（街道景观环境）后内（建筑改造）"的方式，借古映今，延续街道肌理，在建筑层面化杂糅为和谐、化平淡为品质，实现了街道空间品质的大幅提升，使西街成为老城的靓丽名片。

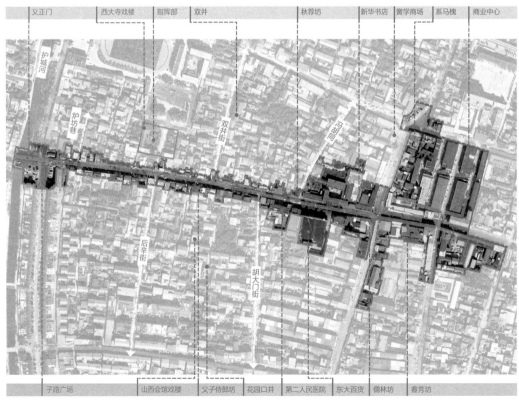

场地分析图

本土资源要素梳理

（1）地域文化资源：西街又名永成街。永成，意为收成、成就，放在西边，和四季之"秋"呼应。西街有建筑220栋，9处历史遗产，包括义正门、秋荐坊、父子侍郎坊、儒林坊、春芳坊、县衙前堂、双井、花园口井、系马槐。与西大街相连有5条历史街巷，分别是炉坊巷、双井街、冯胡同、胡大门街、后辛街。明清时期街上有老字号药店、文庙书店、坊间酒楼、黑虎丸老字号药店等商业业态，有一座县衙登闻鼓。现有建筑主要为20世纪80年代风貌建筑，时代符号元素保存良好。

（2）工艺材料资源：场地位于豫北地区，民居建筑主体形态为蓝砖白缝、坡顶青瓦，多为砖木结构。

（3）社会政治经济资源：长垣一中老校区光荣榜及建校50周年纪念碑，是长垣人城市记忆中重要的人文资源。

1 20世纪80年代西街老一中书法义写活动；2 20世纪80年代西街戏台；3 更新前西街鸟瞰

街区层面设计方法应用解析

街区层面模式语言检索表

设计要素		模式语言		面向既有的延续	面向问题的微增		面向目标的激活		
				A	B	C	D	E	F
				协调	织补	容错	植入	重构	演变
1	街区系统	1-1	功能布局						
		1-2	空间格局					E-1-2	
		1-3	空间肌理						
		1-4	开放空间系统						
		1-5	生态环境						
		1-6	道路交通		B-1-6				
		1-7	慢行系统						
		1-8	天际线						
		1-9	视廊与标志物						
2	景观环境	2-1	绿化		B-2-1			E-2-1	
		2-2	广场					E-2-2	
		2-3	街道界面						
		2-4	景观设施				D-2-4		
3	服务设施	3-1	交通设施						
		3-2	公服设施						
		3-3	市政设施						

建筑层面设计方法应用解析

建筑层面模式语言检索表

分类		分项	具体措施	采用的模式语言			
G	安全	G-1	原有结构加固加强				
		G-2	新旧并置，各自受力				
		G-3	减轻荷载				
H	适用	H-1	空间匹配				
		H-2	空间改造				
		H-3	使用安全				
I	性能	I-1	空间优化				
		I-2	界面性能提升				
		I-3	设备系统引入				
		I-4	消防安全				
J	美学	J-1	原真保留				
		J-2	新旧协调		J-2-2		
		J-3	反映时代				
K	高效	K-1	便捷施工				

　　　　　　　　　　　　　　　　　　　　　　　　　　空间格局的重构

重构街道格局，塑造文化秩序

　　长垣西街以"乐活绿荫街，蒲善文萃廊"为设计概念，以历史文化为脉络，织补形成连续的景观系统，自西向东取子路广场、指挥部庭院、华宇百货商场前区、黉学广场、县前商街四个节点，将西街的商业文化、教育文化、仪制文化进行一定的恢复和呼应，重塑西街的文化秩序。

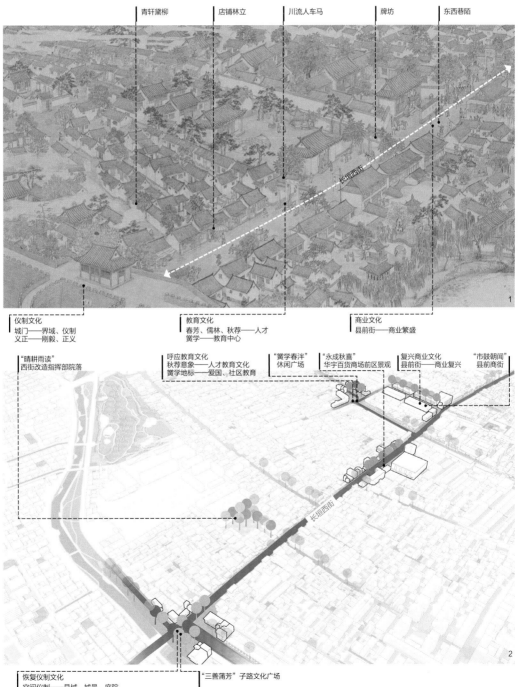

青轩黛柳　　　　　店铺林立　　　　　川流人车马　　　　牌坊　　　　　东西巷陌

仪制文化
城门——界域、仪制
义正——刚毅、正义

教育文化
春芳、儒林、秋荐——人才
黉学——教育中心

商业文化
县前街——商业繁盛

"晴耕雨读"
西街改造指挥部院落

呼应教育文化
秋荐意象——人才教育文化
黉学地标——爱国、社区教育

"黉学春泮"
休闲广场

"永成秋喜"
华宇百货商场前区景观

复兴商业文化
县前街——商业复兴

"市鼓朝闻"
县前商街

恢复仪制文化
空间仪制——县域、城邑、庭院
三善文化——恭敬、忠信、明察

"三善蒲芳"子路文化广场

1 长垣"古蒲梦华"意象分析图；2 更新后长垣西街格局分析图

B-1-6　　　　　　　　　　　　　　　　　　　　　　道路交通的织补

提高道路微循环，织补交通网络

　　西街兼具对外和过境交通功能，交通负荷大，更新坚持以"小街坊、多道路"为基本原则，打通原为端头路的部分街巷。原则上将低于6m的道路调整为单向组织，提高道路微循环，疏解西街的交通压力，使西大街的街道职能由交通主导转化为商业主导。

1 更新前长垣西街交通路网分析图；2 更新后长垣西街交通路网分析图；3 改造后长垣西街效果图

B-2-1 绿化空间的织补
织补绿化空间，重现绿意盎然

　　西街存在街旁植被覆盖度低、四季景观缺乏变化、行道树种植点靠近店铺影响步行环境等问题，更新保留了现状行道树，补植增绿，柔化建筑边界，通过丰富的植物景观季相选择，打造绿意盎然、多维多彩的沿街景观风貌。

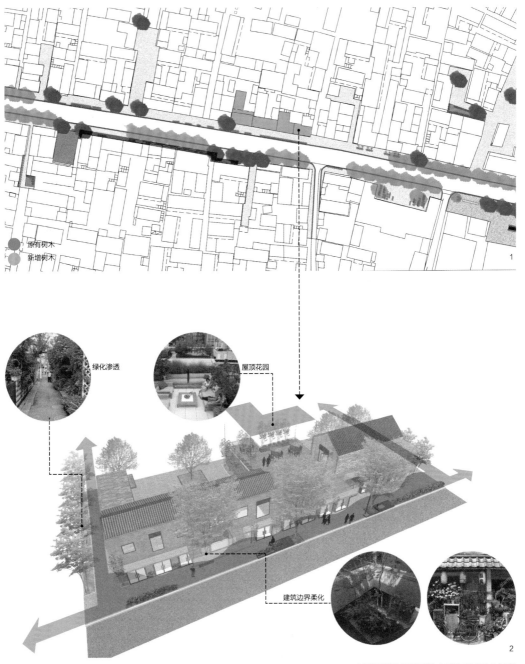

绿化渗透

屋顶花园

建筑边界柔化

1 长垣西街树木补植分析图；2 长垣西街景观生态分析图

E-2-1   绿化空间的重构

激活植物意象，刻画景观记忆

更新保留现状植被，运用植物结合景观节点塑造"桃李繁华、杏花春谈、金叶秋喜、贤才栖梧、海棠春芳、宋槐挺翠"的文化意象。增植适宜的乡土树种，用多层次的植被塑造了老城未来景观记忆，"见栾华而知秋来"，是长垣西街独特的秋景。

1 长垣西街景观节点分析图；2/3 子路广场效果图；4 指挥部广场效果图；5 华宇百货商场前区效果图；6 黉学广场效果图；7 县前商街效果图

D-2-4

植入设施小品，镶嵌文化符号

　　通过抽象长垣城池图，提取建立长垣老城独特的元素符号，并应用到老城城市家具的设计中，打造具有西街特色的城市家具，承载老城历史文化记忆。因地制宜，灵活布置城市家具，描绘温情脉脉的老城生活。

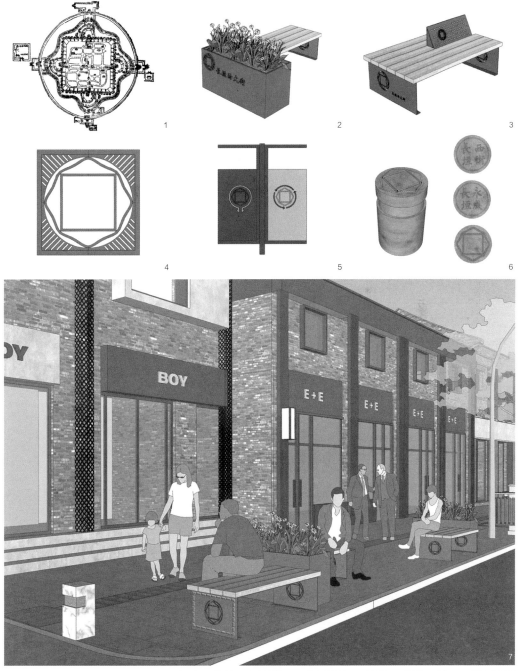

1 明嘉靖时期长垣城池图；2 休憩座椅样式一；3 休憩座椅样式二；4 树池篦子；5 垃圾箱；6 车挡石；7 座椅布局示意图

E-2-2 　　　　　　　　　　　　　　　　　　　　　　　　广场空间的重构
激活地标广场，打造文化触媒

在原长垣一中校园中设置长垣西街改造指挥部，将建筑围合出的与西大街相连通的院落空间打造为活动空间。由场地的历史教学功能、未来的"文教业态"，以及西大街整体的"丰收""贤才"意象，形成以"耕读"为概念主题的文教休闲场所。考虑到场地在西大街整体文化序列的定位，结合场地原有的仪制性纪念空间，形成自南向北"校史纪念（祭祀礼仪）—春花杏坛（严谨治学）—田野书廊（晴耕雨读）"的体验空间。

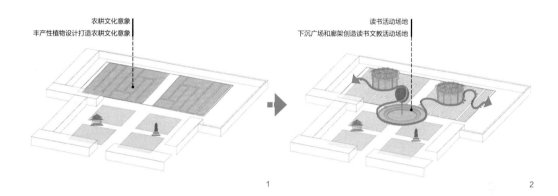

1　　　　　　　　　　　　　　　　　　　　　　　　　　　　　　2

3

1 更新前原长垣一中分析图；2 更新后原长垣一中分析图；3 更新后指挥部广场效果图

J-2-2 　　　　　　　　　　　　　　　　　　　色彩材质协调
提炼传统要素，提升建筑风貌

　　原长垣一中校区内有红色文化要素：贾槐堂校长纪念碑、长垣一中光荣榜及50周年纪念碑。更新方案以"耕读传家"为设计理念，提炼传统的色彩和材质要素对建筑进行改造，实现建筑风貌的整体提升。

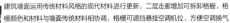
建筑墙面运用传统材料风格的现代材料进行更新，二层走廊增加可拆卸格栅，格栅颜色和材料与墙面传统材料相协调，格栅可遮挡悬挂空调机位，方便空调换气

整体建筑侧面采用花砖墙面，与传统风格的正立面相协调，侧面一层建筑屋顶同外廊相连通，形成屋顶休息平台，承载休憩、交往、洽谈功能，并提供西大街方向的直接视角

建筑作为文教功能的远期扩展使用，墙面部分运用原建筑的老材料整体翻修，保留屋顶及门窗的尺度，运用现代材料进行修复置换，并与景观设计相协调

1 原长垣一中建筑1位置索引图；2 更新前原长垣一中建筑1实景图；3 更新后原长垣一中建筑1效果图；4 原长垣一中建筑2位置索引图；5 更新前原长垣一中建筑2实景图；6 更新后原长垣一中建筑2效果图；7 原长垣一中建筑3位置索引图；8 更新前原长垣一中建筑3实景图；9 更新后原长垣一中建筑3效果图

龙岩连城四角井更新

项目地点：福建省龙岩市
用地面积：49.01hm²
设计单位：中国建筑设计研究院有限公司
主要参与人员：俞涛、赵亮、刘娟、高朝暄、刘闯

项目背景与更新目标

连城县位于福建省龙岩市，是客家人的聚居地和发祥地之一，连城县四角井历史文化街区形成于唐末客家第二次南迁时期。客家先民顺水北上，在文川河畔选址定居，随着水运商贸繁荣，空间规模不断拓展。作为连城历史关厢区域的重要文化标识，街区内建筑特色和民俗文化保存了浓郁的客家风格，是客家人选址及空间营造的典型代表。迄今四角井街区"四街十三巷，巷巷通曲水"的空间格局仍完整延续。

街区面临功能结构单一、文化活动空间缺失、商业活力不足、难以满足现代生活消费需求的问题。街区文化感知度低，承载文化、生活、商贸等多元功能的河流水系被民居建筑侵占，街区风貌破损严重，文保单位等历史遗存被荒置，文化标识可读性有待提升。

本次更新从城市整体跃迁的视角入手，探索人居提升、城市发展与历史文化传承的路径。遵循街区保护规划要求，强化更新模式适宜性，以人为本，采取圈层式的更新发展模式。以游客体验与居民生活需求为核心，植入和培育与历史街区气质相符的文化体验设施、休闲娱乐设施、康体服务设施、科普教育驿站，构建彰显四角井文化底蕴的功能服务共生体系。

黄九龙溪 ｜ 水南溪 ｜ 文川河 ｜ 水南街历史文化街区 ｜ 吴家巷历史文化街区

1 场地分析图；2 街区鸟瞰；3 三河交汇处；4 八砖世第；5 沈氏大宅；6 庙前路；7 明光巷

本土资源要素梳理

（1）地域文化资源：四角井街区内包含两个省级历史文化街区，文物保护单位、历史建筑、古井、古树、红色标语等历史环境要素众多，是客家文化与红色文化相融合的代表区域。街区内涵盖了独特的古聚落文化、古建筑文化、古驿市井文化、宗族宗教文化、儒理文化、民俗文化。

（2）生态环境资源：文川河从街区东南侧流过，街区内水南溪、黄九龙溪将街区环抱，共同构成了街区"四街十三巷，巷巷通曲水"的空间格局，具有较高的生态环境价值。

（3）工艺材料资源：四角井街区位于连城县古城关厢地区，区域内建筑为典型的客家民居形式，充分使用传统材料和传统工艺，大多使用砖、土、青瓦等材料进行建造，屋脊、山墙和门钩的砖雕细腻，门窗木雕精美，屋顶曲线变化丰富。

（4）社会政治经济资源：四角井是龙岩市全域旅游发展的核心服务片区，是连城县传统文化和红色文化的重要载体。

（5）城市空间脉络资源：街区内以祠堂、家庙为中心向外繁衍生息，形成了纵横密布的街巷空间，传统建筑林立，"四街十三巷"的空间格局保留完整，体现出活态的历史文化街区空间生长特征。

街区层面设计方法应用解析

设计要素 / 模式语言			面向既有的延续	面向问题的微增		面向目标的激活		
			A	B	C	D	E	F
			协调	织补	容错	植入	重构	演变
1	街区系统	1-1 功能布局				D-1-1		
		1-2 空间格局	A-1-2					
		1-3 空间肌理		B-1-3				
		1-4 开放空间系统					E-1-4	
		1-5 生态环境						
		1-6 道路交通		B-1-6				
		1-7 慢行系统						
		1-8 天际线						
		1-9 视廊与标志物						
2	景观环境	2-1 绿化						
		2-2 广场					E-2-2	
		2-3 街道界面					E-2-3	
		2-4 景观设施						
3	服务设施	3-1 交通设施						
		3-2 公服设施		B-3-2				
		3-3 市政设施						

街区层面模式语言检索表

A-1-2 空间格局的协调

协调新老城空间过渡，圈层控制更新力度

规划结合保护与更新双重要求，采取圈层式的更新发展模式，由内到外分为核心保护圈层、格局更新圈层和风貌协同圈层。核心保护圈层充分保留原有空间尺度和街巷肌理，采用针灸式更新模式进行细微的调整与更新改造；格局更新圈层将现代功能与传统空间肌理结合，采取院落式布局对部分片区进行更新；风貌协同圈层侧重于将传统风貌和院落形式重新组织，应用于新建区域的设计中，重新组织场地空间，使保留地块与传统肌理协调。

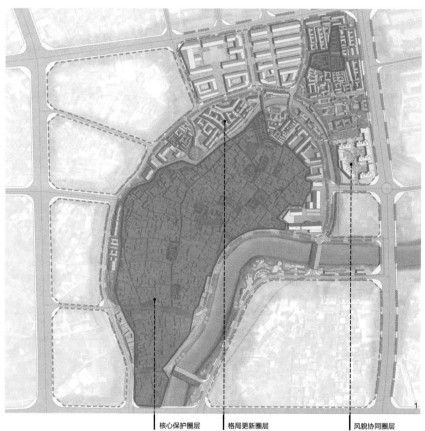

核心保护圈层　　格局更新圈层　　　　　　风貌协同圈层

1 保护更新圈层分析图；2 鸟瞰效果图

B-1-3 空间肌理的织补

织补场地肌理，重构空间秩序

现状吴家巷历史文化街区内部传统肌理完整，街区外缘在城市建设冲击下，部分传统建筑被拆除，穿插建设了大体量建筑。规划设计遵循原有肌理模块，将需要织补的区域分为肌理完全缺失和肌理部分缺失两种类型。肌理完全缺失的地块，结合现代功能，采用合院形式重新设计。肌理部分缺失的地块，对肌理受损的地段延续原有形式，进行空间织补。

肌理织补　肌理保留　肌理更新

B-1-6 道路交通的织补

织补道路交通，打通"任督二脉"

现状四角井街区内部道路与外部衔接不畅，丁字路、尽头路较多，空间窄仄。规划重新梳理周边城市道路，连通街区内部巷道，使之与城市路网有效衔接，提升街区内部联系。同时结合三条水系进行空间整理，增加滨水步道，形成通畅、有序的街区街巷系统，提升交通可达性。

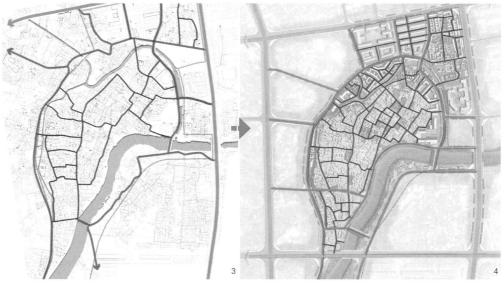

1 吴家巷街区更新措施分析图；2 吴家巷肌理更新效果图；3 四角井街区道路现状图；4 四角井街区道路更新规划图

B-3-2　　　　　　　　　　　　　　　　　　　　　　　　公服设施的织补

织补配套设施，保障公服设施覆盖

　　四角井街区现状公共服务设施严重缺乏，规划利用既有闲置、空置或低效空间，按照一级公共配套设施服务半径500m和二级公共配套设施服务半径300m标准，精准补足设施，完善公服设施覆盖率，改善居民生活品质。

序号	设施	服务半径
1	旅游接待设施	500m
2	医疗卫生设施	500m
3	文体娱乐设施	500m
4	公共厕所	300m
5	旅游宾馆	300m
6	餐饮设施	300m
7	购物场所	300m
8	公共厕所	150m

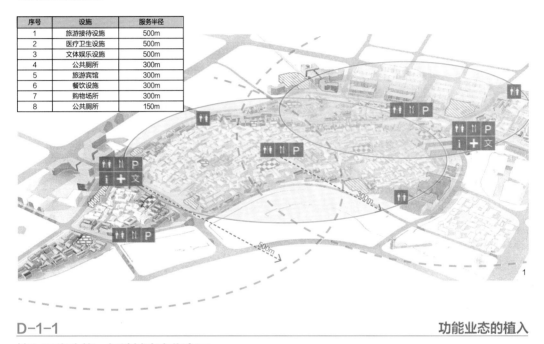

D-1-1　　　　　　　　　　　　　　　　　　　　　　　　功能业态的植入

植入现代功能，打造城市文化客厅

　　以街区功能改造需求为导向，植入和培育与历史街区功能相符合的文化体验设施、休闲娱乐设施、科普教育设施等内容，构建彰显四角井区域文化底蕴的功能业态，打造城市文化旅游的客厅和承载地。

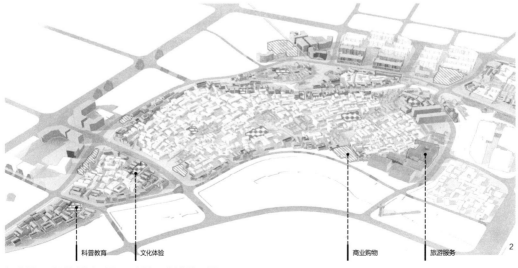

科普教育　　　文化体验　　　　　　　　　　　　商业购物　　　旅游服务

1 四角井街区公共设施规划布点示意图；2 四角井街区现代功能更新示意图

结合滨水资源，重构生态空间

　　水系是四角井街区的重要生态和景观资源，四角井历史街区内由文川河、水南溪、黄九龙溪三条水系构成环状生态空间。随着城市无序建设，原有的水网空间被低品质构筑物包围，与城市关系割裂。规划以水南溪、文川河为功能活化触媒，对三条河流沿线的开放空间进行了全面梳理，拆除临时搭建的、品质低下的构筑物，增加植物和开放场地，形成以水景观为特色的开放空间网络。

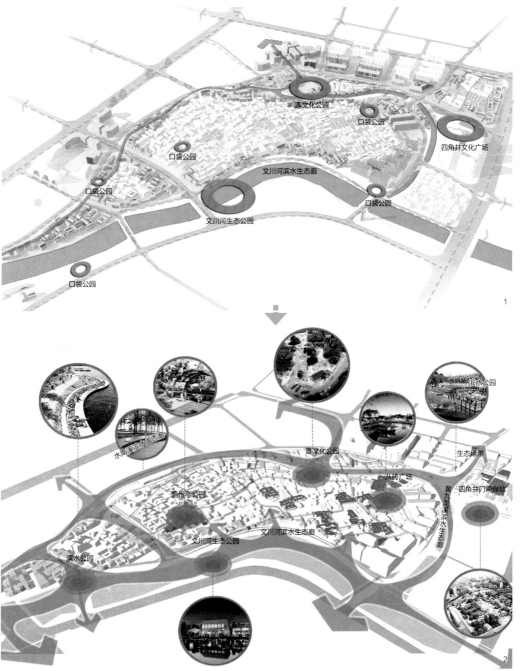

1 四角井街区开放空间更新示意图；2 四角井街区景观更新示意图

E-2-2
广场空间的重构

重构广场秩序，激发广场活力

在整体功能布局和交通关系梳理的基础上，利用四角井周围闲置地，转换为入口开放空间，形成新的活力片区。结合广场内保留的一处文保单位天后宫，通过绿化景观设计，重新组织空间秩序，激发广场活力。

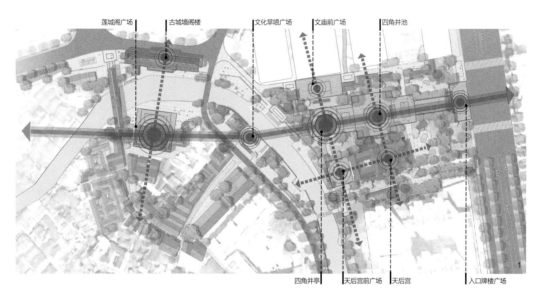

1 四角井街区入口广场空间秩序示意图；2 四角井街区入口广场重要节点分布图

演绎传统符号，美化建筑界面

　　从门楼样式、屋顶山墙、门窗纹样等方面抽取传统元素符号，并进行现代设计手法的提炼和演绎，形成具有地方特色的式样，运用于新建筑设计和保留建筑的改造中，提升四角井历史文化街区的文化特色。

1 门楼纹样演绎意向图；2 屋顶山墙纹样演绎意向图；3 门窗样式演绎意向图

附录

附录 1

场景指引参考实例

上海嘉定某长租公寓改造

项目地点	上海市嘉定区
项目规模	用地面积: 8336m²; 建筑面积: 5240m²
设计单位	上海中森建筑与工程设计顾问有限公司
主要参与人员	徐颖璐、张阳、潘梦梦、赵志刚、张亮

街区层面　模式语言检索表

协调	织补	容错	植入	重构	演变
—	B-1-4	—	D-2-4	E-2-1	—
—	B-1-7	—	—	—	—
—	B-3-2	—	—	—	—

建筑层面　模式语言检索表

安全	适用	性能	美学	高效
G-1-2	—	I-1-1	J-3-2	K-1-1
G-2-3	—	I-2-4	—	—

上海华师大一村更新

项目地点	上海市普陀区
项目规模	建筑面积106243m²
设计单位	上海中森建筑与工程设计顾问有限公司
主要参与人员	张男、张晓远、张吉凌、周挺

街区层面　模式语言检索表

协调	织补	容错	植入	重构	演变
—	—	D-1-9	E-1-4	—	—
—	—	D-2-4	E-1-7	—	—
—	—	—	E-2-1	—	—

建筑层面　模式语言检索表

安全	适用	性能	美学	高效
—	—	I-2-2	J-1-1	K-1-2
—	—	—	J-2-1	—
—	—	—	J-3-2	—

南京艺术学院更新

项目地点	江苏省南京市
项目规模	用地面积约21.47hm²，其中建筑面积231251m²
设计单位	中国建筑设计研究院有限公司
主要参与人员	崔愷、张男、刘新、买有群、时红、赵晓刚、王可尧、张凌、何理建、董元铮、从俊伟、叶水清、王松柏、高凡、张燕、张辉、哈成、熊明倩、张汝冰

街区层面　　模式语言检索表

协调	织补	容错	植入	重构	演变
A-1-1	B-1-1	—	D-2-4	E-3-1	—
A-1-2	B-1-4	—	—	—	—
A-1-5	B-1-6	—	—	—	—
A-1-9	B-1-7	—	—	—	—
—	B-2-1	—	—	—	—

建筑层面　　模式语言检索表

安全	适用	性能	美学	高效
G-1-1	H-2-1	—	J-2-1	—
G-2-3	—	—	J-3-1	—

内蒙古工业大学建筑馆改造

项目地点	内蒙古呼和浩特市
项目规模	用地面积1.6hm²，建筑面积17500m²
设计单位	内蒙古工大建筑设计有限责任公司
主要参与人员	张鹏举、郭彦、范桂芳、贺龙、韩超、张恒、孙艳春、赵智勋、李鑫

街区层面　　模式语言检索表

协调	织补	容错	植入	重构	演变
A-1-9	B-1-3	—	—	—	—

建筑层面　　模式语言检索表

安全	适用	性能	美学	高效
G-1-1	H-1-1	I-1-2	J-3-2	—
G-1-2	—	I-1-3	—	—

昆山玉山广场城市设计项目

项目地点	江苏省昆山市
项目规模	用地面积 62.08hm²，建筑面积678400m²
设计单位	中国建筑设计研究院有限公司
主要参与人员	崔愷、喻弢、周志鹏、叶水清、金爽、胡水菁、温世坤、曹洋、张笑彧、于昊惟、艾洋、王子良

街区层面　　模式语言检索表

协调	织补	容错	植入	重构	演变
A-1-2	B-1-3	C-1-8	D-1-9	E-1-1	—
A-1-6	—	—	D-2-1	E-1-7	—
—	—	—	D-2-2	E-2-3	—
—	—	—	D-2-4	E-3-2	—

建筑层面　　模式语言检索表

安全	适用	性能	美学	高效
G-2-3	H-2-1	I-1-2	J-2-3	—
—	H-2-2	—	J-3-1	—
—	—	—	J-3-2	—

北京隆福寺地区复兴及隆福大厦改造

项目地点	北京市东城区
项目规模	建筑面积58300m²
设计单位	中国建筑设计研究院有限公司
主要参与人员	崔愷、柴培根、周凯、任重、杨文斌、李赫、王磊、张雄迪

街区层面　　模式语言检索表

协调	织补	容错	植入	重构	演变
A-1-3	B-1-6	—	D-1-9	—	—
A-1-8	—	—	—	—	—

建筑层面　　模式语言检索表

安全	适用	性能	美学	高效
G-1-1	H-1-1	I-1-2	J-2-2	—
G-1-2	H-1-2	I-2-1	—	—
G-3-2	H-2-2	I-4-1	—	—
G-3-3	—	I-4-2	—	—

北京中国大百科全书出版社办公楼改造

项目地点	北京市西城区
项目规模	建筑面积18800m²
设计单位	中国建筑设计研究院有限公司
主要参与人员	崔愷、吴斌、辛钰、范国杰、杨帆、顾建英、张明晓

街区层面　模式语言检索表

协调	织补	容错	植入	重构	演变
A-1-6	—	—	—	—	—

建筑层面　模式语言检索表

安全	适用	性能	美学	高效
G-2-3	H-1-2	I-2-2	J-2-1	—
G-3-1	H-2-2	I-3-1	J-2-3	—

合肥园博会园博小镇设计

项目地点	安徽省合肥市
项目规模	用地面积9.16hm²，建筑面积67900m²
设计单位	中国建筑标准设计研究院有限公司
合作单位	中国建筑设计研究院有限公司、旭可建筑、南沙原创、一树建筑
主要参与人员	李存东、张欣、龚坚、曹雪、杨永宽、陈韬鹏、霍丹青、陈沐、赵泽民、梁琛

街区层面　模式语言检索表

协调	织补	容错	植入	重构	演变
A-1-9	—	—	D-1-1	E-2-1	—
A-2-3	—	—	D-2-2	—	—
—	—	—	D-2-4	—	—

建筑层面　模式语言检索表

安全	适用	性能	美学	高效
—	H-2-1	—	J-3-1	K-1-1

重庆两江四岸核心区朝天门片区治理提升

项目地点	重庆市渝中区
项目规模	用地面积约27.43hm²，建设用地面积约12.8hm²，改造建筑面积约60000m²
设计单位	中国建筑设计研究院有限公司
主要参与人员	崔愷、景泉、李静威、黎靓、关午军、贾瀛、刘巍、及晨、杨宛迪、刘丹宁、赵祥宇、徐树杰、杜永亮、吴南伟、于正波、张哲婧、吴连荣、李莹、张龙、朱敏、崔世俊、苏兆征、徐华宇、马任远、高振渊、吴耀懿、滕依辰、谢菁、叶·布仁、王野、贾濛、刘琴博、杨莹、周晔

街区层面	模式语言检索表				
协调	织补	容错	植入	重构	演变
—	B-1-7	—	—	E-1-4	F-2-4
—	B-2-3	—	—	E-2-2	—
—	B-3-2	—	—	—	—

建筑层面	模式语言检索表			
安全	适用	性能	美学	高效
G-1-1	H-2-2	I-1-2	J-2-1	—
G-3-2	—	I-2-2	J-2-3	—

长垣护城河更新

项目地点	河南省长垣市
项目规模	用地面积 26.7hm²
设计单位	中国建筑设计研究院有限公司
主要参与人员	景泉、李静威、刘琴博、刘祥玲瑞、贺然、司倞、杨莹、朱冰淼、王泊涵、王紫麟

街区层面	模式语言检索表				
协调	织补	容错	植入	重构	演变
A-1-2	B-1-7	—	D-1-1	E-1-5	F-2-4
—	B-2-1	—	D-2-4	E-2-2	—
—	B-3-2	—	—	—	—

太原迎泽大街街道整体提升规划

项目地点	山西省太原市
项目规模	用地面积：298hm²；街道长度：5.4km
设计单位	中国建筑设计研究院有限公司、 中国城市发展规划设计咨询有限公司
主要参与 人员	崔愷、杨一帆、蒋朝晖、庞博、方永华、王韧、乔鑫、周启暄、 冯霁飞、李华跃、陈杰、操婷婷

街区层面　　模式语言检索表

协调	织补	容错	植入	重构	演变
—	B-1-6	C-1-6	—	E-1-4	—
—	B-1-7	—	—	E-2-2	—
—	B-3-1	—	—	—	—

北京阜成门内大街更新

项目地点	北京市西城区
项目规模	阜成门桥－赵登禹路区段全长680m
设计单位	中国建筑设计研究院有限公司
主要参与 人员	史丽秀、赵文斌、刘环、贾瀛、孙文浩、孙昊、张文竹、牧泽、 齐石茗月、陆柳、李甲、曹雷

街区层面　　模式语言检索表

协调	织补	容错	植入	重构	演变
A-2-3	—	—	D-2-1	E-1-1	—
A-2-4	—	—	—	E-2-2	—
—	—	—	—	E-3-1	—
—	—	—	—	E-3-3	—

景德镇陶溪川城市设计

项目地点	江西省景德镇
项目规模	总面积约1.14km²
设计单位	北京华清安地建筑设计有限公司、 北京清华同衡规划设计研究院有限公司
主要参与 人员	张杰、刘子力、林霄、刘岩、郝阳、王子睿、岩松、张 敏丽、李斯宇、解扬、赵超、魏炜嘉、曲梦琪、王晨溪、宁阳、 张飏

街区层面	模式语言检索表				
协调	织补	容错	植入	重构	演变
A-1-8	B-1-2	—	D-1-9	E-1-1	—
—	B-1-3	—		E-1-5	—
—	B-1-6	—			—
—	B-3-1	—			—

建筑层面	模式语言检索表			
安全	适用	性能	美学	高效
G-2-2	H-1-1	—	J-2-1	—
G-2-3	H-2-1	—	J-2-2	—
G-3-3	H-2-2	—	J-3-1	—

绿之丘　上海杨浦区杨树浦路1500号改造

项目地点	上海杨浦区
项目规模	总建筑面积17500m²
设计单位	同济大学建筑设计研究院（集团）有限公司
主要参与 人员	主创建筑师：章明、张姿、秦曙； 设计团队：陶妮娜、陈波、罗锐、李雪峰、孙嘉龙、李晶晶、羊青园、 余点（实习生）、张奕晨（实习生）、朱承哲（实习生）

街区层面	模式语言检索表				
协调	织补	容错	植入	重构	演变
—	B-1-2	—		E-1-7	—
—	B-1-6	—			—
—	B-2-1	—			—

建筑层面	模式语言检索表			
安全	适用	性能	美学	高效
G-3-1	H-2-2	I-1-2	J-3-1	—
—	—	I-2-4	J-3-2	—

"仓阁"首钢老工业区西十冬奥广场倒班公寓改造

项目地点	北京市石景山区
项目规模	建筑面积9890.03m²，基地面积0.28hm²
设计单位	中国建筑设计研究院有限公司
主要参与人员	李兴钢、景泉、黎靓、郑旭航、涂嘉欢、王树乐、郭俊杰、申静、郝洁、祝秀娟、张祎琦、高学文、王旭、钱薇、谭泽阳、曹阳、马萌雪、徐松月、李秀萍、徐华宇

建筑层面 模式语言检索表

安全	适用	性能	美学	高效
G-1-1	H-1-2	I-1-2	J-2-1	—
G-2-2	H-2-1	I-4-1	J-3-2	—
G-3-2	—	—	—	—

深圳华大基因中心设计

项目地点	广东省深圳市
项目规模	用地面积10.29hm²，建筑面积458300m²
设计单位	深圳华森建筑与工程设计顾问有限公司
主要参与人员	文亮、白威、曾明理、丁斌斌、白建永、梁为圳、李百公、李仁兵、林瑾、夏梓婷、李丛、张伟、张艳、贾宗梁

街区层面 模式语言检索表

协调	织补	容错	植入	重构	演变
A-1-2	—	—	D-2-1	E-1-4	—
A-1-5	—	—	—	E-1-7	—

建筑层面 模式语言检索表

安全	适用	性能	美学	高效
—	H-1-2	I-1-2	J-3-3	K-1-1
—	H-2-2	I-1-3	—	—
—	—	I-2-1	—	—
安全	—	I-2-2	—	—
—	—	I-2-3	—	—
—	—	I-2-4	—	—

深圳国际低碳城会展中心升级改造

项目地点	深圳市龙岗区
项目规模	总用地面积 86707m²，总建筑面积 24400m²
设计单位	同济大学建筑设计研究院（集团）有限公司
主要参与人员	主创建筑师：章明、张姿； 设计团队：丁阔、丁纯、刘炳瑞、张林琦、郭璐炜、张祥麟、张雯珺、吴炎阳（实习）、韩佳秩（实习）

街区层面　模式语言检索表

协调	织补	容错	植入	重构	演变
—	B-1-1	—	—	E-1-5	—
—	B-1-2	—	—	—	—

建筑层面　模式语言检索表

安全	适用	性能	美学	高效
G-3-2	—	I-1-2	—	K-1-1
—	—	I-2-2	—	—
—	—	I-2-3	—	—
—	—	I-2-4	—	—
—	—	I-3-1	—	—

重庆市规划展览馆迁建

项目地点	重庆市
项目规模	建筑面积17900m²
设计单位	中国建筑设计研究院有限公司
主要参与人员	崔愷、景泉、徐元卿、李健爽、张翼南、李静威、施泓、马玉虎、朱燕辉

街区层面　模式语言检索表

协调	织补	容错	植入	重构	演变
A-1-5	B-1-6	—	D-2-2	—	—
—	B-1-7	—	—	—	—

建筑层面　模式语言检索表

安全	适用	性能	美学	高效
G-1-2	H-1-1	I-2-2	—	—
G-3-2	H-2-2	—	—	—

太原市滨河体育中心改造扩建

项目地点	山西省太原市
项目规模	用地面积73000m²，建筑面积49000m²
设计单位	中国建筑设计研究院有限公司
主要参与人员	崔愷、景泉、徐元卿、张翼南、施泓、陈越、徐征、常立强、段进兆、邓雪映、刘炜、关午军

街区层面　模式语言检索表

协调	织补	容错	植入	重构	演变
—	B-1-6	—	D-2-1	E-1-1	—
—	B-1-7	—	—	E-1-4	—
—	B-1-9	—	—	E-2-3	—

建筑层面　模式语言检索表

安全	适用	性能	美学	高效
G-1-1	—	I-2-1	J-2-1	—
G-2-2	—	I-2-2	J-3-1	—
G-3-1	—	—	—	—

合肥园博会骆岗机场航站楼更新

项目地点	安徽省合肥市
项目规模	建筑面积22400m²
设计单位	中国城市建设研究院有限公司
主要参与人员	刘玉军、刘琳、徐力、李哲、张黎曼、张胜焰、李姗姗、刘培强、刘靖明、王维凤、毛培水、杨娜、刑海龙

街区层面　模式语言检索表

协调	织补	容错	植入	重构	演变
—	B-2-2	—	—	—	—

建筑层面　模式语言检索表

安全	适用	性能	美学	高效
G-3-1	H-1-2	I-1-2	J-2-2	—
—	H-2-2	I-1-4	—	—
—	—	I-4-1	—	—

南京老城南小西湖街区保护与再生

项目地点	江苏省南京市
项目规模	用地面积 4.69hm²
设计单位	东南大学建筑设计研究院有限公司、东南大学建筑学院
主要参与人员	项目主持：韩冬青； 设计团队（按姓氏拼音排序）：鲍莉、陈薇、邓浩、董亦楠、李新建、穆勇、沈旸、唐斌、唐军、俞海洋、张旭等及研究生团队

街区层面　　模式语言检索表

协调	织补	容错	植入	重构	演变
—	B-1-3	—	D-1-1	E-3-3	F-2-3
—	B-1-4	—	—	—	—
—	B-2-2	—	—	—	—
—	B-3-3	—	—	—	—

建筑层面　　模式语言检索表

安全	适用	性能	美学	高效
G-3-1	H-2-1	—	—	—
—	H-2-2	—	—	—

榆林梅花楼片区更新

项目地点	陕西省榆林市
项目规模	用地面积4.2hm²，建筑面积33500m²
设计单位	中国建筑设计研究院有限公司
主要参与人员	崔愷、任祖华、梁丰、周力坦、陈谋朦、于方、邸衍

街区层面　　模式语言检索表

协调	织补	容错	植入	重构	演变
A-1-2	B-1-3	—	D-1-1	E-1-4	—
—	B-1-7	—	D-2-2	E-1-5	—
—	B-1-9	—	—	—	—

建筑层面　　模式语言检索表

安全	适用	性能	美学	高效
G-1-2	H-2-2	I-1-3	J-1-1	—
—	—	I-3-1	J-2-1	—
—	—	—	J-2-2	—

长垣西街更新

项目地点	河南省长垣市
项目规模	用地面积 54.92hm²，街道长度 853m
设计单位	中国建筑设计研究院有限公司
主要参与人员	景泉、李静威、徐元卿、贾濛、刘琴博、尹安刚、马靖宇、刘畅、李如婷、廖望、王梓淳、杨莹、王紫麟、周晔、任腾飞、刘赫、杜书明、李俐爽、贺然、邢阳阳

街区层面　　模式语言检索表

协调	织补	容错	植入	重构	演变
—	B-1-6	—	—	E-1-2	D-2-4
—	B-2-1	—	—	E-2-1	—
—	—	—	—	E-2-2	—

建筑层面　　模式语言检索表

安全	适用	性能	美学	高效
—	—	—	J-2-2	—

龙岩连城四角井更新

项目地点	福建省龙岩市
项目规模	用地面积49.01hm²
设计单位	中国建筑设计研究院有限公司
主要参与人员	俞涛、赵亮、刘娟、高朝暄、刘闯

街区层面　　模式语言检索表

协调	织补	容错	植入	重构	演变
A-1-2	B-1-3	—	D-1-1	E-1-4	—
—	B-1-6	—	—	E-2-2	—
—	B-3-2	—	—	E-2-3	—

附录 2
模式语言
条目索引

街区层面模式语言

A

协调

以尊重的心态读懂既有环境的典型语汇，使新旧能够相处友好，积极对话。

A-1
街区系统的协调

A-1-1　功能布局的协调

梳理上位规划和政策要求，以及周边城市功能空间和居民的生活需求，使更新片区的功能布局与其相协调。

A-1-2　空间格局的协调

分析周边区域的空间结构、景观结构、文脉格局，使更新片区延续区域既有的空间格局。

A-1-3　空间肌理的协调

分析周边区域及历史的空间肌理，在更新片区中，对有价值的空间肌理予以延续。

A-1-5　生态环境的协调

分析更新片区内的核心生态要素，使更新片区内的生态空间与既有的生态环境相协调。

A-1-6　道路交通的协调

分析上位规划及周边的交通系统，实现更新片区与周边城市路网结构的顺畅衔接。

A-1-7　慢行系统的协调

分析上位规划、绿道专项规划及周边既有慢行系统，实现更新片区与周边城市慢行系统的顺畅衔接。

A-1-8　天际线的协调

更新片区天际线形态，与城市自然山水天际线及重要的城市景观天际线相协调。

A-1-9　视廊与标志物的协调

更新片区的设计中，对城市既有的视觉廊道和标志物进行保护和延续。

A-2
景观环境的协调

A-2-1　绿化布局的协调

更新设计中，绿化布局与周边区域的功能、轴线、节点相协调。

A-2-2　广场布局的协调

更新设计中，广场布局与周边城市区域的功能、轴线、节点相协调。

A-2-3　街道界面的协调

更新片区的街道界面延续周边区域街道界面的尺度、语汇、色彩等。

A-2-4 景观设施的协调

更新片区中的景观设施，在文化、材质、色彩等方面与周边城市环境及历史文脉相协调。

B

织补

梳理既有环境中各种城市要素，精心对接，巧妙补位，让城市因新的设计更完整。

B-1
街区系统的织补

B-1-1 功能空间的织补

梳理更新片区及周边城市功能存在的问题，通过功能类型及空间的补充，使城市及更新片区功能更完整。

B-1-2 空间格局的织补

梳理更新片区周边既有城市空间格局中存在的问题，通过打通、连接空间轴线，使城市空间格局更加完整。

B-1-3 空间肌理的织补

分析周边区域及更新片区内部的空间肌理，通过在更新片区内部见缝插针地进行空间肌理的补充，使整体肌理更加完善。

B-1-4 开放空间系统的织补

优化更新片区的开放空间结构，通过绿地、广场等空间的补充，使原有分散的开放空间形成体系，并融入城市整体的开放空间系统。

B-1-6 道路交通的织补

梳理周边城市路网结构，通过更新片区路网的补充，使城市路网结构更完整。

B-1-7 慢行系统的织补

梳理更新片区及周边的慢行系统，通过局部慢行系统的补充与改善，使区域的慢行系统更完善。

B-1-8 天际线的织补

优化更新片区建筑高度控制，对周边城市天际线进行补充与重塑，使整体的天际线形态更加完整。

B-1-9 视廊与标志物的织补

更新片区内，以城市标志物为原点，补充构建片区内的视觉廊道体系，实现更新片区与标志物的积极对话。

B-2
景观环境的织补

B-2-1 绿化空间的织补

梳理更新片区周边绿化空间，并通过片区内绿化空间的增补设计，实现区域绿化体系的完整。

B-2-2 广场空间的织补

梳理更新片区周边广场空间，通过片区广场空间的补充，实现城市广场体系的完整。

B-2-3 街道界面的织补

更新设计中，采用新的设计语汇，在街道尺度、高度上与原有周边界面相协调，实现整体街道界面的风貌提升。

B-3
服务设施的织补

B-3-1 交通设施的织补

分析既有交通设施的现状问题，精准补足设施短板，使交通设施体系更完善。

B-3-2 公服设施的织补

分析既有公服设施的现状问题，精准补足设施短板，使公服设施体系更完善。

B-3-3 市政设施的织补

分析既有市政基础设施的现状问题，精准补足市政设施短板。

C

容错

城市很难完善，之前的问题
和错误绝不鲜见。直面这些
问题，不随意大拆大改，积
极地调整和改良，顺势而为，
常常是最有效的办法。

C-1
街区系统的容错

C-1-3　空间肌理的容错

利用化整为零或化零为整
的方式，对更新片区内部与周
边不协调的空间肌理进行积极
调整和改良。

C-1-6　道路交通的容错

识别更新片区路网结构的
核心问题，采用下穿、上跨、
交通管制等微介入的技术手段
缓解交通问题。

C-1-8　天际线的容错

更新片区内，通过适当的
形体调整或补充，弱化高度强
烈变化的天际轮廓线形态。

C-2
景观环境的容错

C-2-1　绿化空间的容错

针对更新片区内既有绿化
空间高差较大、植被单一、废弃
消极等问题，通过微介入的更新
手法，使其重新焕发空间活力。

C-2-2　广场空间的容错

针对更新片区内既有广场
空间活力不足、空置低效等问
题，使用微介入的手法，优化
步行体系，引入活力元素，美
化场地环境，提升广场活力。

D

植入

在历史街区中植入有活力和
特色的小型变异体，形成对
比和特殊的体验性。

D-1
街区系统的植入

D-1-1　功能业态的植入

更新设计中，补充创新性
的功能业态，实现片区功能特
色化、品牌化的提升。

D-1-3　空间肌理的植入

在更新片区既有的空间肌
理的基础上，补充创新性且特
色化的空间肌理，形成新的空
间体验。

D-1-9　视廊与标志物的
植入

在更新片区城市重要的视
觉廊道中，补充地标性体量形
态，强化既有视觉廊道。

D-2
景观环境的植入

D-2-1　绿化空间的植入

更新设计中，通过场地绿
化及立体绿化空间的植入，优
化区域空间环境。

D-2-2　广场空间的植入

更新设计中，通过广场空
间的植入，实现更新片区的活
力再造。

D-2-4　景观设施的植入

更新设计中，通过植入景
观设施，使得原有片区在形象、
功能等方面满足更新后的使用
需求。

E
重构

对既有城市闲置资源重新激活，积极利用，在对空间的重新组织和结构安排中使其呈现新的价值。

E-1
街区系统的重构

E-1-1 功能空间的重构

对更新片区的功能空间进行重新组织，使其更加多样化且能共享，满足当下或未来的生活需求。

E-1-2 空间格局的重构

对更新片区的历史景观结构及文脉结构进行再现，激活空间格局，提升区域价值。

E-1-4 开放空间系统的重构

对更新片区的开放空间进行重新组织，实现开放空间系统的活力再造。

E-1-5 生态环境的重构

对更新片区内的生态要素进行重新组织，通过生态修复、海绵系统构建等方式激活生态系统，实现生态环境的改善。

E-1-7 慢行系统的重构

对更新片区的慢行系统进行系统化、立体化的重构，实现片区慢行系统及城市空间活力再造。

E-2
景观环境的重构

E-2-1 绿化空间的重构

更新设计中，对绿化空间进行重新组织，实现空间联通、功能引入、景观美化等目标，使其产生新的价值。

E-2-2 广场空间的重构

更新设计中，通过对空间路径的梳理与连通、多层次空间组合等方式，对更新片区广场空间进行重新组织，使其产生新的价值。

E-2-3 街道界面的重构

基于更新片区本土要素的抽象和提炼，对界面的语汇、色彩、贴线率等进行重构，在满足功能的基础上，实现街道界面的美化与文脉的延续。

E-3
服务设施的重构

E-3-1 交通设施的重构

更新设计中，在满足既有交通设施功能基础上，实现交通设施功能完善及功能的复合化，提升设施的使用效率。

E-3-2 公服设施的重构

对公服设施进行改造，实现复合功能及精品化设计，提升设施的使用效率和品质感受。

E-3-3 市政设施的重构

更新设计中，在满足既有市政设施功能的基础上，使市政设施成为公共空间及景观空间的重要组成部分。

F
演变

城市的发展是一个渐进的过程，设计应该描述这一进程，不保守不激进，是一种不动声色的转变。

F-1
街区系统的演变

F-1-3 空间肌理的演变

在更新片区历史空间肌理的基础上，为满足当代功能及空间需求，对空间肌理进行创新性的演化，展现城市空间肌理的生长活力。

F-2-3　街道界面的演变

更新设计中，既要保留有价值的历史风貌要素，又要融入时代特色与语汇，使得新老风貌元素实现对话，展现区域的演进历程。

F-2-4　景观设施的演变

保留更新片区具有历史意义的构筑物与建筑物，使其转变为满足当下审美与功能的景观设施，实现新旧语言的和谐混搭。

建筑层面模式语言

G

安全

通过对原有结构加固及新建结构的优化，保证更新建筑结构安全。

G-1
原有结构加固加强

G-1-1　原有结构加固加强

更新项目中，对原有结构体系进行加固加强，使其满足荷载要求。

G-1-2　轻型结构构件加入

更新设计中加入轻型结构构件，对原有结构受力进行补充加强。

G-1-3　核心筒剪力墙加入

更新项目中，补充核心筒剪力墙等结构构件，补充增强原有结构体系。

G-2
新旧并置，各自受力

G-2-1　巨型支撑吊挂体系

更新项目中，通过吊挂方式来实现不利条件下新增部分的结构设计，以确保结构安全。

G-2-2　新旧嵌套，各自受力

更新项目中，由于功能与空间的需求，在原有结构体系内增加新建结构体系，新老结构各自承受荷载，保证结构安全。

G-2-3　新旧并置，各自受力

更新项目中，新建结构在原有结构外侧，新老结构各自受力，保证结构安全。

G-3
减轻荷载

G-3-1　轻结构选用

更新项目中，加建部分尽量采用轻型结构体系，减少对原有建筑的荷载压力。

G-3-2　轻构件选用

更新项目中，加建部分尽量采用轻型构件，减少对原有建筑的荷载压力。

G-3-3　轻材料选用

更新项目中，加建部分尽量采用轻型建筑材料，减少对原有建筑的荷载压力。

H

适用

改造后的建筑在空间尺度、空间特色、安全防护层面上满足新功能需求。

H-1
空间匹配

H-1-1　依据尺度匹配功能

在更新项目中，根据空间尺度大小，选择合适的功能业态置于改造建筑中，使改造建筑与新建功能相匹配。

H-1-2　利用特色匹配功能

在更新项目中，根据原有空间特色匹配合适功能，使得新建建筑功能最大化地发挥原有空间特色。

H-2
空间改造

H-2-1 外部增补满足新功能

在建筑的外围加建新体量，对原有建筑空间进行增补，使其满足新建功能需求。

H-2-2 内部改造适合新功能

更新项目中，在建筑内部通过新体量的植入、空间的重新划分再利用，使得原有空间满足新建功能需求。

H-3
使用安全

H-3-1 安全防护措施

更新项目中，通过空间的引导设计，楼梯、安全护栏等的增设或改造，使其满足使用过程中的安全需求。

I
性能

通过内部空间的改造与外部界面的完善，提升建筑性能，满足使用需求

I-1
空间优化

I-1-1 性能空间分级控制

更新项目中，对性能空间进行分级分区设计，在满足使用需求的同时降低施工难度。

I-1-2 植入中庭与立体庭院

在更新项目，特别是大体量、大进深的更新项目中，通过中庭与立体庭院的引入，改善建筑通风采光条件，满足使用需求。

I-1-3 过渡空间引入

更新项目中，针对不同朝向与气候区，引入阳光房、灰空间等改造措施，改善原有建筑热工条件。

I-1-4 空间形态改变

针对原有建筑进深过大或楼间距过密等问题，可通过建筑体量形态的削减与优化改造，改善其通风采光条件，满足性能需求。

I-2
界面性能提升

I-2-1 双层幕墙设计

更新项目中，在尽量少改动原有主体的前提下，通过在原有建筑外皮增设幕墙或直接引入双层幕墙等方式，改善建筑热工性能。

I-2-2 遮阳体系引入

更新项目中，通过利用原有建筑构件承担遮阳功能，或在其外侧植入一道新的遮阳体系或立体绿化，改善建筑热工性能。

I-2-3 建筑光伏一体化

更新设计中，针对合适项目，引入建筑光伏一体化设计，提高建筑性能。

I-2-4 立体绿化与蓄水屋面

更新项目中，局部区域采用立体绿化或蓄水屋面，改善外界面热工性能。

I-3
设备系统引入

I-3-1 机电升级提升建筑性能

在更新项目中，设计为机电升级提供空间，从而提升建筑内部舒适度，提升建筑性能。

I-3-2 智慧运维提升建筑性能

在更新项目中，引入智慧运维设备及措施，优化建筑内部通风采光与热环境措施，在提升品质的同时实现节能。

I-4
消防安全

I-4-1 防火分区与疏散路径

由于建筑功能的修改及设计要求逐步提高，在更新项目中，需对原有防火分区与安全

疏散等内容进行重新梳理与完善，以满足当下使用需求。

I-4-2　新增防排烟与安全指示设备设施

由于建筑功能的修改及设计要求逐步提高，在更新项目中，需对原有排烟设施与安全指示等内容进行重新梳理与完善，满足当下使用需求。

J

美学

考虑改造建筑区域位置、功能定位等要素，采用不同的设计手法，满足更新建筑的美学需求。

J-1
原真保留

J-1-1　修旧如旧

在更新片区或改造建筑设计中，对原有建筑在材质、色彩、肌理等方面进行原真保留，以期实现建筑与文脉的传承与延续。

J-2
新旧协调

J-2-1　形式语言协调

分析更新建筑及其周边建筑的形式语言，提取典型语汇，使新建部分与原有建筑及其周边建筑形式语言相协调。

J-2-2　色彩材质协调

提取更新建筑自身及其周边建筑的色彩材质，选用合适的材质与色彩，使得改造建筑与周边相协调。

J-2-3　空间尺度协调

更新项目自身的新旧部分或新建建筑与周边建筑，在高度与空间尺度上相协调。

J-3
反映时代

J-3-1　形式语言对比

设计采用全新的形式语言与设计手法，与原有建筑语言对比，反映时代特征。

J-3-2　色彩材质对比

在更新设计中，采用对比的手法，选用现代建材与特殊色彩，与原有建筑的材质与色彩相对比。

J-3-3　新建风格为主

在更新项目中，建筑内外空间均采用全新的形式语言、色彩材质，使得建筑符合新建

功能业态与定位需求，反映时代特色。

K

高效

选用高效便捷的设计手法，降低施工难度，加快施工进度，减少施工过程对城市的影响。

K-1
便捷施工

K-1-1　选用装配式设计加快施工进度

考虑更新项目的复杂情况和改造难度，设计应采用装配式设计，加快施工进度。

K-1-2　采用轻介入方式降低施工难度

设计应采用轻介入手法，少改巧改，降低改造项目的施工难度。

［1］崔愷. 本土设计Ⅰ［M］. 北京：清华大学出版社，2008.

［2］崔愷. 本土设计Ⅱ［M］. 北京：知识产权出版社，2016.

［3］崔愷. 本土设计Ⅲ［M］. 北京：中国建筑工业出版社，2023.

［4］崔愷. 本土设计Ⅳ［M］. 北京：中国建筑工业出版社，2023.

［5］瓦里斯·博卡德斯，玛利亚·布洛克，罗纳德·维纳斯坦，等. 生态建筑学［M］. 南京：东南大学出版社，2017.

［6］阳建强. 城市更新［M］. 南京：东南大学出版社，2020.

［7］上海市规划和国土资源管理局. 上海市街道设计导则［M］. 上海：同济大学出版社，2016.

［8］唐燕，杨东. 城市更新制度建设：广州、深圳、上海三地比较［J］. 城乡规划，2018（4）：22-32.

［9］崔愷. 城市绿色更新中的若干思考［J］. 城市设计，2023（6）：8-17.

［10］崔愷. 城市更新中设计的转变［J］. 城市规划学刊，2022（6）：58-61.

［11］崔愷，范路. 面向中国本土的理性主义设计方法——崔愷院士访谈［J］. 建筑学报，2019（5）：1-9.

［12］林坚，叶子君. 绿色城市更新：新时代城市发展的重要方向［J］. 城市规划，2019（11）：15-18.

［13］金秋野. 本土方法和工匠精神的重建——关于"本土设计"思想的演变和发展［J］. 建筑学报，2024（1）：1-5.

［14］阳建强. 中国城市更新的现况、特征及趋向［J］. 城市规划，2000，24（4）：53-55，63-64.

［15］王凯. "双碳"背景下，打造城市更新六大技术体系［J］. 新型城镇化，2023（9）：16.

［16］伍炜. 低碳城市目标下的城市更新——以深圳市城市更新实践为例［J］. 城市规划学刊，2010（S1）：19-21.

［17］陈天，耿慧志，陆化普，等. 低碳绿色的城市更新模式［J］. 城市规划，2023，47（11）：32-39.

［18］任祖华. 老空间、新生活——城市更新中本土化体验空间的营造［J］. 建筑实践，2023（8）：18-27.

［19］任祖华，刘爱华. 保护、织补、生活——北京前门H地块设计访谈［J］. 建筑技艺，2021（8）：74-75.

［20］崔愷. "重"与"轻"—— 第11届江苏省园博园主展馆及孔山矿片区设计综述［J］. 建筑学报，2022（8）：37-41.

［21］喻弢，崔愷. 本土设计策略下的城市设计实践——昆山玉山广场周边区域城市更新［J］. 当代建筑，2021（12）：13-17.

［22］崔愷，屈培，张广源. 西安大华纱厂厂房及生产辅房改造工程［J］. 当代建筑，2023（3）：34-35.

［23］崔愷，曲雷，何勍，等."城市"与"生活"共生——"常德老西门综合片区改造设计"对谈［J］.
　　　建筑学报，2016（9）：4-9.

［24］柴培根，周凯. 本土设计理念在老城更新中的实践与思考——隆福大厦改造［J］. 建筑学报，
　　　2020（8）：78-85.

［25］柴培根. 进化——北京隆福寺地区城市更新的实践与思考［J］. 建筑技艺，2021（8）：81-83.

［26］王凯."双碳"背景下，打造城市更新六大技术体系［J］. 新型城镇化，2023（9）：16.

［27］顾朝林，谭纵波，刘志林，等. 基于低碳理念的城市规划研究框架［J］. 城市区域规划研究，
　　　2010，3（2）：23-42.

［28］杨建林. 绿色发展实施战略与科学发展观［J］. 思想战线，2013，39（2）：153-154.

［29］余地华，叶建. 老旧城区更新改造问题及实施建议［J］. 城乡建设，2022（15）：73-75.

［30］陈纵."两观三性"视角下的当代大学校园空间更新、改造设计策略研究［D］. 南京：东南大学，
　　　2020.

［31］住房和城乡建设部. 关于在实施城市更新行动中防止大拆大建问题的通知. 建科［2021］63号.

城市更新作为未来城市建设行业最重要的议题，不仅关乎城市的品质和竞争力，更与居民的生活质量和幸福感息息相关。对于设计行业来讲，城市更新强调不大拆大建，兼具品质和设计感，通过对城市空间资源重新调整配置进行维护、整治等活动。城市更新可完善城市功能，改善生活环境，提升城市品质，促进经济发展，保护历史文化及推动社会治理创新。这些价值不仅体现在城市物质层面的改善和提升上，更体现在城市社会、经济、文化等各个方面的全面提升发展上。加强城市更新方法的研究和应用，对于城市长久的可持续发展具有重要的现实意义。

中国建设科技集团作为"落实国家战略的重要践行者、满足人民美好生活需要的重要承载者、中华文化的重要传承者、行业标准的主要制定者、行业科技创新的重要引领者、行业高质量发展的重要推动者"，始终履行科技型中央企业的职责，将科技创新摆在企业发展的重要位置。集团结合国家和行业绿色发展和存量更新所面临的科技攻关重大需求，针对城市更新价值观、方法论、实施技术等问题立项了"新时代高质量发展背景下的城市更新设计方法与实施技术研究"的重大科技攻关项目，汇聚集团综合技术力量，在院士、大师和众多专家领衔下将核心成果编纂成"城市更新 绿色指引"。

正如崔愷院士所讲："城市更新永远在路上，没有完成时。但设计汇总的探索、阶段性的总结和分享仍然很有意义。"正是在这样一种思想指引下，集团内开始进行大量的工程实践项目的梳理与归纳提炼。我本人有幸作为课题的主要研究人员和本书的主要编写人员参与到书稿的研编工作中，也见证了本书从研究框架的研讨、核心问题的梳理、模式语言图纸的绘制，再到实践案例的解读，几易其稿，凝聚了众多专家及设计师的心血与努力。

首先要感谢崔愷院士对本书的悉心指导，从更新方法框架的构建，到模式语言方法的确立，再到更新案例策略的剖析，都提出了宝贵的意见与建议，使本书能够成为以务实解决城市更新实践过程中所面临的问题为目标而指导设计师进行更新实践的指引手册，也让本书有望推动时代变革，助力行业发展。感谢集团孙英董事长及各位领导的大力支持，以及集团科技质量部孙金颖主任，李静、许佳慧、韩瑞等各位同事的参与和帮助，让如此多的部门可以顺畅协作。感谢集团李兴钢院士、李存东大师、景泉院长、杨一帆总、单立欣总、肖蓝总、张男总、刘玉军总、蒋朝晖总、吴斌总、彭飞总等专家的反复研讨与审校，让本书更具可操作性、指导性和准确性。

本书对于设计方法的剖析离不开大量优秀城市更新案例的支撑，感谢李兴钢院士、张杰大师、韩冬青大师、张鹏举大师、李存东大师、章明教授等众多专家提供的优秀更新案例。同时，感谢集团内提供案例与技术支撑的中国院本土设计研究中心、胜景几何设计研究中心、建筑一院、建筑四院、建筑七院、城镇规划院、一合建筑设计研究中心，集团中城规划、中森、华森、城建院、标准院等团队，我们在他们的理论知识和优秀案例中受益匪浅。还要特别感谢中国建筑工业出版社的徐冉主任和刘静编辑等在出版策划过程中给予的建议，以及编辑过程中所做的大量工作。

又如崔愷院士所说，"城市更新是一个城市进化的过程。可以说，它不仅是城市建筑环境的持续更新，也是建筑师与相关合作者们社会认知和专业水平的更新，是建筑师成长的过程——而不仅是一个工程"，这本指引正如城市更新一样，也将经历一个不断成长和进化的过程，这个成果仅仅是一个探索的开始；同时，本书的方法体系也是一个开放包容的体系，未来随着城市更新建设的不断发展，实践经验的不断增加，方法体系也将持续充实与完善。我们希望本书能够给从事和关心城市更新的读者提供有益的帮助和启示，也期盼行业的专家们广泛交流，为指引的不断完善提供更多的思想。

城市发展日新月异，愿本书的探索能让城市更绿色、更宜居、更美好！

徐斌

2024年7月6日

致谢专家名单

李兴钢　李存东　张　杰　张鹏举　韩冬青　杨一帆　范嗣斌

蒋朝晖　杜春兰　边兰春　褚冬竹　田永英　徐小黎　蹇庆鸣

孙　立　武凤文　章　明　樊　绯　彭小雷　孙金颖　李　静

李跃飞　周　凯　曲　雷　徐　冉　刘　静

图书在版编目（CIP）数据

城市更新绿色指引 = URBAN REGENERATION GREEN
GUIDELINES. 规划 / 建筑专业 / 中国建设科技集团编著；
崔愷，任祖华，徐斌主编. -- 北京：中国建筑工业出版
社，2024.10. --（新时代高质量发展绿色城乡建设技
术丛书）. -- ISBN 978-7-112-30189-8

Ⅰ. TU985.1

中国国家版本馆CIP数据核字第2024XK9740号

责任编辑：刘　静　徐　冉
版式设计：中国建筑设计研究院有限公司
　　　　　群岛ARCHIPELAGO
责任校对：赵　力

新时代高质量发展绿色城乡建设技术丛书

城市更新绿色指引　规划/建筑专业
URBAN REGENERATION GREEN GUIDELINES
中国建设科技集团　编　著
崔　愷　任祖华　徐　斌　主　编

*

中国建筑工业出版社出版、发行（北京海淀三里河路9号）
各地新华书店、建筑书店经销
北京锋尚制版有限公司制版
天津裕同印刷有限公司印刷

*

开本：787毫米×1092毫米　1/16　印张：30　字数：786千字
2024年7月第一版　　2024年7月第一次印刷
定价：199.00元
ISBN 978-7-112-30189-8
（43591）